U0180017

国家出版基金资助项目
"十三五"国家重点图书出版规划项目
智能制造与机器人理论及技术研究丛书

总主编 丁汉 孙容磊

制造过程的智能传感器技术

范大鹏◎著

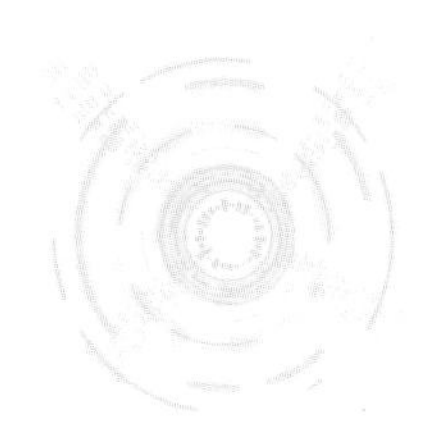

ZHIZAO GUOCHENG DE
ZHINENG CHUANGANQI JISHU

中国·武汉

内容简介

本书以制造过程的信息化、智能化应用为背景，以实现装备、刀具等关键制造设备和加工、装配、管理等关键制造环节的定量化检测为目标，围绕装备数字化控制、刀具及切削状态监测、加工与装配质量检测、车间级物流管理等关键制造环节的传感与检测需求，对制造过程中各类新型传感器的工作原理及应用方法进行系统的介绍。

本书编写的主要目的是使读者能够较全面地掌握现代智能制造系统中常用传感器的类型、原理、用途和应用特点，从总体上把握制造过程中所用传感器的构成体系，扩展传感器选型设计的知识面。

本书可作为机械制造及其自动化相关专业高年级本科生、研究生的参考书，也可供从事智能制造装备与系统研发的科研开发人员使用。

图书在版编目(CIP)数据

制造过程的智能传感器技术/范大鹏著. —武汉：华中科技大学出版社，2020.12
(智能制造与机器人理论及技术研究丛书)
ISBN 978-7-5680-6213-8

Ⅰ.①制… Ⅱ.①范… Ⅲ.①智能传感器 Ⅳ.①TP212.6

中国版本图书馆 CIP 数据核字(2020)第 245557 号

制造过程的智能传感器技术 范大鹏 著
Zhizao Guocheng de Zhineng Chuanganqi Jishu

策划编辑：俞道凯
责任编辑：戢凤平
责任校对：刘 飞
封面设计：原色设计
责任监印：周治超
出版发行：华中科技大学出版社(中国·武汉) 电话：(027)81321913
武汉市东湖新技术开发区华工科技园 邮编：430223
录 排：武汉市洪山区佳年华文印部
印 刷：湖北新华印务有限公司
开 本：710mm×1000mm 1/16
印 张：16.5
字 数：283 千字
版 次：2020 年 12 月第 1 版第 1 次印刷
定 价：98.00 元

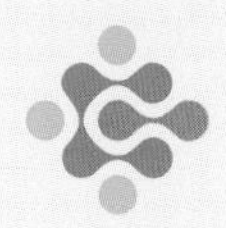

智能制造与机器人理论及技术研究丛书

作者简介

范大鹏　国防科技大学智能科学学院教授、博士生导师。1983年、1988年先后获国防科技大学学士和硕士学位，1991年获华中理工大学机械制造专业博士学位。长期从事超精密测量、误差分析补偿、精密驱动与传动等技术的研究工作。主持973计划项目、国家自然科学基金项目、国家科技重大专项等多项课题研究。发表学术论文150余篇，获省部级科学技术进步奖一等奖2项、二等奖4项。担任《中国机械工程》《光学精密工程》等期刊的编委。

总序

近年来,“智能制造+共融机器人”特别引人瞩目,呈现出“万物感知、万物互联、万物智能”的时代特征。智能制造与共融机器人产业将成为优先发展的战略性新兴产业,也是“中国制造2049”创新驱动发展的巨大引擎。值得注意的是,智能汽车与无人机、水下机器人等一起所形成的规模宏大的共融机器人产业,将是今后30年各国争夺的战略高地,并将对世界经济发展、社会进步、战争形态产生重大影响。与之相关的制造科学和机器人学属于综合性学科,是联系和涵盖物质科学、信息科学、生命科学的大科学。与其他工程科学、技术科学一样,制造科学、机器人学也是将认识世界和改造世界融合为一体的大科学。20世纪中叶,*Cybernetics* 与 *Engineering Cybernetics* 等专著的发表开创了工程科学的新纪元。21世纪以来,制造科学、机器人学和人工智能等领域异常活跃,影响深远,是“智能制造+共融机器人”原始创新的源泉。

华中科技大学出版社紧跟时代潮流,瞄准智能制造和机器人的科技前沿,组织策划了本套“智能制造与机器人理论及技术研究丛书”。丛书涉及的内容十分广泛。热烈欢迎各位专家从不同的视野、不同的角度、不同的领域著书立说。选题要点包括但不限于:智能制造的各个环节,如研究、开发、设计、加工、成形和装配等;智能制造的各个学科领域,如智能控制、智能感知、智能装备、智能系统、智能物流和智能自动化等;各类机器人,如工业机器人、服务机器人、极端机器人、海陆空机器人、仿生/类生/拟人机器人、软体机器人和微纳机器人等的发展和应用;与机器人学有关的机构学与力学、机动性与操作性、运动规划与运动控制、智能驾驶与智能网联、人机交互与人机共融等;人工智能、认知科学、大数据、云制造、物联网和互联网等。

本套丛书将成为有关领域专家、学者学术交流与合作的平台,青年科学家茁壮成长的园地,科学家展示研究成果的国际舞台。华中科技大学出版社将与施普林格(Springer)出版集团等国际学术出版机构一起,针对本套丛书进行全球联合出版发行,同时该社也与有关国际学术会议、国际学术期刊建立了密切联系,为提升本套丛书的学术水平和实用价值,扩大丛书的国际影响营造了良好的学术生态环境。

近年来,高校师生、各领域专家和科技工作者等各界人士对智能制造和机器人的热情与日俱增。这套丛书将成为有关领域专家学者、高校师生与工程技术人员之间的纽带,增强作者与读者之间的联系,加快发现知识、传授知识、增长知识和更新知识的进程,为经济建设、社会进步、科技发展做出贡献。

最后,衷心感谢为本套丛书做出贡献的作者和读者,感谢他们为创新驱动发展增添正能量、聚集正能量、发挥正能量。感谢华中科技大学出版社相关人员在组织、策划过程中的辛勤劳动。

华中科技大学教授

中国科学院院士

熊有伦

2017 年 9 月

前言

传感器被誉为实现智能制造的基石。在现代制造过程中，设备运行状态和产品加工质量很大程度上取决于所用传感器与测量仪器的水平。特别是对实现制造装备和制造过程的智能化而言，其需要配置传感器以进行制造装备运行状态、零件尺寸、形状信息的反馈，以保证制造过程的稳定性，提高制造质量和制造效率。智能传感器技术已成为制造装备和制造系统信息化、智能化的核心关键技术之一。

围绕典型机械产品的制造过程，本书第 1 章主要介绍智能传感器在现代智能制造系统中的应用特点和分类方法，使读者对本书编写思路及内容安排有宏观的了解。第 2 章主要根据制造装备的共性运动控制需求，介绍光栅、磁栅、容栅等常用直线和角位移传感器的原理构造与使用方法。由于切削力取决于刀具、切削用量、材料等多种因素的综合作用，对加工质量、加工效率、加工过程安全性有直接的影响，因此在第 3 章中系统介绍了电阻应变式、压电式等切削力传感器的原理和应用方法。第 4 章以实现切削过程中刀具状态监测为目的，主要对刀具状态监测所用的力、温度、振动、刀具磨损破损传感器的原理和使用方法进行说明。第 5 章以保证制造过程中零部件的表面加工质量为目标，详细论述了加工装配过程中常用的电感式位移传感器和激光位移传感器的原理，以及表面质量的传感与检测方法。第 6 章主要介绍零部件表层残余应力、加工硬化、表层微观组织及其缺陷的检测方法。鉴于装配对最终产品的精度和力学性能有直接的影响，而传统的装配质量主要以几何精度的检测为主，第 7 章主要介绍装配过程中力学性能的传感与典型测量方法。第 8 章则以实现车间级物流智能化为目标，在对车间物流系统架构和物流设备需求进行分析的基础上，对物流设备中常用的激光导引、光纤、光幕、颜色等传感器的原理进行说明，并对车间无线传感器网络和车间物联网信息处理系统的基本原理进行简要介绍。通过这些内容，读者能够较全面地学习了解现代智能制造系统中常用传感器的类型、原理、用途和应用特点。

本书在编写时力求内容的“新”和“实”。“新”指的是尽可能体现传感器的最新技术成果及应用现状。“实”是指紧贴智能制造装备及制造过程的实际应用，尽可能体现对各种传感器进行选型设计的实用性。

由于作者水平有限，书中难免有不妥之处，敬请读者批评指正。

作　者

2020 年 8 月

目录

第1章 概述

制造业是国民经济的主体，随着我国经济的稳步发展，制造业也得到了持续快速发展，产业体系独立完整、种类齐全，提升了我国的工业化和现代化水平。近年来，德国政府提出了“工业 4.0”高科技战略计划，拉开了新一轮工业革命的序幕，越来越多国家的政府和企业都意识到产业变革所带来的机遇。在这一前提下，我国政府也提出了与之对应的《中国制造 2025》制造强国战略行动纲领，以进一步加快我国制造业产业升级步伐。无论是“工业 4.0”还是“中国制造 2025”，其核心都是通过提升制造业的工业化、信息化水平，促进工业化和信息化融合，进而实现智能制造的目标。

智能制造是面向产品全生命周期，实现泛在感知条件下的信息化制造，代表了目前制造业的发展趋势。根据《国家智能制造标准体系建设指南》，智能制造关键技术包括智能装备、智能工厂、智能服务、工业软件和大数据以及工业互联网五大类，其中智能工厂的目标是实现从产品设计到销售，从设备控制到企业资源管理等所有环节信息的传感、传递、变换、存储、处理等的无缝集成和智能化应用，是现代企业实现智能制造的最高形式。

在制造工厂中，主要的生产活动都围绕产品进行，包括产品设计、生产、管理和物流等过程。在这些过程中，大量的数据及信息采集、传输都更加依赖于能感测制造设备状态和产品质量特性的传感器。可以说，传感器是实现智能制造的基石，特别是能与大数据和工厂自动化相融合，且能通过互联网或“云”实现更大范围信息交互的智能传感器，已成为发展智能制造系统的关键。因此，智能制造的快速发展加大了对传感器特别是智能传感器的需求，也推动着传感器技术迅速发展。

1.1 智能制造与智能传感器

1.1.1 智能制造系统的结构

制造是从概念到实物的过程，通过制造活动可把原材料或毛坯加工成各种用途的产品。产品的制造过程主要包括需求分析、产品设计、工艺设计、生产准备、生产制造、加工装配、销售和服务等产品全生命周期的活动。智能制造是基于新一代信息技术，贯穿设计、生产、管理和服务等制造活动的各个环节，具有信息深度自感知、智慧优化决策、精准控制执行等功能的先进制造过程、系统与模式的总称，其基本特征是生产装备和生产过程的数字化、网络化、信息化、智能化。其根本意义在于运用人工智能技术促进机械加工工艺的优化、加工质量的升级、加工装备的安全高效、车间调度和管理的优化，使制造质量和效率得到显著提高。

智能制造系统的信息层级结构主要包括设备层、感知与控制层、数据采集与监控层、制造运行管理层、规划管理层。设备层：对应实际生产制造过程中的生产制造设备，包括高端数控机床、工业机器人、精密制造装备、智能测控装置、成套自动化生产线、重大制造装备、3D 打印设备等。感知与控制层：对应生产过程的传感识别和执行活动，包括各种传感器、变送器、执行器等。数据采集与监控层：对应生产流程的监视和控制活动，包括各种数据采集与控制系统，可以对现场运行设备进行监视和控制，实现数据采集、设备控制、测量、参数调节以及各类信号报警等功能。制造运行管理层：制定生产期望产品的工作流 / 配方控制活动，包括维护记录和优化生产过程、生产调度、详细排产、可靠性保障等内容。规划管理层：管理工厂/车间所需的业务相关的活动，包括工厂/车间生产任务计划、资源使用、运输、物流、库存、运作管理等内容。

1.1.2 智能传感器的作用

传感器(transducer/sensor)是一种检测装置，是实现自动检测和自动控制的首要环节。传感器能感受到被测物理量的变化信息，并将其变换成电信号或其他所需形式的信息输出，以满足信息的传输、处理、存储、显示、记录和控制等要求。伴随着智能制造及工业物联网的变革，传感器作为感知信息的自主输入装置，对智能制造、智能物流的应用起着技术支撑的作用。传感器不仅仅是将简单的物理信号转换为电信号的检测器，更是一种数据交换器，并能连接到更广范围的智能传感器网络中，为大数据挖掘及应用等提供丰富的现场数据支撑，提升制造业的生产和运营效率。智能传感器在智能制造中的作用主要表现在以下方面。

（1）制造设备运行参数的监测。自动化设备运行过程中，要应用各类传感器、测量仪器对生产设备运行的状态参数、被加工零件的尺寸精度参数等进行实时监视、测量与控制，以保证设备的正常运行。

（2）制造系统运行状态的监测。在全自动装配和生产线上，要利用不同的位置、速度、机器视觉等传感器进行识别、定位、抓取零件，以保证产品位置和姿态的调整精度，或进行产品外观颜色、尺寸、缺陷的检测和自动识别与判断。

（3）车间/企业级物流信息管理。通过传感器、无线传感器网络等进行信息的收集和分析，能对生产物流进行动态的管理和优化，实现物流系统运行的准确性，提高生产车间/企业物流的运作效率和资源调度水平。智能传感器已成为未来智慧工厂物流控制系统的基础元件。

总之，随着工厂自动化、网络化、智能化的发展，智能传感器将是企业、设备、产品、用户之间互联互通，实现数据信息的实时识别、及时处理和准确交换的重要基础。

1.2　智能传感器概述

智能传感器概念最早由美国国家航空航天局在研发宇宙飞船过程中提出来，并于1979年开始逐渐形成产品。与传统的传感器相比，它克服了传统传感器只获取信息而信息处理能力不足的缺点。智能传感器涉及传感器、微机械与微电子、计算机、信息处理、人工智能等多个学科的技术。

1.2.1　智能传感器的概念

1. 传感器的组成

传感器是指能够感受规定的被测量并按照一定的规律将其转换成可用输出信号的器件或装置，通常由敏感单元、传感单元、测量电路组成，如图1-1所示。敏感单元(sensing element)是指传感器中能直接感受或响应被测量的部分；传感单元(transduction element)是指传感器中能将敏感单元的输出转换为适于传输或测量的电信号的部分；测量电路的作用是将传感单元输出的电信号进行进一步的转换和处理，以实现存储、显示、记录、控制等功能。测量电路的种类要视传感元件的类型而定，常用的电路有电桥、放大器、振荡器和阻抗变换

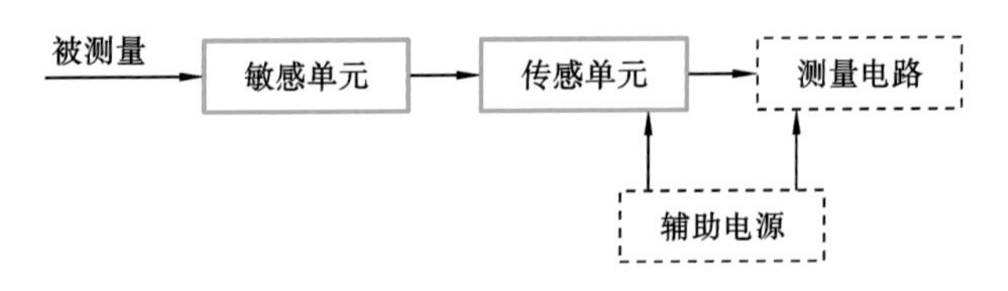

图 1-1　传感器的组成

器等。随着传感器集成技术的发展，传感器的测量电路会安装在传感器的壳体内或者与敏感元件集成在同一个芯片之上。

实际上很多传感器都难以严格区分敏感单元和传感单元两部分，它们用于将感受的被测量直接转换为电信号。例如半导体气体传感器、测量温度的热电偶等，它们将敏感单元和传感单元合二为一，具有将被测量转换为电阻、电容等电量的功能。

2. 智能传感器的组成

智能传感器(intelligent sensor)是一种带微处理器的兼有信息检测、信息处理、信息记忆、逻辑思维和判断功能的传感器。相对于传统传感器，智能传感器集感知、信息处理、通信于一体，可实现自校准、自补偿、自诊断等处理功能。

从具体结构上来讲，智能传感器由传感器、微处理器和相关电路构成。图 1-2 所示为典型智能传感器的构成框图。传感器负责信号的获取，微处理器根据设定，对输入信号进行分析处理，得到特定的输出结果。智能传感器通过外

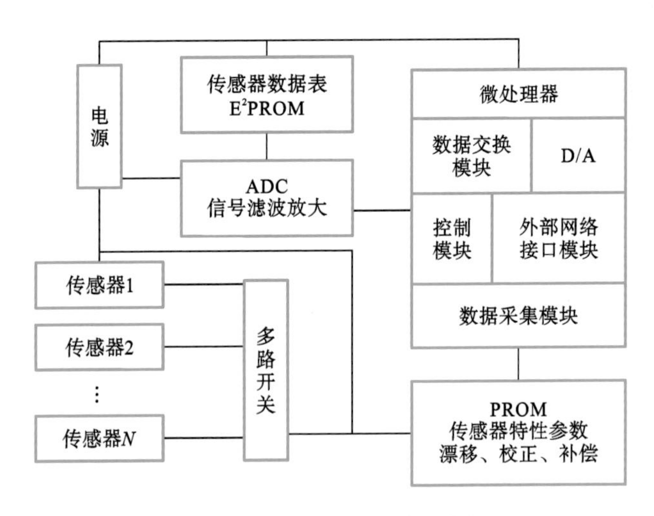

图 1-2　典型智能传感器的构成框图

注：E^2PROM—电可擦可编程只读存储器；ADC—模数转换器；D/A—数/模；PROM—可编程只读存储器。

部网络接口模块与外部系统进行数据交换。

1.2.2 智能传感器的功能与特点

1. 智能传感器的功能

智能传感器在传统传感器的基础上增加了丰富的信息处理功能。在智能传感器系统中,微处理器能够按照给定的程序对传感器实现软件控制,与传统传感器相比,智能传感器一般具有如下功能。

(1) 数字输出功能。智能传感器内部集成了模数转换电路,能够直接输出数字信号,可缓解控制器的信号采集处理压力。

(2) 数据处理功能。智能传感器充分利用微处理器的计算和存储能力,不仅能对被测参数进行直接测量,还可对被测参数进行特征分析和变换,获取被测参数变化的更多特征。

(3) 信息存储功能。智能传感器内含一定的存储空间,除了能够存储信号处理、自补偿、自诊断等相关程序外,还能够进行历史数据、校正数据、测量参数、状态参数等数据的存储。

(4) 自校准补偿功能。通过软件计算对传统传感器的非线性、温度漂移、时间漂移以及环境影响因素引起的信号失真进行自动校准补偿,达到软件补偿硬件的目的,实现自动调零、自动平衡、自动补偿等功能,提高传感器应用的灵活性。

(5) 自动诊断功能。智能传感器通过其故障诊断软件和自检测软件,自动对传感器和系统工作状态进行定期和不定期的检测、测试,及时发现故障,诊断发生故障的原因、位置,并给予相应的提示。

(6) 自学习与自适应功能。智能传感器可以通过编辑算法使传感器具有学习功能,利用近似公式和迭代算法认知新的被测量值,即有再学习能力。此外,还可以根据一定的行为准则自适应地重置参数。例如,自选量程、自选通道、自动触发、自动滤波切换和自动温度补偿等。

(7) 多参数测量功能。智能传感器设有多种模块化的硬件和软件,根据不同的应用需求,可选择其模块的组合状态,实现多传感单元、多参数的测量。

(8) 双向通信功能。智能传感器采用双向通信接口,既可向外部设备发送测量、状态信息,又能接收和处理外部设备发出的指令。

2. 智能传感器的特点

与传统传感器相比,智能传感器的功能更加丰富,主要具有以下特点。

(1) 测量精度高。智能传感器有多项功能来保证它的精度,如通过自动校

零去除零点，与标准参考基准实时对比，进行自动标定与非线性校正、异常值处理等。

（2）可靠性与稳定性高。智能传感器能自动补偿测量时环境因素带来的干扰影响，如温度变化导致的零点和灵敏度漂移；被测参数变化后能自动切换量程；能实时进行自检，检查各部分工作是否正常，并可诊断发生故障的部件。

（3）信噪比和分辨率高。智能传感器具有信息处理、信息存储和记忆功能，通过信息处理可以去除测量数据中的噪声，将有用信号提取出来；通过信息处理中的数据融合可以消除多参数测量状态下交叉灵敏度的影响，保证在多参数状态下对特定参数测量时具有高的分辨率。

（4）自适应性强。智能传感器具有判断分析与处理功能，能根据系统工作情况决策各部分的供电，使系统工作在最优功耗状态，也可根据情况优化与上位机的数据传送速率等。

（5）性能价格比高。智能传感器主要是通过软件而不是硬件实现传感测量功能，随着集成电路工艺的进步，微处理器芯片成本也越来越低，因此智能传感器具有较高的性能价格比。

（6）网络化。智能传感器以嵌入式微处理器为核心，集成了传感单元、信号处理单元和网络接口单元，能够将各种现场数据直接在有线/无线网络上传输、发布与共享。

1.2.3 智能传感器的分类

智能传感器可从集成化程度、信号处理硬件、应用领域等方面来分类，如图1-3所示。

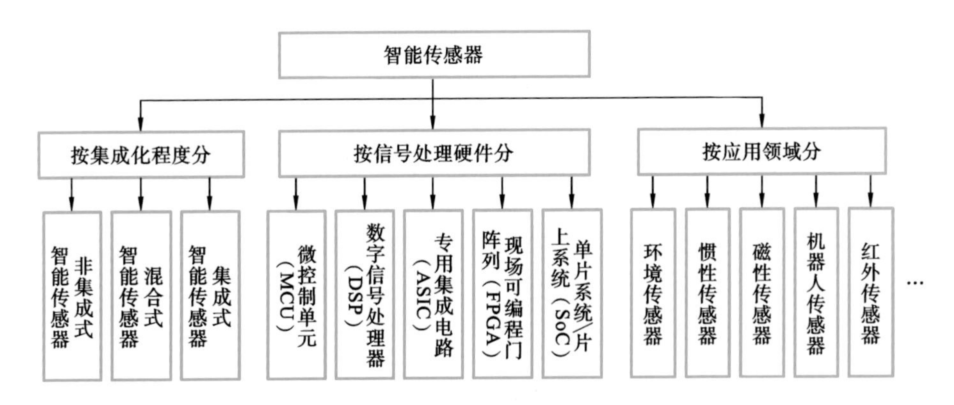

图1-3 智能传感器的分类

1. 按集成化程度分类

智能传感器根据集成化程度可以分为非集成式、混合式和集成式三种形式。

(1) 非集成式智能传感器是将传统传感器、预处理电路、模数(A/D)转换、带数字总线接口的微处理器组合为一体的智能传感器系统,实际上是在传统传感器系统上增加了微处理器的连接。非集成式智能传感器的原理框图如图1-4所示。

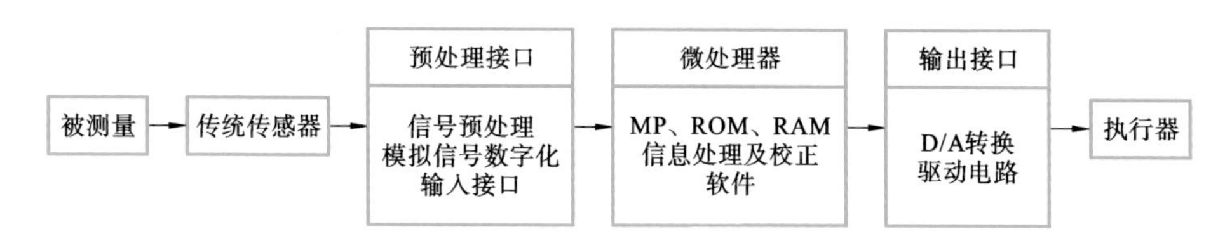

图1-4 非集成式智能传感器的原理框图

非集成式智能传感器是在现场总线控制系统的推动下发展起来的。因为这种控制系统要求挂接的传感器、变送器必须是智能型的,对自动化仪表厂家来说,采用非集成式智能传感器可使原有的一套生产工艺设备基本不变,是实现智能传感器系统最经济、最快捷的途径。例如电容式智能压力(压差)变送器系列产品就是在传统非集成化电容式压力(压差)变送器的基础上附加一块带数字总线接口的微处理器插板后组装而成的,并通过开发通信、控制、自校正、自补偿、自诊断等功能软件,提高了传感器的智能化程度。

(2) 混合式智能传感器是将传感器的敏感单元、信号调理电路、微处理器单元、数字总线接口等以不同的组合方式集成在2~3块芯片上,并将其封装于一个外壳里。通过混合集成实现智能化是一种技术、经济风险较低的途径。混合式智能传感器的原理框图如图1-5所示。

混合集成的模块有:集成化敏感单元,包括敏感元件及变换器;集成化信号调理电路,包括多路开关、仪用放大器、电源基准、模数转换器等;智能信号调理电路,带有校正电路和补偿电路,能自动校零、自动进行温度补偿;微处理器单元,包括数字存储器(EPROM、ROM、RAM)、数字I/O接口、数模转换器、微处理器等。

(3) 集成式智能传感器采用大规模集成电路技术和微机械加工技术,利用硅作为基本材料来制作敏感元件、预处理和A/D电路、微处理器单元等,并把

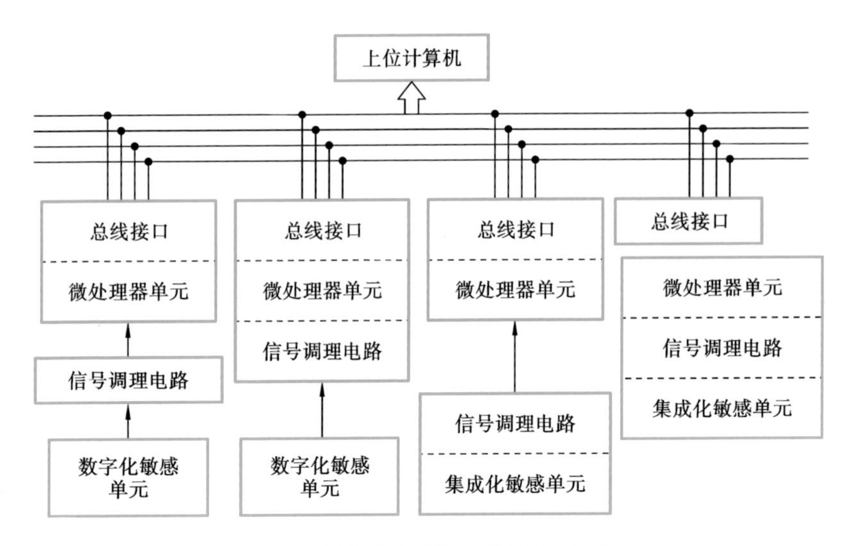

图 1-5　混合式智能传感器的原理框图

它们集成在一块芯片上。集成式智能传感器的原理框图如图 1-6 所示。随着微电子技术的飞速发展以及微纳米技术的应用，集成式智能传感器具有微型化、结构一体化、精度高、功能多等特点。

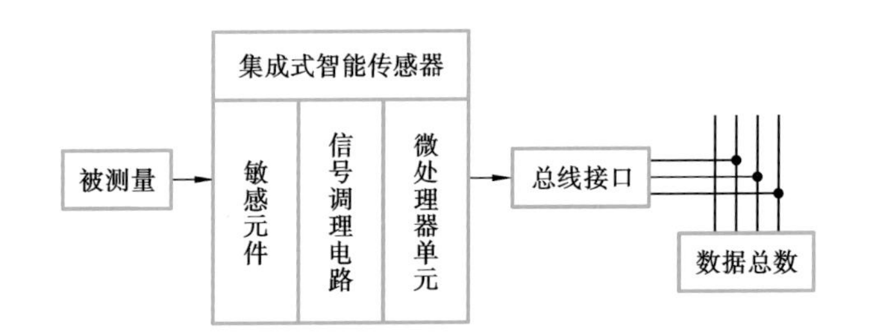

图 1-6　集成式智能传感器的原理框图

2. 按信号处理硬件分类

智能传感器最常见的是以 CPU 作为运算、处理和控制核心，这也是其区别于一般传感器的重要特征。智能传感器按信号处理硬件进行分类，可分为微控制单元(MCU)、数字信号处理器(DSP)、专用集成电路(ASIC)、现场可编程门阵列(FPGA)、单片系统/片上系统(SoC)等类型。

3. 按应用领域分类

目前，智能传感器主要应用在工业、汽车、消费电子和医疗等领域。据统计，工业上的应用占31%，在汽车车联网和自动驾驶方面的应用占21%，在健康监测与医疗诊断方面的应用占12%。伴随物联网技术的逐渐成熟，智慧家居、可穿戴产品、智慧工厂、智慧交通等新兴领域市场迅猛发展，传感器的应用愈加广泛。其分类亦可按具体领域用途、被测量性质、测量原理等多种方式进行。

在智能制造领域，根据产品制造流程，一般按制造装备测控、刀具状态监测、工艺参数控制、零部件质量检测、仓储运输管理等应用场景进行分类。

按制造装备测控用途，智能传感器可分为测量机床、机器人等设备直线或回转运动位移、速度的运动传感器，测量机床部件或设备整机振动的加速度传感器，测量机床驱动传动部件的温度、电流、电压传感器等类型。

按刀具状态监测用途，智能传感器可分为测量刀具磨损、切削振动、切削温度的传感器等类型。

按工艺参数控制用途，智能传感器可分为测量切削深度、切削速度、切削温度、切削力、冷却液温度、流量压力的传感器等类型。

按零部件质量检测用途，智能传感器可分为测量零件加工尺寸或形状、零件表面或表层质量的传感器等类型。

按仓储运输管理用途，智能传感器可分为零部件编码传感器、零部件位置测量传感器、物联网传感器等类型。

智能传感器作为获取制造现场设备及生产状态信息的基本手段，对构建基于智能化装备、智能化工艺、传感识别网络、智能决策处理、人机互联的制造系统，实现对产品设计、制造、服务的全过程支持，具有重要的基础作用。

1.3 智能传感器的发展

传感器的发展经历了三个阶段，即结构型传感器、物性型传感器和智能传感器。

结构型传感器是利用结构参量（如形状、尺寸等）的变化来感受和转化信号的。例如以传感器机构的位移或力的作用使传感器产生电阻、电感或电容等值的变化来反映被测量的大小。

物性型传感器是20世纪70年代发展起来的，这种传感器由半导体、电介质、磁性材料等固体元件构成，是利用材料某些特性制成的产品。例如利用材料的热效应、霍尔效应、光敏效应制成的热电偶、霍尔传感器、光敏传感器。

智能传感器是随着半导体技术、MEMS（微机电系统）技术、集成电路技术的不断成熟而出现并快速发展的，是与微处理器有机结合的一种高度集成化的新型传感器。它与结构型、物性型传感器相比，能够快速地获得更精准、更全面的信息。

智能传感器的发展按照智能化程度经历了三个阶段。

早期的智能传感器只有敏感元件与智能信号调理电路，没有微处理器，从功能上来讲，有比较简单的自动校零、非线性的自校正、温度自补偿功能。这些简单的智能化功能是由硬件电路来实现的。

随着计算机、微处理技术、半导体集成技术、现场总线技术的发展，智能传感器的构成中除了敏感元件与信号调理电路外，还有微处理器单元，形成了完整的传感器系统。智能化功能主要由强大的软件来实现。

随着智能传感器集成度进一步提高，传感器敏感单元实现了多维阵列化，同时配备了更强大的信息处理软件，可实现多传感器信息融合功能。

1.3.1 微型化

近年来微电子机械加工技术(MEMT)飞速发展，将半导体加工工艺引入传感器的生产制造。它采用微制造技术，在单一集成芯片上组合了传感器、机械元件、执行器和电子元件及其承载的嵌入式软件，形成了片上系统(SoC)或产品。它们具有结构紧凑、使用灵活、便于规模化制造等特点。

1.3.2 多传感器数据融合

多传感器数据融合技术先利用多个传感器同时进行信息检测，然后用计算机对这些信息进行综合分析处理，获得用单个传感器难以获得的综合性状态信息。

随着硬件技术、并行计算、人工智能技术的发展，更有效的数据融合方法将不断推出，多传感器数据融合必将成为未来复杂工业系统智能检测与数据处理的重要技术。尤其是结合大数据、云计算、物联网等新技术的多传感器数据挖掘和融合，形成决策，是未来智能制造系统传感器数据融合技术发展的重点。

1.3.3 无线传感器网络

无线传感器网络(wireless sensor network，WSN)是多门学科相互融合而产生的一种新型的信息获取和处理平台。它集成了传感技术、微处理器技术、无线通信技术等多种技术，是一种集感测、计算、通信能力于一身的传感网络，具有感知、探测、采集感知范围内观测对象信息的能力。

无线传感器网络可以与其他无线网络、Internet 等实现无缝融合，组成物联网，以满足不同物体之间、人与物体之间的通信需求，从而提高信息化和智能化水平。无线传感器网络是物联网、泛在网的关键核心技术之一。

无线传感器网络现已广泛应用于军事、智能交通、环境监控、医疗卫生等多个领域，已成为下一代互联网和通信网的重要组成部分，在智能制造系统中也具有巨大的发展潜力。

1.4 本书内容安排

本书以制造过程的信息化、智能化应用为背景，以实现装备、刀具、加工装配、物流等制造设备和制造过程的定量化检测为目标，围绕状态检测与控制、零件加工与装配质量监测、车间和企业级制造系统管理等制造过程的信息传感与检测需求，系统介绍各类新型传感器的工作原理及应用方法。

本书各章的内容安排如下。

数控车床、铣床等加工设备是现代制造系统中的基本单元，在这些设备中往往需要实现复杂的高精度运动轨迹控制。位移传感器作为实现运动检测的关键部件得到广泛的应用。本书第 2 章主要系统介绍光栅、磁栅等常用位移传感器的工作原理、主要技术指标和典型应用方法。目的是使读者能全面了解数控装备中常用的位移传感器的类型和构造特点，为制造设备运动检测传感器的选型和应用打下基础。

机械加工过程中切削力的变化特性与材料、刀具、工艺参数密切相关，既反映了切削过程的状态稳定性，也会对加工质量和效率有直接影响。在高端数控装备中，切削力的监测和控制得到越来越多的应用，切削力检测已成为实现装备智能化的关键问题之一。本书第 3 章在分析典型刀具切削力特性的基础上，对可复合测量单向力、多向力、扭矩/转矩的应变式、压电式力传感器的测量原理进行了系统的说明，以便读者对当前切削力传感器的研究和应用现状进行较全面的了解。

切削刀具是制造装备实现材料去除的主要工具，切削过程中刀具的状态对零件的加工质量、设备的安全性有直接的影响。在以往的数控加工设备中，刀具状态监测一直是比较薄弱的环节。随着加工装备智能化、制造车间无人化技术的发展，实现刀具状态监测，保证切削刀具及切削过程的安全性，正成为越来越重要的内容。本书第 4 章介绍刀具状态监测的主要方法，包括切削力、切削温度、切削振动、刀具磨损破损传感器的原理及检测方法。除此之外，第 4 章还介绍了能够提高刀具管理信息化水平的刀具分类编码和智能管理方法，分析了刀具管理系统的功能和架构组成。通过该章内容，读者能较全面地了解刀具状态监测、刀具信息管理的基本方法和技术途径。

零部件加工质量、装配质量的定量检测是保证制造产品零部件质量性能的重要环节。传统的质量保障环节在零件加工过程中以几何形状位置、表面质量的检测为主，在装配过程中以装配几何尺寸、位置误差测量为主，对装配力的精密检测与控制较为欠缺。本书第 5 章以保证制造过程中零部件的加工与装配质量为目标，首先介绍在加工装配过程中常用的电感式位移传感器和激光位移传感器的原理，进而介绍其在三坐标测量机、零件表面轮廓形貌、测量仪器中的延伸应用方法。第 6 章对零部件残余应力、加工硬化、表面微观组织及成分等的传感与检测方法进行了介绍。考虑到装配力学性能检测一直是精密零部件装配过程中的难点，第 7 章介绍了装配过程中装配力的形式以及预紧力、压装力的传感测量方法。其目的是使读者能够较全面地学习与装配过程有关的几何精度、形位误差、表面质量、表面粗糙度、微观轮廓、预紧力等参数的测量方法，拓宽在装配过程定量检测评估技术领域的视野。

随着制造过程中仓储、搬运、装卸等物流作业自动化和智能化水平的提高，物流信息感知、处理、共享技术得到越来越多的应用。传感器作为自动化仓库、自动导引小车、上下料机械手、零部件编码器等物流设备状态信息获取的源头部件，在制造过程的物流系统中起着不可或缺的底层基础作用。为使读者全面地掌握物流传感器的工作原理和应用方法，第 8 章分析了车间物流系统架构、物流设备的功能特点，对物流设备中常用的激光导引、激光雷达、光纤、光幕等传感器的原理进行了说明，还对车间无线传感器网络的结构组成、信息传输模式、车间物联网信息处理的基本概念进行了简要介绍。

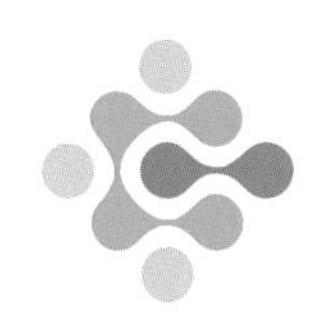

第2章 制造装备中的位移传感器

在各类制造和机器人装备中，传感器主要用于设备运行状态的检测控制，是实现装备信息深度自感知、智慧优化自决策、精准控制自执行等智能制造功能的关键基础部件。

在智能制造装备中，位移传感器主要用于直线与回转运动装置的位置、距离、速度等参数的检测。光栅、磁栅、容栅等类型的传感器在各类数控机床闭环位置反馈、机器人关节角度测量、三坐标测量机运动检测等场合得到了广泛的应用。

本章主要针对制造装备直线与回转运动测量应用，介绍直线与角位移传感器的工作原理及应用方法。

2.1 光栅传感器

现代光栅位移测量技术是目前光学传感技术中最基础、最先进的精密测量技术之一。它以光栅为线位移基准进行高精度测量，在位置测量领域具有不可替代的作用。在制造装备运行过程中，大多采用光栅位移传感器作为反馈测量元件来进行机床等装备的运动检测，以实现全闭环控制，降低滚珠丝杠热变形等原因引起的误差，保证数控装备的运动精度。

光栅位移传感器又可称为光栅尺，是以光栅莫尔条纹为技术基础对直线或角位移进行精密测量的一种测量器件，基本原理是：光源发出的光照射在光栅上，光栅上刻有透光和不透光的狭缝，光电元件接收到透过光栅的光线并将其转换为电信号，该信号经后续电路处理转换为脉冲信号，通过计数装置计数，从而实现对位移的测量。光栅位移传感器制造成本相对较低，测量精度高。目前，光栅长度测量的分辨率已覆盖微米级、亚微米级、纳米级和皮米级。

2.1.1 光栅的基础知识

1. 光栅的结构

光栅由一系列等间距排列的透光和不透光的刻线和狭缝组成。刻线密度一般为每毫米 250 线、125 线、100 线、50 线、25 线等，刻线的密度由测量精度决定。光栅基板通常为玻璃材质。光栅放大结构如图 2-1 所示，a 为刻线宽度，b 为缝隙宽度，W 称为光栅的栅距，$W=a+b$，通常情况下 $a=b$。圆光栅的两条相邻的刻线夹角为 r，称为栅距角或节距角，每周的刻线数从较低精度的数百线到高精度等级的数万线不等。

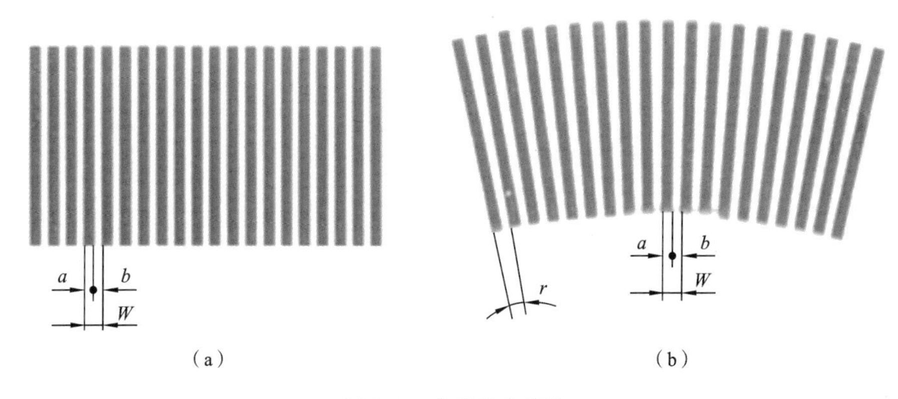

图 2-1 光栅放大结构

(a) 长光栅；(b) 圆光栅

2. 光栅的分类

按照工作原理不同，光栅有物理光栅和计量光栅之分。物理光栅刻线细密，主要利用光的衍射现象，通常用于光谱分析和光的波长等参数的测量。在几何量计量中使用的光栅称为计量光栅，计量光栅主要利用莫尔条纹现象实现长度、角度、速度、加速度、振动等几何量的测量。

按照形成莫尔条纹的原理不同，可将光栅分为幅值光栅（黑白光栅）和相位光栅（衍射光栅）。微米级和亚微米级精度测量主要采用幅值光栅，典型光栅栅距为 100～200 μm，远大于光源光波波长，其衍射效应可以忽略。纳米级精度测量一般采用相位光栅，典型光栅栅距为 8 μm 或 4 μm，由于刻线的宽度与光的波长很接近，较易形成衍射和干涉效应，从而形成莫尔条纹。

根据光线在光栅中是透射还是反射，可将光栅分为透射式光栅和反射式光栅。透射式光栅的刻线刻制在透明玻璃材料上，反射式光栅则是在具有强反射能力的金属或玻璃金属膜基材上进行刻线。

按形状不同,光栅可分为长光栅和圆光栅。长光栅用于测量长度或线位移;圆光栅用于测量角度或角位移。

3. 莫尔条纹的形成

光栅测量的基础是莫尔条纹。把标尺光栅和指示光栅相对叠合,两光栅之间相距一个微小的距离,并使两光栅的刻线之间保持很小的夹角。当标尺光栅透射光照射到指示光栅上时,在与光栅刻线近于垂直的方向上出现明暗相间的条纹,称为莫尔条纹。利用莫尔条纹可进行位移的测量。形成的莫尔条纹如图 2-2 所示。

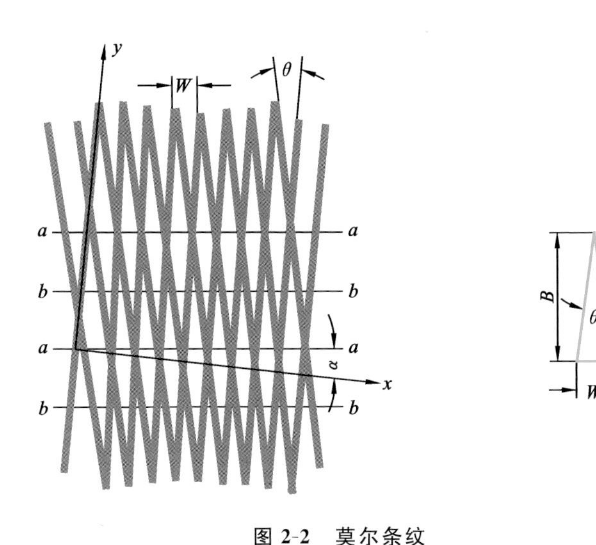

图 2-2　莫尔条纹

图 2-2 中,a—a 线为莫尔条纹亮带;b—b 线为莫尔条纹暗带。亮带与暗带之间的间距可表示为

$$B=\frac{\frac{W}{2}}{\sin\frac{\theta}{2}}\approx\frac{\frac{W}{2}}{\frac{\theta}{2}}=\frac{W}{\theta} \tag{2-1}$$

式中:B 为莫尔条纹间距;θ 为两光栅相对倾斜角;W 为光栅栅距。如果 $W=0.01$ mm,$\theta=0.001$ rad,则 $B=10$ mm,相当于把栅距放大 1000 倍。莫尔条纹主要特性如下。

(1) 莫尔条纹和光栅的位移在数量上具有对应关系。

当两块光栅相对移动一个栅距时,莫尔条纹恰好移动一个条纹间距。通过测量莫尔条纹的宽度就可以知道光栅相对位移量。

(2) 莫尔条纹具有位移放大作用。

莫尔条纹的间距 B 和栅距 W 的比值称为莫尔条纹的放大倍数 K，$K=B/W=1/\theta$。莫尔条纹对位移有很大的光学放大作用，非常适合用于精密位移测量。

(3) 莫尔条纹具有消除局部误差影响的作用。

莫尔条纹是由两个光栅的刻线共同形成的，光电元件接收的是进入接收窗口的刻线数的综合平均光信号，而不是固定一点的条纹。因此对光栅的刻线误差具有平均作用，从而可以消除短周期误差的影响。例如：50 线/mm 的光栅，用 ϕ10 mm 的硅光电池接收信号，硅光电池的总输出是 500 根线的总和，假定相邻刻线的栅距误差为 1 μm，则平均值的误差仅为 0.05 μm，所以用光栅比较容易实现高精度测量。

2.1.2 光栅传感器的结构和工作原理

光栅传感器主要由标尺光栅和光栅读数头两部分构成。其中，光栅读数头由 LED 光源、透镜、指示光栅、光敏元件和处理电路组成。标尺光栅通常固定在机床固定部件上，光栅读数头安装在机床活动部件上。当光栅读数头相对于标尺光栅移动时，指示光栅便在标尺光栅上移动。

1. 光栅传感器的结构形式

1) 按光电信号接收方式分类

光栅传感器的结构形式按光路可分为透射式与反射式两种，如图 2-3 所示。

图 2-3(a)为透射式光栅传感器的结构示意图。光源发射的光经过透镜聚光后，形成一束平行光束射向标尺光栅，经标尺光栅透射的光照射到指示光栅上；当标尺光栅相对指示光栅移动时，在光的干涉与衍射共同作用下产生黑白相间的规则条纹即莫尔条纹；光敏元件把黑白(或明暗)相间的条纹转换成呈正弦波变化的电信号，再经过放大器放大、整形电路整形后，得到两路相位差为 90°的正弦波或方波，送入光栅数显表计数显示，从而实现光栅位移的测量。处理电路用于对光接收元件输出信号进行功率放大和电压放大。

透射式光栅传感器使用玻璃材质做标尺光栅的基体，光源与光电接收模块分别放在标尺光栅的两侧，将标尺光栅放在半封闭的尺壳中，这样做可以对标尺光栅起到保护与固定作用。因此透射式光栅传感器具有较强的抗污染能力，但是透射式光栅传感器的测量长度非常有限。

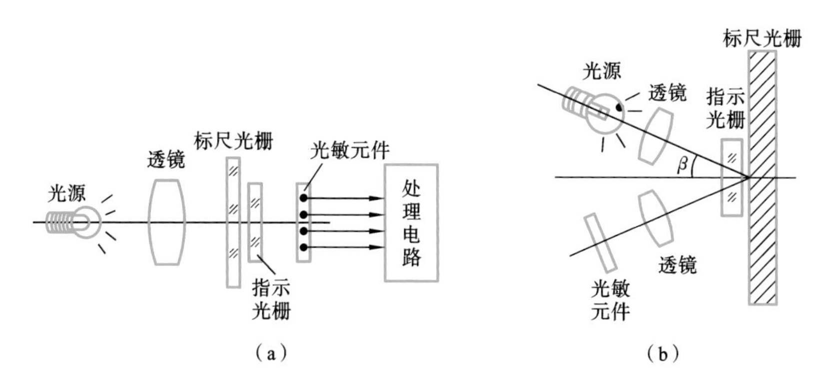

图 2-3　光栅传感器的结构

(a) 透射式光栅传感器；(b) 反射式光栅传感器

图 2-3(b)为反射式光栅传感器的结构示意图。反射式光栅传感器的标尺光栅的基体材料可以是玻璃也可以是钢带材质，通常光源与光电接收模块放在标尺光栅的同侧。因为可以直接将反射式光栅传感器的标尺光栅固定在被测系统的某个基面上，所以使用反射式光栅传感器可以节省较大的安装空间。相对于透射式光栅传感器，反射式光栅传感器可以用于大量程的使用场合。

2）按光栅传感器的输出方式分类

光栅传感器的输出方式分为绝对式和增量式两种。

绝对式光栅传感器对每一个位置都进行了编码，不同的位置有不同的编码，通过软件进行解调便可得到相应的绝对位置，开机后就可以直接获得绝对位移值。使用绝对式光栅传感器的车床和生产线可以在重新开机后马上从中断处继续原来的加工工作，大大提高了效率。

增量式光栅传感器决定当前位置的方式是，由原点开始测量步距或细分电路的计数信号数量。光栅上带有参考点，且将此参考点标记为零位，则绝对位移量就是通过对参考点的相对位移累加获得的，操作时每次开机都必须执行参考点回零，简单、快捷。

3）按光电信号扫描原理分类

采用扫描的方式，可以提高分辨率和抗污染能力。按光电信号扫描原理的不同，光栅传感器可分为成像扫描和干涉扫描两种。

成像扫描光栅传感器光源发出的光在经过透镜后呈平行光照射在扫描光栅上，从而形成遮光阴影，这个遮光阴影就是扫描光栅的条纹阴影，其在遇到测量基准面上的光栅时，两个光栅形成交叉条纹阴影，最后成像在光敏元件上被收集。当两个光栅相对运动时，其交叉形成的条纹阴影会随着以标尺光栅的栅距为周期的正弦波不断变化。根据条纹阴影在光敏元件上的周期性的能量变化可以达到测量的目的。对电信号细分后，其分辨率可达 10 nm 量级。

干涉扫描光栅传感器采用的是精细光栅的衍射与干涉原理形成的测量位置移动量的信号，其标尺光栅栅距通常在 8～0.512 μm。由于干涉扫描光栅传感器的标尺光栅栅距非常小，因此其测量分辨率可以达到 1 nm，通常适用于小量程、超高精度、超高分辨率的应用场合。

2. 莫尔条纹测量位移的原理

莫尔条纹和光栅的位移在方向上具有对应关系。当标尺光栅沿刻线垂直方向做相对移动时，莫尔条纹则做上下移动。测位移时，如果标尺光栅移动一个栅距 W，则莫尔条纹上下移动一个条纹间距 B，这时，莫尔条纹的光强变化近似为正弦变化，如图 2-4 所示。

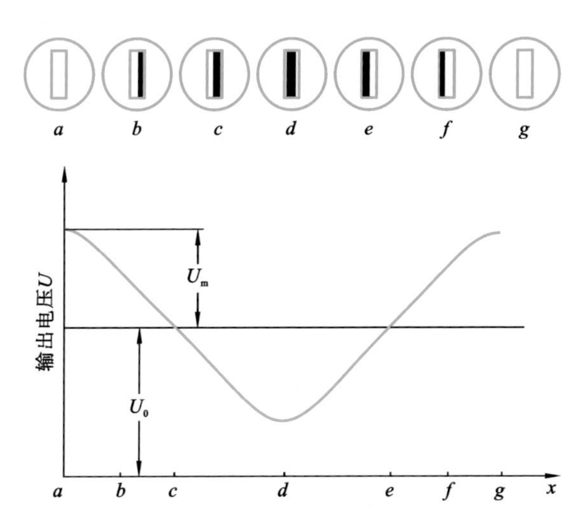

图 2-4　莫尔条纹光强变化与输出电压的关系

初始位置接收亮带信号，随着光栅移动，由亮进入稍暗、全暗，再进入半亮、全亮。这个过程中光栅移动了一个栅距，莫尔条纹的变化经历了一个周期，即移动了一个条纹间距 B，光强变化一个周期。当光敏元件接收到光的明暗变化时，光信号就转换为图 2-4 所示的电压信号输出，它可以用光栅位移量 x 的三角函数表示：

$$U=U_0+U_m\sin\left(\frac{\pi}{2}+\frac{2\pi x}{W}\right) \tag{2-2}$$

式中：U 是光敏元件输出的电压信号；U_m 是输出电压中正弦交流分量的幅值；U_0 是输出电压中的平均直流分量。

将此电信号经过放大、整形变为方波，再经测量电路计量脉冲数，就可测量光栅的相对位移量为

$$x = N \cdot W$$

式中：x 为标尺光栅位移；N 为所计脉冲数。

2.1.3 光栅传感器信号检测与处理

光栅传感器的输出信号经过放大、整形、辨向和计数后可直接显示被测的位移量。

1. 辨向原理

由于位移是矢量，因此除了确定其大小之外，还应确定其方向。但是无论标尺光栅向前或向后移动，在一个固定点观察时，莫尔条纹都是明暗交替变化，所以单独一路光电信号无法实现辨向。为了辨别光栅移动的方向，需要两个具有一定相位差的莫尔条纹信号。图 2-5 所示为光栅辨向原理图。

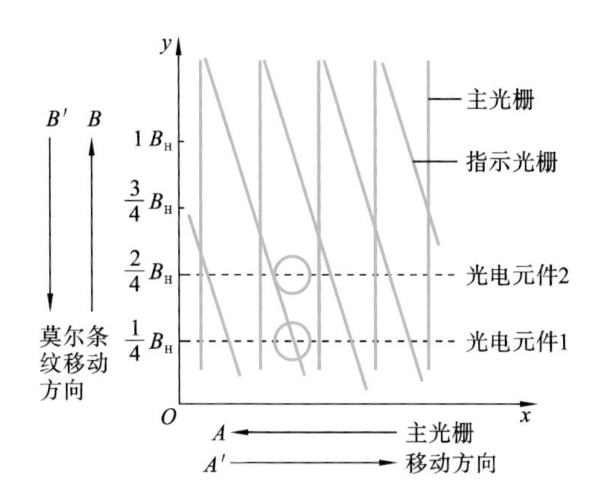

图 2-5 光栅辨向原理图

辨向电路两个光电元件分别安放在相隔 $1/4B_H$（B_H 为条纹间距）的两个位置，光电元件接收到莫尔条纹光强信号后，会输出相位差为 $\pi/2$ 的电压信号。

当标尺光栅（即主光栅）向 A 方向移动时，莫尔条纹则向 B 方向移动，此时光电元件 1 先输出电压信号 U_1，相位滞后 $\pi/2$ 后，光电元件 2 输出电压信号 U_2，经过辨向电路（见图 2-6）放大整形后，输出矩形波 U'_1、U'_2，分别接到触发器

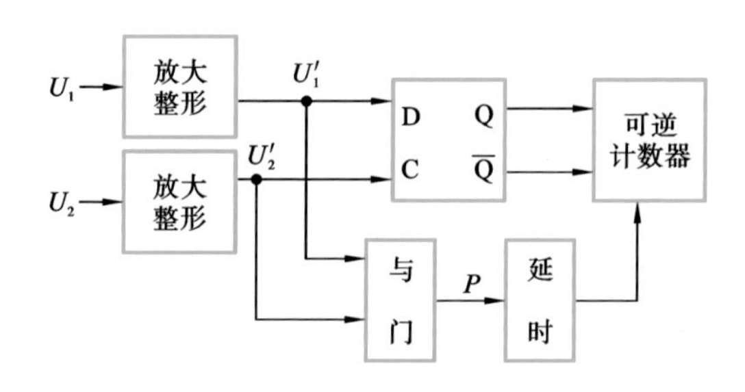

图 2-6　光栅辨向电路

的 D 端和 C 端。U_1' 的上升沿触发，触发器输出 $Q=1$，控制可逆计数器，使计数器加 1 计数。同时 U_1' 和 U_2' 经与门输出脉冲 P，再经延时电路送到计数器输入端，计数器进行加法计数。

当标尺光栅向 A'方向移动时，莫尔条纹则向 B'方向移动，此时光电元件 1 输出电压信号 U_1 的相位滞后光电元件 2 输出电压信号 U_2 的相位 $\pi/2$，触发器输出 $Q=0$，计数器作减 1 计数。根据可逆计数器的状态，就可以判别标尺光栅位移的大小和方向。

2. 细分技术

由莫尔条纹的工作原理可知，位移 x 与扫过的栅距 W 成正比，即 $x=NW$。当移动的栅格数 $N=1$ 时，$x=W$，所以测量精度即最小感应量取决于栅距 W。为了提高传感器的分辨率，测量比栅距更小的位移量，在测量系统中往往采用细分技术。

目前使用的细分方法有以下几种。

(1) 机械细分法。增加光栅刻线密度，但受工艺和技术水平的限制。

(2) 电子细分法。用电信号进行电子插值，也就是把一个周期变化的莫尔条纹信号再细分，即增大一个周期的脉冲数，也称倍频法。

(3) 机械和光学细分。位移的分数值通过微动的指示光栅达到预定的基准相位的位置，又称零位法。这种方法每次读数必须归零，但电子系统简单，细分能力强，精度也高。

这里主要介绍电子细分的四倍频细分方法。在前述辨向原理中，安放在相隔 1/4 条纹间距处的两个光电元件接收到莫尔条纹光强信号后，输出相位差为 $\pi/2$的电压信号 U_1 和 U_2(设分别为 S 和 C)，将这 2 个信号整形、反向得到 4 个依次相差 $\pi/2$ 的电压信号 S(0°)、C(90°)、$\overline{\text{S}}$(180°)、$\overline{\text{C}}$(270°)，将这 4 个信号送入

图 2-7 所示电路中，进行与、或逻辑运算。可以得知，在正向移动 1 个光栅栅距时，可得到 4 个加计数脉冲；反向移动 1 个光栅栅距时，可得到 4 个减计数脉冲，从而实现四倍频细分。

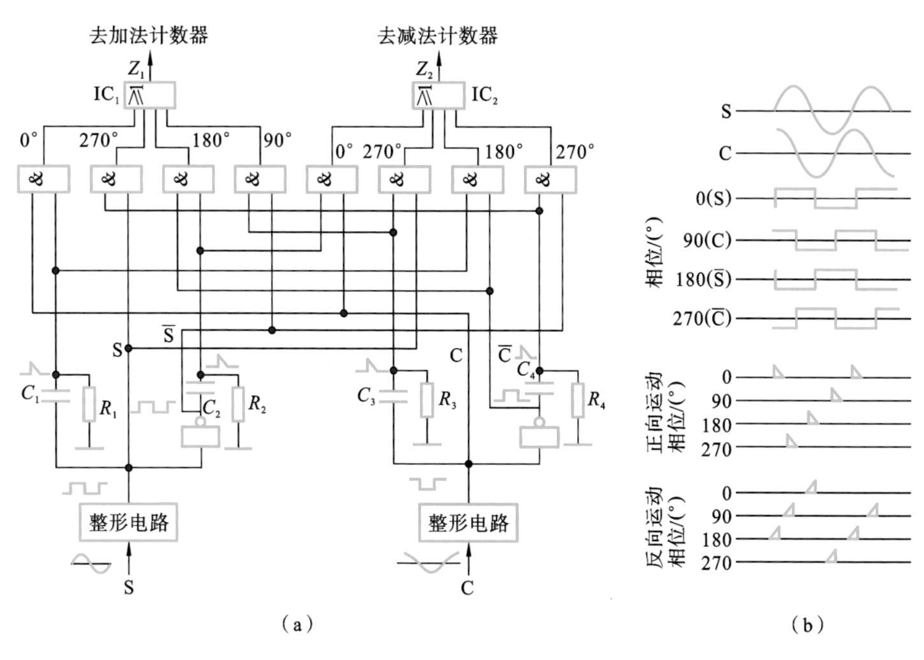

(a)　　(b)

图 2-7　电子四倍频细分电路

(a) 电路原理图；(b) 信号波形图

倍频细分电路也可在 FPGA 芯片中实现。在高端 MCU、DSP 芯片的外设接口中，也大都集成有倍频细分电路，编程使用时非常方便。

2.1.4　典型直线光栅传感器的结构

直线光栅传感器广泛应用于数控机床高精度定位和高速加工，例如铣床、加工中心、镗床、车床和磨床的直线运动测量。直线光栅传感器作为反馈测量元件，主要用于数控机床的滚珠丝杠温度特性导致的定位误差控制、滚珠丝杠螺距误差导致的运动特性误差补偿等方面。

1. 绝对式光栅传感器的结构

绝对式光栅传感器一般有两个码道：一个是绝对码道，将不同宽度和不同间距的栅线，用编码形式直接制作到标尺上以确定绝对位置；另外一个是增量码道，通过信号细分提供高分辨率的位置值，用来保证光栅的分辨率和精度。

绝对式光栅传感器的标尺光栅示意图如图 2-8 所示。沿着标尺光栅的测量长度方向，通常采用二进制码编码方式将线位移信息以代码的形式刻制，线位移信息由按一定规律排列的刻线组成，每一个位置对应唯一的二进制或其他进制编码。因此在不同的位置，可输出不同的数字代码，经处理后输出的线位移代码与线位移相关。

图 2-8　绝对式光栅传感器的标尺光栅示意图

标尺光栅具有固定零点，传感器的示值只与测量的起始和终止位置有关，而与测量的中间过程无关，因此掉电后再启动无须重新对零。

绝对式光栅传感器可以对机床工作台的位置进行实时测量。机床在不回参考点的情况下，直接读出当前位置值，光栅传感器通过串行通信接口将当前位置值发送至控制系统。机床开机后，当前数据一直有效，并可随时被所连接的控制系统调用。这样，机床的定位误差以及机械热胀、丝杠螺距精度、反向间隙等机械问题引起的测量误差都将通过补偿得到减小。

绝对式直线光栅传感器组成示意图如图 2-9 所示。由 LED（发光二极管）光源发出的光线照射钢带光栅后反射回来，穿过读数头上的玻璃光栅到达光信号接收器。光信号接收元件采用硅光电池，硅光电池输出近似正弦波的电流信号，信号经过整形、倍频细分后得到计数脉冲。钢带光栅用耐蚀性不锈钢带制成，光学信号采集方式为反射式，钢带背面自带粘贴背胶，可直接贴在被测设备的表面上，易于安装使用。

2. 增量式光栅传感器的结构

增量式光栅传感器的测量原理是：将光通过两个相对运动的光栅调制成莫尔条纹，对莫尔条纹进行计数、细分后得到位移变化量，并通过在标尺光栅上设定一个或多个参考点来确定光栅运动的绝对位置。

增量式光栅传感器的标尺光栅由周期性刻线组成。绝对位置信息通过从

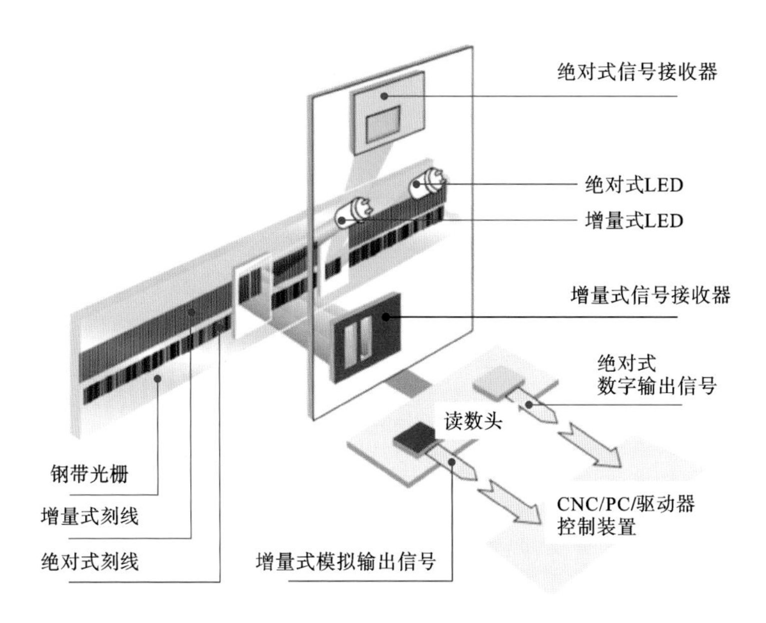

图 2-9　绝对式直线光栅传感器组成示意图

所设置的参考点开始计数而获得。使用时通过扫描参考点才能建立绝对基准点。图 2-10 所示为增量式光栅传感器的标尺光栅示意图。

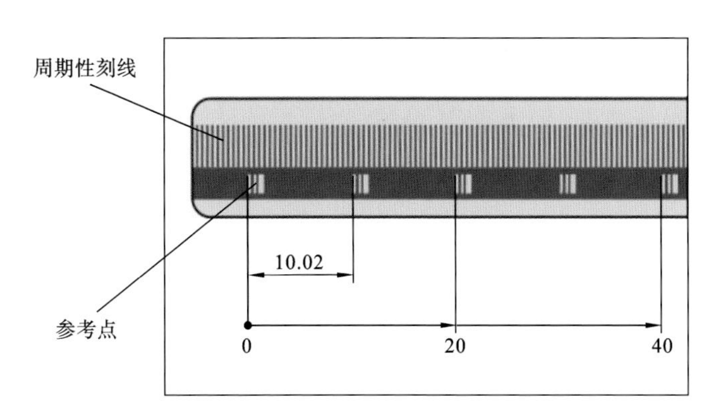

图 2-10　增量式光栅传感器的标尺光栅示意图

增量式直线光栅传感器从参考点开始对测量步距进行计数，在开机上电后必须执行参考点回零操作。图 2-11 所示为增量式直线光栅传感器组成示意图。

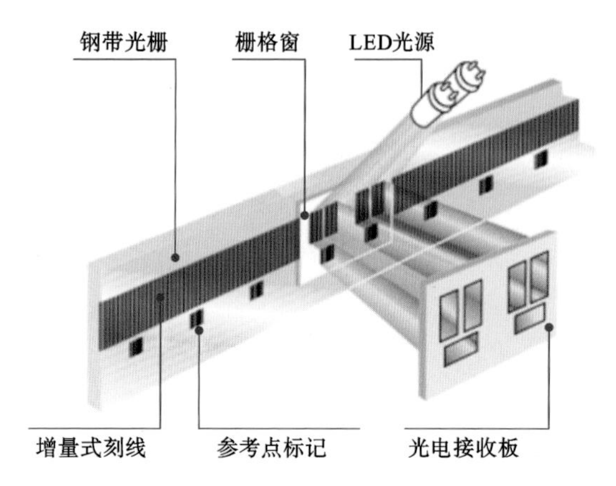

图 2-11　增量式直线光栅传感器组成示意图

参考点标记是一组特殊的刻线，当扫描装置检测到参考点标记后就会产生一个脉冲信号。参考点标记专门用来设置和存储机床零点位置，避免在重新上电后出现位置误差。参考点标记位于钢带光栅上，与增量式刻线同步。

3. 扫描式光栅传感器的结构

扫描式光栅传感器能检测到非常细的线条，通常不超过几微米宽，而且能生成周期很短的输出信号。扫描式光栅传感器主要基于成像扫描、干涉扫描两种测量原理工作。成像扫描原理一般用于 10～200 μm 的测量基准，干涉扫描原理用于 4 μm 甚至更小的测量基准。

1）成像扫描原理

成像扫描利用的是光透射的原理，两个具有相同或相近栅距的标尺光栅与指示光栅彼此相对运动。扫描掩膜的基体是透明的，而作为测量基准的光栅可以是透明的也可以是不透明的。图 2-12 为基于单场成像扫描原理的光电扫描示意图。

当平行光穿过指示光栅时，在一定距离处形成明/暗区。当两个光栅相对运动时，穿过光栅的光被调制。如果狭缝对齐，则光线穿过。如果一个光栅的刻线与另一个光栅的狭缝对齐，光线无法通过。特殊结构的光栅将光强调制为近似正弦波的输出信号。栅状光电传感器将这些光强变化转化成电信号。

指示光栅可以刻多个裂相窗口，例如 5 个裂相窗口，如图 2-13 所示。其中 4 个窗口用于辨向计数，且 4 个窗口的间距为栅距的（$N+1/2$）倍，另外 1 个窗口用于绝对定位，每个窗口刻有与标尺光栅相同栅距的光栅条纹。

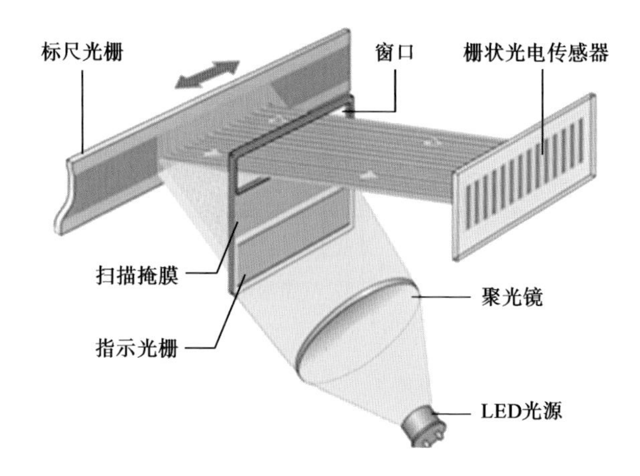

图 2-12 基于单场成像扫描原理的光电扫描示意图

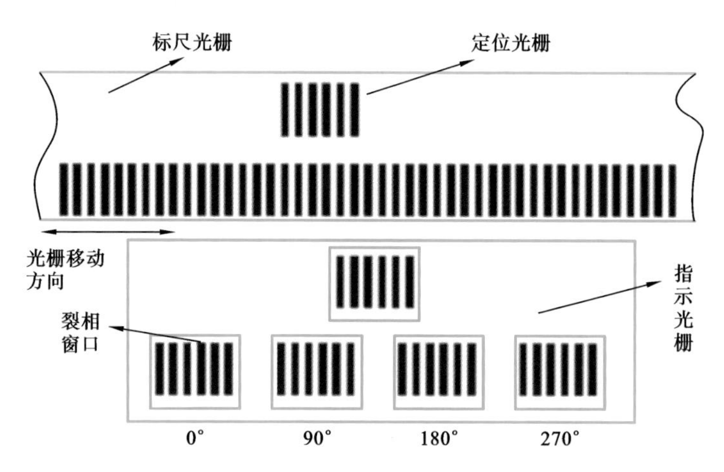

图 2-13 标尺光栅与指示光栅示意图

在 4 个用于辨向计数的裂相窗口的位置，对应安装 4 对红外光电发光管、接收管，如图 2-14 所示。使用时，标尺光栅是固定的，指示光栅在标尺光栅上移动，光电元件根据接收到的光强变化产生正弦波。根据 4 个窗口的位置关系，产生的 4 个正弦波的相位依次相差 90°。测量的位移、速度的大小都可通过指示光栅进行读取和记录。

2）干涉扫描原理

干涉扫描原理是利用光的衍射和干涉形成位移的测量信号。直线光栅的栅距与扫描掩膜（透明相位光栅）的栅距相同。

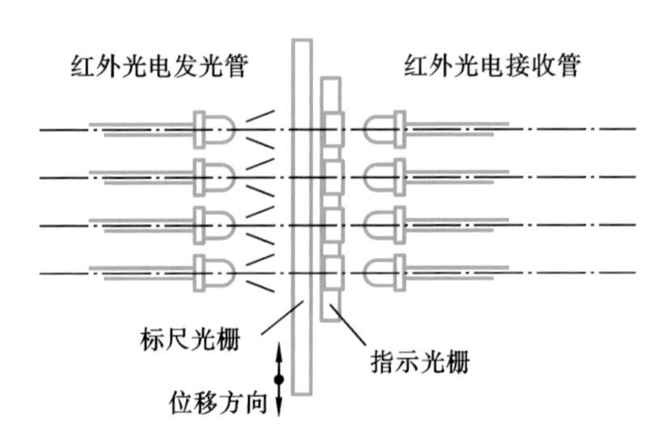

图 2-14　红外光电发光管、接收管安装示意图

光照射到扫描掩膜时，衍射为三束光强近似的光：−1、0 和+1。在光栅衍射光波中，反射的衍射光中光强最大的光束为+1 和−1。这两束光在扫描掩膜的相位光栅处再次相遇，又一次发生衍射和干涉，形成三束光，并以不同的角度离开扫描掩膜。光电接收元件(光电池)将这些交变的光强信号转化成电信号。

图 2-15 为单场干涉扫描原理图。扫描掩膜与直线光栅的相对运动使第一级的衍射光产生相位移：当光栅移过一个栅距时，前一级的+1 衍射光在正方向上移过一个光波波长，−1 衍射光在负方向上移过一个光波波长。由于这两个光波在离开扫描光栅时将发生干涉，光波将彼此相对移动两个光波波长。也就是说，相对移动一个栅距，可以得到两个信号周期。例如，干涉光栅的栅距一般

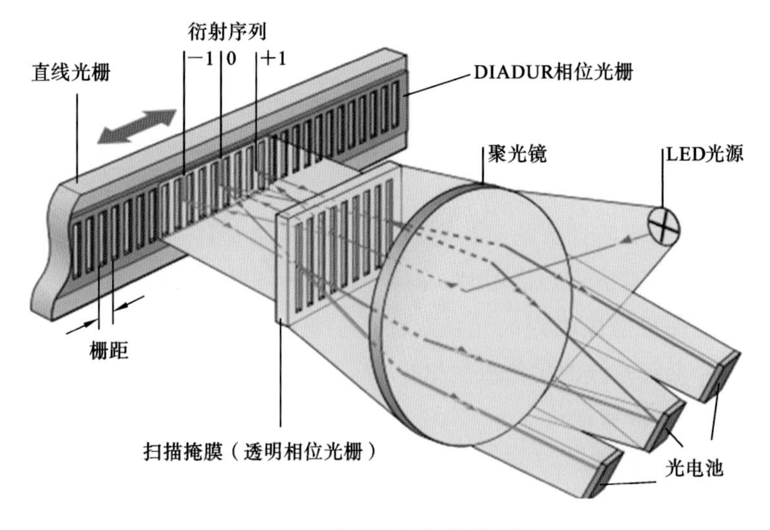

图 2-15　单场干涉扫描原理图

为 8 μm、4 μm 甚至更小，适合用于小步距和高精度测量场合。

2.1.5 角位移传感器

角位移传感器通常又称为光电编码器，是一种利用光电转换原理将机械角度转换成脉冲或数字量的传感器。其具有精度和可靠性高、使用方便等特点，在工业机器人和数控机床的位置检测以及其他工业领域得到了广泛的应用。光电编码器按照编码方式分为增量式光电编码器和绝对式光电编码器。

1. 增量式光电编码器

增量式光电编码器能够测量出转轴相对于某一基准位置的瞬间角位置，并以数字形式输出。此外还能测出转轴的转速和转向。

1）增量式光电编码器的结构

增量式光电编码器的结构示意图如图 2-16 所示。它主要由光源（发光二极管）、编码盘、检测光栅（固定光栅）、光电检测器件（光敏管）和转换电路组成。

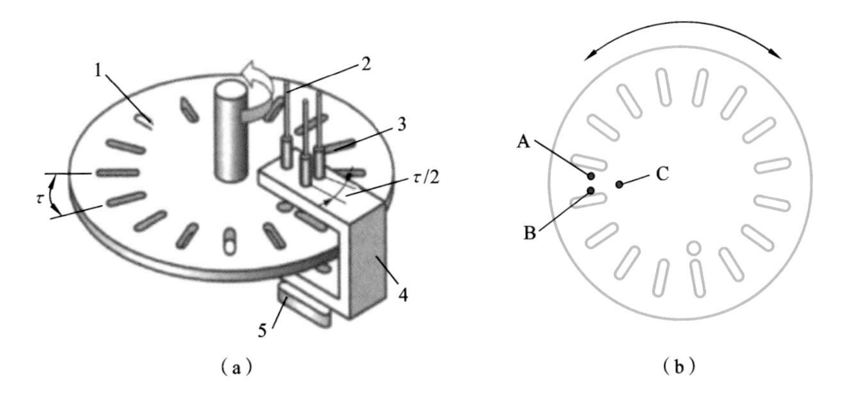

图 2-16 增量式光电编码器的结构示意图

(a) 结构示意图；(b)增量式光电编码盘

1—编码盘；2—C 相光电检测器件；3—A、B 相光电检测器件；4—检测光栅；5—光源

编码盘上沿圆周方向刻有节距相等的辐射状透光缝隙，相邻两个透光缝隙之间的节距代表一个增量周期 τ，编码盘上的透光刻线缝隙数目越多，编码器的分辨率越高；编码盘有 3 个同心光栅，分别为 A 相、B 相和 C 相光栅。检测光栅上刻有两组与 A、B 相光栅相对应的透光缝隙，用以通过或阻挡光源和光电检测器件之间的光线，它们的节距和编码盘上的透光缝隙节距相等，但是两组透光缝隙错开 1/4 节距，使得 A、B 相光电检测器件输出的信号在相位上相差 90°。根据 A 相、B 相任一光栅输出脉冲数值的大小就可以确定编码盘的相对

转角；根据输出脉冲的频率可以确定编码盘的转速；采用适当的逻辑电路，根据A相、B相输出脉冲的相序就可以确定编码盘的旋转方向。

当编码盘随被测轴转动时，检测光栅不动，光线透过编码盘和检测光栅上的缝隙照射到光电检测器件上，光电检测器件输出两组相位相差90°的近似于正弦波的电信号。电信号经过转换电路的信号处理输出方波脉冲信号，从而得到被测轴的转角或速度信息。

2）增量式光电编码器的输出

A相、B相两相为工作信号，C相只有一条透光的狭缝，为标志信号，编码盘旋转一周，标志信号发出一个脉冲，用来作为同步信号（通常用来指示机械位置或用作参考零位）。增量式光电编码器的输出波形如图2-17所示。若A相超前B相，对应编码器正转；若B相超前A相，对应编码器反转。若以该方波的前沿或后沿产生计数脉冲，可形成代表正向位移或反向位移的脉冲序列。

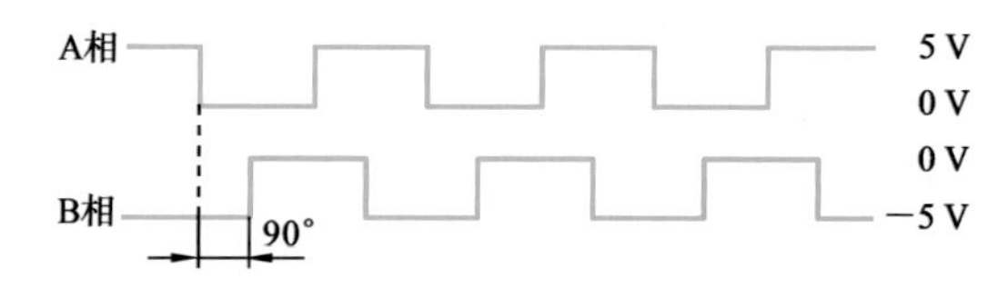

图2-17　增量式光电编码器的输出波形

增量式光电编码器没有接触磨损，允许高转速，精度高，可靠性好，但结构复杂，安装困难，无法直接读出转动轴的绝对位置信息。

2. 绝对式光电编码器

绝对式光电编码器是一种直接编码式的测量元件。它可以直接把被测转角或位移转化成相应的代码。编码盘的机械位置决定编码器的输出值，光电敏感元件可直接读出编码器的当前位置，在断电的情况下不会失去位置信息。

1）绝对式光电编码器的结构

图2-18所示为四位二进制码编码盘。编码盘通常是一块光学玻璃，玻璃上面刻有透光和不透光的图形，在圆形编码盘上沿径向有若干同心码道，每条码道有许多透光和不透光刻线，每道刻线依次以2线、4线、8线、16线……编排，对应每一条码道有一个光电检测元件来接收透过编码盘的光线。图中空白部分为透光区，输出用“0”来表示，阴影部分为不透光区，输出用“1”来表示。这样，在编码器的每一个位置，通过判断每道刻线的透光情况，获得一组从2的0次方到2的$(n-1)$次方的唯一的二进制编码，称为n位绝对编码，编码盘的码

道数就是编码器的位数。四位二进制码编码盘有四圈数字码道,每一条码道表示二进制码的一位,里侧是高位,外侧是低位。编码盘每转一周产生 0000～1111 共 16 个二进制数,对应于转轴的每一个位置均有唯一的二进制编码。

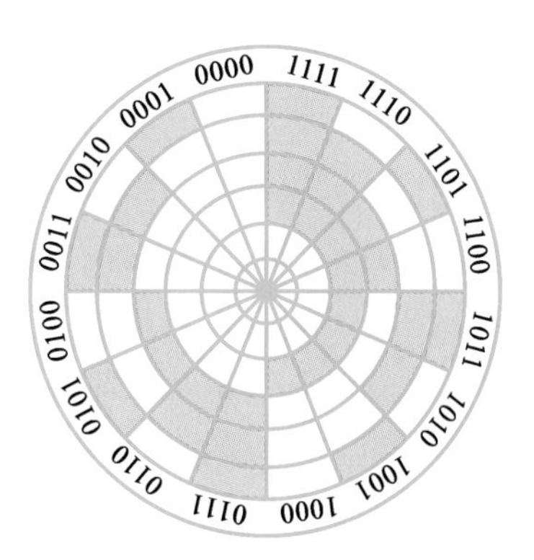

图 2-18　四位二进制码编码盘

绝对式光电编码器的结构如图 2-19 所示。光源一般采用发光二极管,光电检测元件一般采用硅光电池或光电晶体管。光电检测元件的输出信号经过放大和整形电路,得到接近方波的信号。工作时,编码盘的一侧放置光源,另一侧放置光电检测元件,每个码道都对应一个光电管及放大、整形电路。光源发射的光线经柱面透镜变成一束平行光照射在编码盘上。通过编码盘上透光区的光线,经狭缝板上的狭缝形成一束光照射在光电检测元件上,光电检测元件把光信号转换成电信号输出,读出的是与转角位置相对应的扇区的一组代码。编码器的角度分辨率为

$$\alpha=360°/2^n$$

显然,码道数 n 越大,编码器的分辨率就越高,测量角度和角位移就越精确。目前市面上使用的光电编码器的码道数为 4～18。在应用中通常考虑伺服系统要求的分辨率和机械传动系统的参数,以选择合适的编码器。

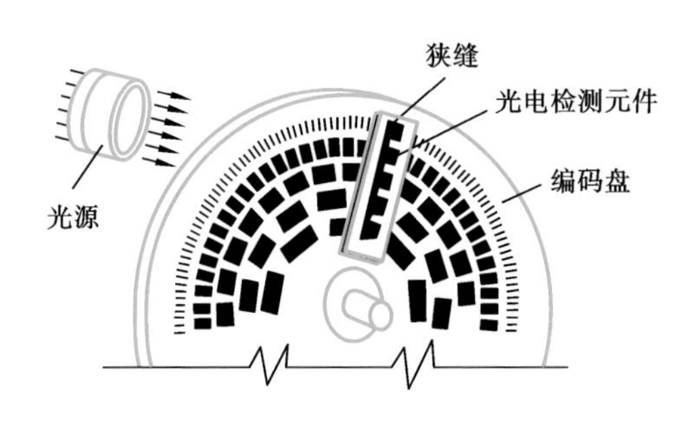

图 2-19　绝对式光电编码器的结构

二进制编码器的主要缺点是:编码盘上的图案变化较大,在使用中容易误读。在实际应用中,可以采用格雷码代替二进制编码。

2）绝对式光电编码器的数据输出

绝对式光电编码器测得的角度数据输出主要有串行输出、并行输出、现场

总线型输出等方式。

串行输出是指通过硬件串行接口和软件通信协议将绝对编码器的角度数据输出。连接的物理方式包括 RS232、RS485、RS422（TTL）等。串行输出的特点是接线少，可以远距离传输，编码器的可靠性较高。一般的高位数绝对式光电编码器都使用串行输出方式。

并行输出时在接口上有多点的高电平与低电平输出，代表了格雷码的 0 和 1。一般位数不多的绝对式光电编码器，大多直接用这种方法输出编码，可以接入 PLC 或者上位机的 I/O 接口，能做到即时输出，并且连接较为简单。但是使用时要注意，并行输出方式在数据刷新时可能造成多位变化，短时间内读数会形成乱码；绝对式光电编码器一般位数较多，要采用多芯电缆，而且所有接口必须保证连接良好，传输距离不能太远，而且抗干扰能力较弱，在复杂环境下需要有屏蔽。

现场总线型输出是指把多个编码器各以一对信号线连接在一起，分别设定地址后通过通信的方式来传输信号，接收信号的设备只需要一个接口就可以读取几个编码器的信号。总线型编码器常用的现场总线类型包括 CAN、PROFIBUS-DP、Interbus 和 DeviceNet 等。总线型编码器的特点是传输距离长，而且在多个编码器集中控制的情况下可以大大节省线缆与接口的成本。

绝对式光电编码器的主要优点是输出的绝对角度值不受断电影响，不会产生累计误差等。但其也具有制造过程复杂、成本较高、不易实现小型化的缺点。

3. 智能型可编程编码器

为达到更高的测量精度和使用灵活性，光电编码器自身也在朝着高精度、智能化方向发展。这类编码器可输出模拟的正余弦（sin/cos）增量信号，便于高精度硬件细分处理。该类型编码器的参数和功能可通过上位计算机进行编程，如设定每转分辨率，以适应不同的螺距；设定多转分辨率，以适应不同的滚珠丝杠导轨行程范围；亦可设置位置值增加时的旋转方向、位置值输出格式等。该类型编码器提供运行状态诊断功能，可收集内部检测光源、选通门阵列、输出寄存器等的状态或故障信息，检测在高速串行接口传输量的绝对值与正余弦增量信号、动态代码是否一致，实现编码器安全监控。

4. 光电编码器的应用

光电编码器可以与计算机及显示装置相连接，实现数字测量与数字控制。编码器采用圆光栅盘做检测元件，与其他同类用途的传感器相比，具有不易受外界磁场影响,分辨率高、测量精度高、寿命长、工作可靠性好、测量范围广、体积小、质量轻、能耗低和易于维护等优点,多应用于数控机床、交流伺服电动机、电梯、自动流水线、工程机械、医疗设备、机器人等领域。

在数控机床上,光电编码器用于各直线、回转运动坐标轴的进给电动机角度检测,以及机床主轴、刀架、手持式编程装置的角度检测。编码器在电梯控制上可以提供可靠精确的速度信号和位置信号,同时用于电梯的调速控制和轿厢的位置控制。

随着工业自动化和微电子技术的发展,光电编码器的小型化、智能化、集成化程度不断增加。采用 ASIC 光电器件将光栅信号处理电路与硅光电池集成起来,可使编码器结构更紧凑,稳定性和可靠性进一步提高;采用新的编码方式和码盘制造技术,可以减少码道数量,达到缩小编码器尺寸的目的。

2.2 磁栅传感器

磁栅位移传感器利用电磁感应原理,通过检测感应电动势并进行处理, 从而得到位移。磁栅传感器制作成本较低,加工工艺简单,易于安装调整,可以稳定地工作在粉尘颗粒较多或有油污的环境。使用时,可以将它安装在机床上后再进行磁化处理,这有利于消除磁栅安装误差和机床本身的几何误差,提高测量精度。用于长度测量时,系统精度可达±0.01 mm/m,分辨率为 1~5 μm。

2.2.1 磁栅传感器的结构与工作原理

磁栅位移传感器主要由磁栅与包含磁头和检测电路的读数头组成。磁栅也称磁尺,类似于一条录音带,上面记录有一定波长的等间距的磁信号。磁头的作用是把磁栅上的信号转换成电信号,此电信号再由检测电路变换和细分后进行计数输出。

1. 磁栅

磁栅是检测位移的基准尺,它用不导磁的金属或表面涂有一层抗磁材料的钢材做基尺,基尺表面上镀有一层磁性材料薄膜,用录音磁头在磁性材料薄膜上沿长度方向录上波长(磁栅的磁信号节距)为 W 的周期性信号,磁栅录制后的磁化结构相当于一个个小磁铁按 NS、SN、NS……的状态排列,如图 2-20 所示。磁栅上的磁场强度呈周期性的正弦变化,且在 N-N 相接处为正的最大值,在 S-S 相接处为负的最大值。

常见的磁栅按基本形状不同主要分为长磁栅和圆磁栅两类,如图 2-21 所

图 2-20　磁栅的结构示意图

1—磁栅基体；2—抗磁镀层；3—磁性材料薄膜

示。前者用于测量直线位移，后者用于测量角位移。长磁栅又可分为尺形、带形和同轴形三种。

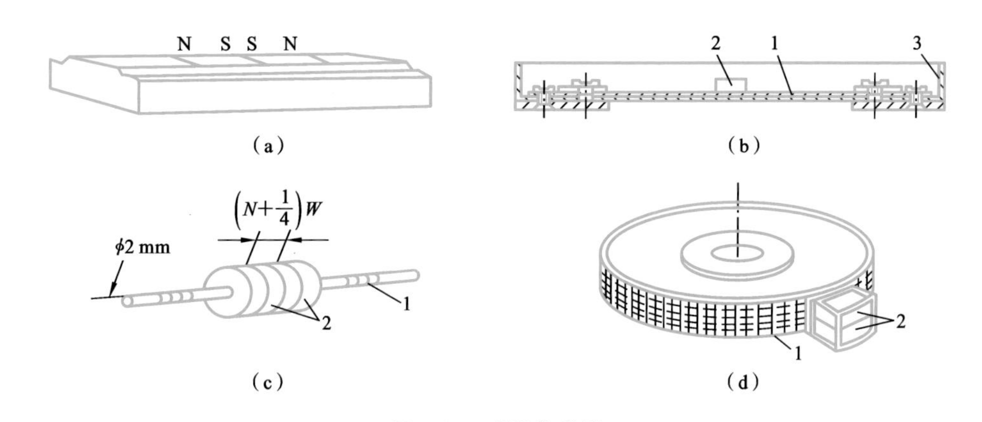

图 2-21　磁栅的类型

(a) 尺形长磁栅；(b) 带形长磁栅；(c) 同轴形长磁栅；(d) 圆磁栅

1—磁栅；2—磁头；3—屏蔽罩

一般情况下，尺形长磁栅应用较为广泛，其外形如图 2-21(a)所示。制作时将相等节距(常为 200 μm 或 50 μm)周期变化的电信号以磁的方式记录到磁栅上，用它作为测量位移的基准尺。磁头一般用片簧机构固定在磁头架上，工作时磁头架沿磁栅的基准面运动，磁头不与磁栅接触。尺形长磁栅主要用于精度要求较高的场合，精度为 1～5 μm/m，量程为 1 m 左右。当量程较大或安装面受限时，可采用带形长磁栅，如图 2-21(b)所示。带形长磁栅的录磁和工作均是在张紧状态下进行的。磁头在接触状态下读取信号，能在振动环境下正常工作。同轴形长磁栅是在 ϕ2 mm 的青铜棒上电镀一层磁性薄膜，然后录制而成。磁头套在磁栅上工作，两者之间有微小的间隙，如图 2-21(c)所示。磁栅的工作区被磁头围住，对周围的磁场起了很好的屏蔽作用，增强了抗干扰的能力。同轴形长磁栅传感器的结构小巧，可用于结构紧凑的场合或小型测量装置中。圆磁栅做成圆盘状，如图 2-21(d)所示，磁头与磁盘之间有微小的间隙以避免磨损。

磁栅录制时，要求录磁信号幅度均匀、节距均匀。目前长磁栅常用的磁信号节距为 0.05 mm 和 0.02 mm 两种；圆磁栅的角节距一般为几分至几十分。

2. 磁头

根据磁栅传感器读数头读出信号的方式不同，磁头有动态磁头（速度响应式磁头）和静态磁头（磁通响应式磁头）两种。

1）动态磁头

动态磁头有一个输出绕组，只有在磁头与磁栅有相对运动时，线圈上才有信号输出，输出信号的幅值与相对运动及速度有关。当磁头与磁栅相对运动速度很低或相对静止时，磁头线圈内磁通量变化很小或变化为零，因此输出电压很小或为零。动态磁头在使用上有一定的局限性，不适合长度测量。为了保证有一定幅值的输出，通常规定磁头以一定速度运动，这时磁头输出一定频率的正弦信号，如图 2-22 所示。信号在 N-N 处达到正向峰值，在 S-S 处达到负向峰值。

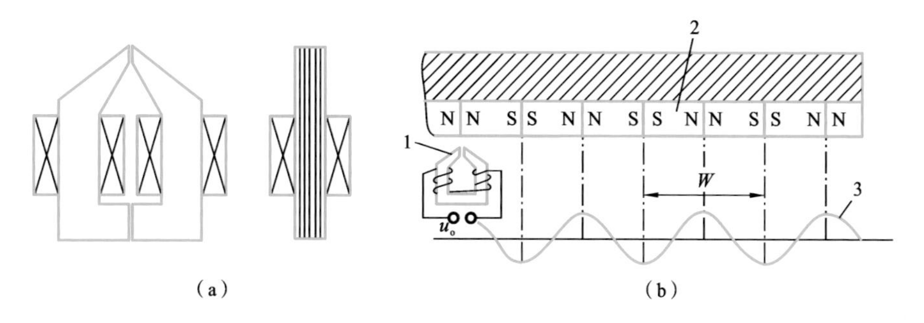

图 2-22　动态磁头结构及输出波形

(a) 动态磁头结构；(b) 信号读出原理

1—磁头；2—磁栅；3—输出信号波形

当磁头与磁栅有相对运动时，因为各位置处的磁通不同，所以磁头线圈中的感应电动势也不同。设磁记录的磁信号为

$$\Phi=\Phi_{\mathrm{m}}\sin\frac{2\pi x}{W} \tag{2-3}$$

式中：W 为磁信号节距；x 为磁头位移；Φ_{m} 为磁通幅值。

由电磁感应定律可知磁头线圈中的感应电动势为

$$e=N\frac{\mathrm{d}\Phi}{\mathrm{d}t}=N\Phi_{\mathrm{m}}\omega\cos\frac{2\pi x}{W} \tag{2-4}$$

式中：N 为线圈绕组的匝数。令 $k=N\Phi_{m}\omega=$常量，则

$$e=k\cos\frac{2\pi x}{W} \tag{2-5}$$

由式(2-5)可知，线圈中的感应电动势 e 反映了位移量的变化。由于动态磁头有一组线圈绕组，利用磁栅与磁头以一定速度相对移动而读出磁栅上的信号，将此信号进行处理后使用，检测电路也较为简单。

2）静态磁头

静态磁头是一种调制式磁头，又称磁通响应式磁头。静态磁头与动态磁头的不同之处在于，在磁头与磁栅没有相对运动时也有信号输出。

静态磁头有两个绕组，一组为励磁绕组 N_1，另一组为输出绕组 N_2。当在绕组 N_1 中通入励磁电压时，产生的磁通一部分通过铁芯，在绕组 N_2 中产生感应电动势。如果铁芯空隙中同时受到磁栅剩余磁通的影响，那么由于磁栅剩余磁通极性的变化，N_2 中产生的感应电动势的幅值就受到调制。

在实际应用时，为了减小误差和提高抗干扰能力，通常将多个静态磁头以一定的方式串联起来做成一体，称为多间隙静态磁头。如图 2-23(a)所示，磁头铁芯由 A、B、C、D 四种形状不同的铁镍合金片叠合而成，叠合顺序为 A—B—C—B—D—B—C—B—A，反复循环。A、B、C、D 做成不同的形状，是为了只有在通过励磁线圈的铁芯时才能形成磁路。

静态磁头读出信号的原理是利用磁栅的漏磁通 Φ_0 的变化来产生感应电动势，如图 2-23(b)所示。磁栅与磁头间的漏磁通 Φ_0 经磁头分成两部分，一部分 Φ_2 通过磁头的铁芯，另一部分 Φ_3 通过气隙，则有

$$\Phi_2=\Phi_0\frac{R_\delta}{R_\delta+R_T} \tag{2-6}$$

式中：R_δ 为气隙磁阻；R_T 为铁芯磁阻。

一般可以认为 R_δ 不变，而 R_T 与励磁线圈所产生的励磁磁通 Φ_1 有关，由于铁芯 P、Q 两段的截面积很小，励磁电压变化一个周期(U_T)，铁芯饱和两次，变化两个周期。因此，可以近似地认为

$$\Phi_2=\Phi_0(a_0+a_2\sin 2\omega t) \tag{2-7}$$

式中：a_0、a_2 为磁头结构参数常量；ω 为励磁电压的角频率。

(1) 当磁栅与磁头没有相对运动时，漏磁通 Φ_0 是一常量，输出绕组产生的感应电动势为

$$u_0=N_2\frac{\mathrm{d}\Phi_2}{\mathrm{d}t}=2N_2\Phi_0 a_2\omega\cos 2\omega t=k\Phi_0\cos 2\omega t \tag{2-8}$$

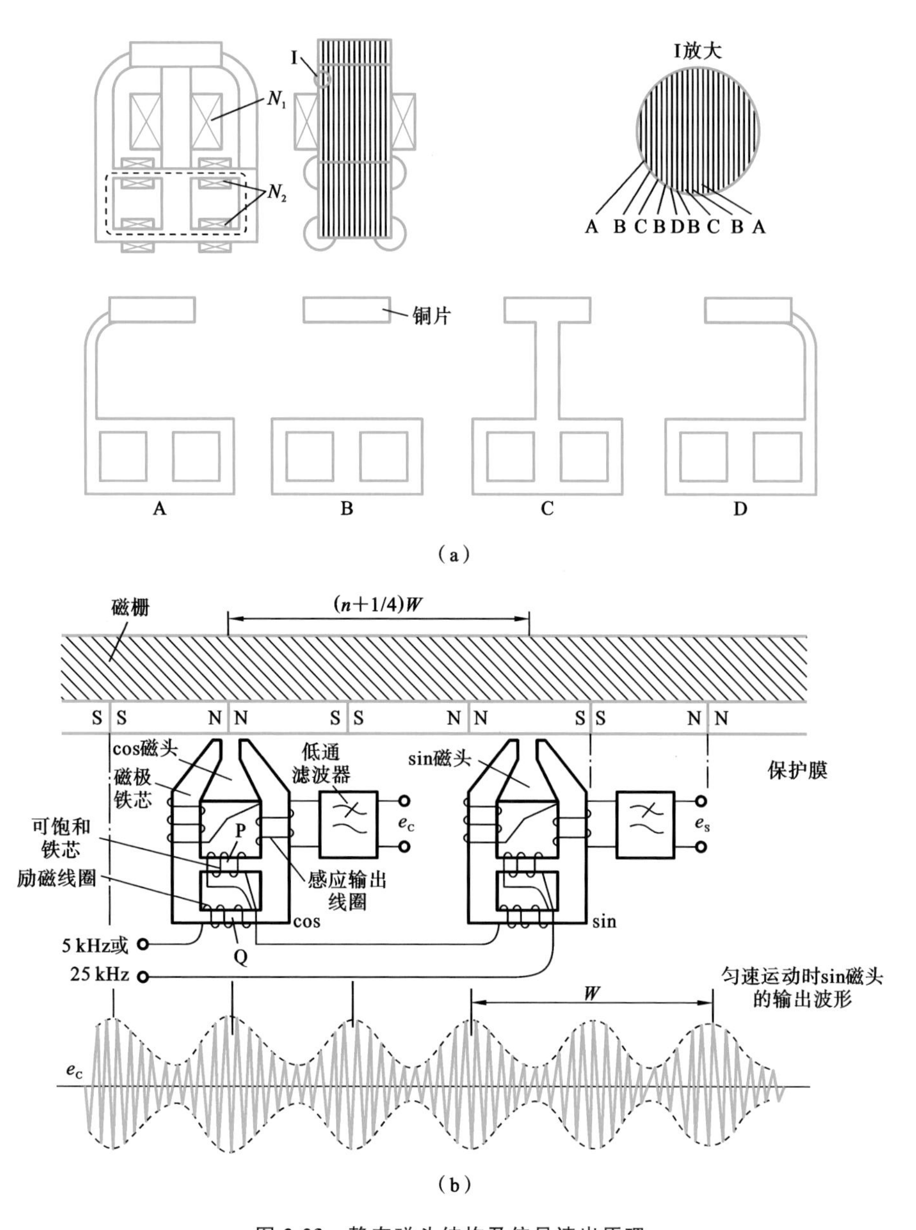

图 2-23　静态磁头结构及信号读出原理

(a) 静态磁头结构;(b) 信号读出原理

式中：$k=2N_2a_2\omega$ 为常数；N_2 为输出绕组匝数。

（2）当磁栅与磁头有相对运动时，漏磁通 Φ_0 是磁栅位置的周期函数，磁栅与磁头相对移动一个节距 W，Φ_0 就变化一个周期，可以近似为

$$\Phi_0=\Phi_m\sin\frac{2\pi x}{W} \tag{2-9}$$

由式(2-9)有

$$\Phi_2=\Phi_m\sin\frac{2\pi x}{W}(a_0+a_2\sin2\omega t) \tag{2-10}$$

则输出绕组产生的感应电动势为

$$u_0=N_2\frac{d\Phi_2}{dt}=k\Phi_m\sin\frac{2\pi x}{W}\cos2\omega t \tag{2-11}$$

式中：x 为机械位移量；Φ_m 为漏磁通的峰值。

由式(2-11)可见，静态磁头输出信号是一个调制波，其幅值为

$$U_m=k\Phi_m\sin\frac{2\pi x}{W} \tag{2-12}$$

即幅值随位移 x 呈正弦函数变化。它也是调幅波的包络，频率为励磁电压频率的两倍。通过信号处理电路，可以得到磁头的位移量或与磁栅的相对位置。

2.2.2 磁栅传感器的信号处理方式

实际应用中，一般采用两个多间隙磁头（sin 磁头、cos 磁头）来读取磁栅上的磁信号，如图 2-23(b)所示。两个磁头的间距为 $(n+1/4)W$（W 为整数），其中 n 为正整数，W 为信号的节距，即两个磁头在空间布置成相位相差 90°，其信号处理方式分为鉴幅式和鉴相式两种。

1. 鉴幅式信号处理

鉴幅式信号处理是利用传感器输出信号的幅值大小来反映磁头的位移量或与磁栅的相对位置的信号处理方式。鉴幅式信号处理的原理框图如图2-24所示。

若励磁绕组加上同相的正弦励磁信号，而 A、B 两个磁头输出相位相差 90°，则两组磁头输出电压分别为

$$u_1=U_m\sin\frac{2\pi x}{W}\sin2\omega t \tag{2-13}$$

$$u_2=U_m\cos\frac{2\pi x}{W}\sin2\omega t \tag{2-14}$$

式中：W 为磁栅节距；x 为磁头与磁栅的相对位移；U_m 为磁头读出信号的幅值；

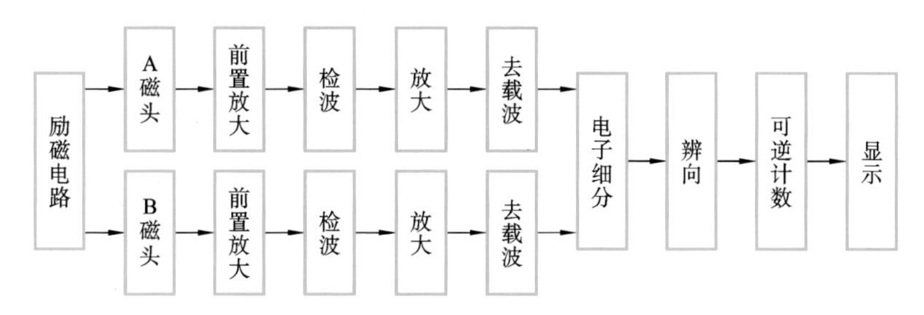

图 2-24 鉴幅式信号处理的原理框图

ω 为励磁电压角频率。

经滤波滤去高频载波后，可得

$$u'_1 = U_m \sin \frac{2\pi x}{W} \tag{2-15}$$

$$u'_2 = U_m \cos \frac{2\pi x}{W} \tag{2-16}$$

u'_1、u'_2 是与位移 x 成比例的信号。该信号经过整形、细分辨向电路处理后，读出它们的幅值即可得到位移量。这种方法称为鉴幅式信号处理。

2. 鉴相式信号处理

鉴相式信号处理是利用传感器输出信号的相位大小来反映磁头的位移量或与磁栅的相对位置的信号处理方式。鉴相式信号处理的原理框图如图 2-25 所示。

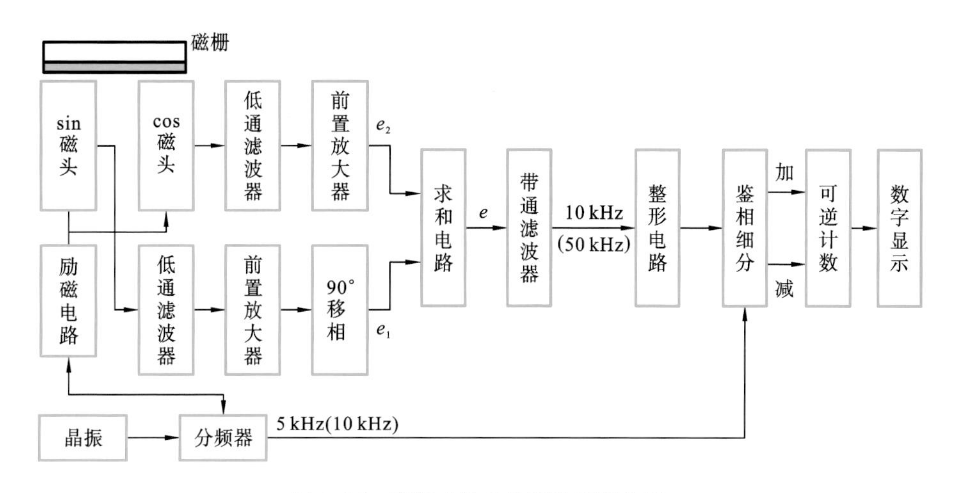

图 2-25 鉴相式信号处理的原理框图

若将励磁绕组上第二个磁头(sin 磁头)的电压读出信号移相 90°,则两组磁头输出电压分别为

$$e_1 = U_m \cos \frac{2\pi x}{W} \sin 2\omega t$$

$$e_2 = U_m \sin \frac{2\pi x}{W} \cos 2\omega t$$

此两电压相加得总输出电压为

$$e = e_1 + e_2 = U_m \sin\left(\frac{2\pi x}{W} + 2\omega t\right) \tag{2-17}$$

由式(2-17)可知,输出信号是一个幅值不变,相位随磁头与磁栅间相对位移而变化的信号。该信号经带通滤波、整形、细分电路后产生脉冲信号,由可逆计数器计数,显示器显示相应的位移量。

鉴幅方式检测线路比较简单,分辨率受到录磁节距的限制,所以不常采用。而鉴相方式的精度可以大大高于录磁节距,并可以通过提高内插脉冲频率以提高系统的分辨率。

2.2.3 磁栅传感器的应用

磁栅传感器作为一种高精度的长度和角度测量仪器,在三坐标测量机、数控机床及中大型自动化设备中得到较多的应用。磁栅传感器在钢板轧机辊缝控制中的应用如图 2-26 所示。液压轧机作为板材生产线的主要设备,其主要生产指标有板带厚度差、板型等参数。其中钢板厚度主要通过辊缝的精确控制实现,而控制环节中油缸位置检测是重要的一环。油缸位置值就是辊缝控制闭环的反馈量。

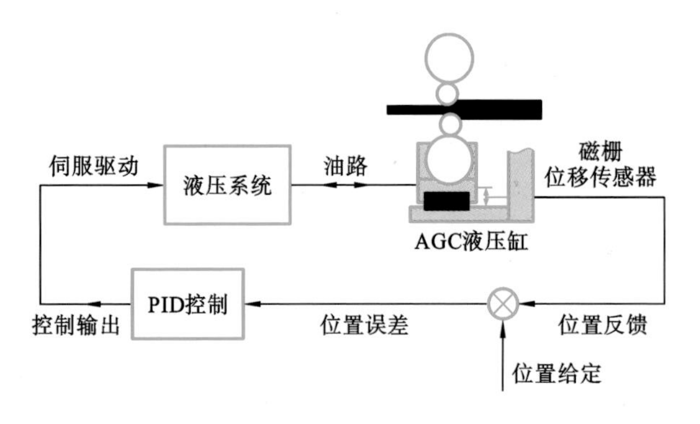

图 2-26　液压轧机辊缝控制原理简图

2.3 容栅传感器

容栅传感器是利用电容的电荷耦合原理，将机械位移量转换成电信号的一种传感器。和一般电容传感器不同，容栅传感器的电极不止一对，而是多个、多对、多组。由于其电极排列为栅条形状，所以它被称为容栅传感器。和普通的电容传感器相比，容栅传感器具有两个显著特点：

(1) 同组中有多个电极或多个电极并联。

(2) 在一个大极距范围内有多个发射电极，可通过电气细分，实现小位移测量；在定栅尺上布局有多个大电极，可通过计数实现大范围位移测量。

这些特点决定了容栅传感器具有很高的线性度和灵敏度，比普通电容传感器具有更好的抗干扰性能。容栅传感器不仅限于测量位移，也可以测量以位移为表征量的液压、形变参数，如应用于容栅数显卡尺、平整度仪、坐标仪等。

2.3.1 容栅传感器的结构及工作原理

1. 容栅传感器的结构

容栅传感器是一类基于变面积原理的电容传感器，与常规的平板电容器只有一对极板不同，容栅传感器的极板由多对、分组的周期性极板构成。极板根据不同结构可分为直线、圆盘、圆筒等类型。其中直线型和圆筒型容栅传感器用于直线位移的测量，圆盘型容栅传感器用于角位移的测量。图 2-27 所示为某增量型容栅直线位移传感器的结构图。它主要由动栅尺和定栅尺组成。动栅尺上布局发射和接收两类电极。其中：发射极一般布置为多组，每组有数个电极片，每个电极片的尺寸都相同，间距相等，间距均为 l_0。接收极为公共电极。

定栅尺一般在敷铜绝缘材料上通过刻蚀制作而成，布置有数个反射极和一个公共屏蔽极，其中反射极节距为 D，与动栅尺上的每 N 个发射电极片所占的宽度($D=Nl_0$)一致。这样定栅尺反射极和动栅尺上的发射极、接收极分别形成了两个等效电容，电容量的大小间接反映了定、动栅尺的相对位置变化。

工作时，在动栅尺上每组位置相同的发射电极片上施加幅值、频率和相位相同的激励信号，相邻位置的电极片上的激励信号的相位相差 $360°/N$(N 为每组发射电极片的个数)。这些激励信号通过发射极发射到定栅尺上的反射极，再经过反射极反射到动栅尺上的公共接收极。由于等效电容的电荷存储作用，施加在发射极上的激励电压和电容量变化转换成动栅尺接收极上的电信号的

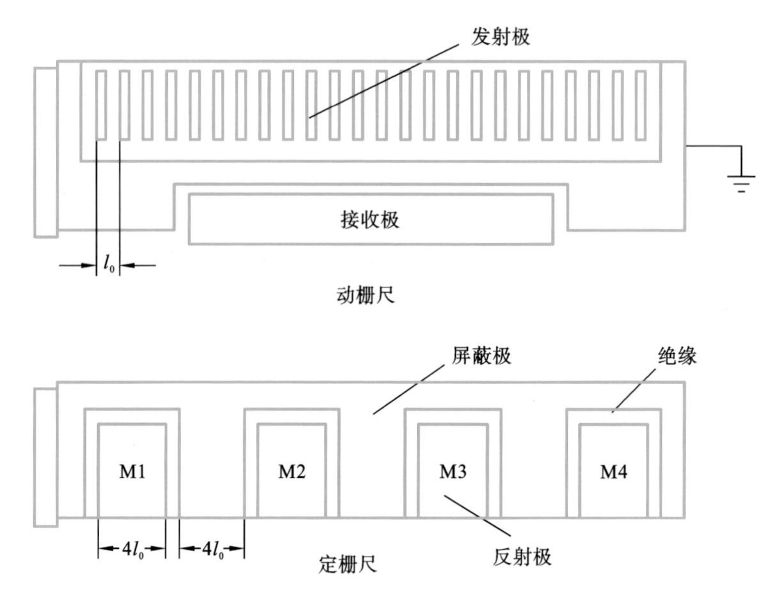

图 2-27　某增量型容栅直线位移传感器的结构图

变化。最后通过对公共接收极信号进行放大滤波处理，可以获得位移传感器的输出信号。容栅传感器中发射极、接收极和反射极的信号传递关系如图2-28所示。

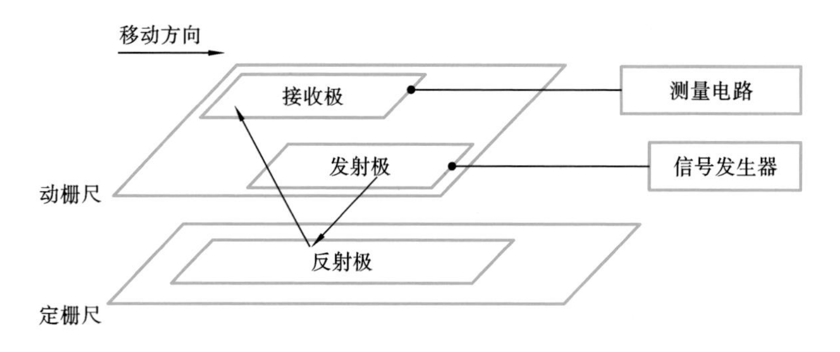

图 2-28　容栅传感器中发射极、接收极和反射极的信号传递关系

根据所测位移的范围不同，定栅尺可以进行裁剪和拼接，在安装时，动、定栅尺的电极面应相对平行，为保证测量精度，对安装间隙和安装平行度有较高的要求。

依据上述原理，容栅传感器也可通过粗、精工作模式的复合进行绝对位置的测量。在增量式位移测量的基础上分别在定、动栅尺上增加用于粗级位置测量的发射极和接收极，实现粗级位移传感信号的输出。精级信号仍采用原增量位移传感器的输出信号。最后由后置信号处理电路实现粗、精信号的复合计算，形成绝对式容栅传感器数据输出。

2. 容栅传感器的工作原理

若将定栅尺和动栅尺相对放置，其间充填电介质，就形成一对对并联连接的电容，在忽略边缘效应的情况下，矩形平行板电容的电容量为

$$C=N\times\frac{\varepsilon ab}{\delta} \tag{2-18}$$

式中：N 为动栅尺栅极片数；ε 为极板间介质的介电常数；δ 为极板间距离；a、b 分别为栅极片的长度和宽度。

从以上公式可以看出：ε、δ、a、b 中的任何一个参数发生变化，都会引起电容量的变化。电容量的变化通过相应的检测电路最终转换为电信号，通过这一信号可以运算得出定栅尺、动栅尺之间的相对位移变化量。

圆盘型容栅传感器由同轴安装的定圆盘和动圆盘组成。在定圆盘和动圆盘的相对面上制有几何尺寸相同、彼此绝缘的辐射状扇形栅极片。其工作原理和直线型容栅传感器的相同，最大电容量为

$$C=N\times\frac{\varepsilon\alpha(r_2^2-r_1^2)}{2\delta} \tag{2-19}$$

式中：r_1、r_2 分别为圆盘上栅极片的内半径和外半径；α 为动、定圆盘上栅极片相对应的圆心角；N 为动栅极片数；ε 为动圆盘和定圆盘间介质的介电常数；δ 为动圆盘和定圆盘间的距离。

根据电容特性得知：如果在电容器的两个极板上施加一定的电压 V，则在电容器极板上将会产生电荷 Q，并且有

$$Q=C\times V \tag{2-20}$$

式中：C 为该电容器的电容量；V 为施加的电压；Q 为耦合的电荷量。

若给电容器施加周期性变化的激励信号，则电荷量 Q 也会呈周期性变化，变化的幅值与电容量成正比。随着两极板间相对位置的变化，电容量 C 也不断变化，相应的电荷量 Q 也随 C 值的不同而变化。通过对电容量 C 或电荷量 Q 的测量可以间接得出极板位置的变化，实现位移的测量。

2.3.2 容栅传感器的输出信号

随着集成电路技术的发展，容栅传感器的信号预处理和 CPU 电路的集成度越来越高，使得容栅传感器的读数头不但能实现复杂的数据处理功能，而且

能够以多种灵活的数据接口样式输出测量结果。常见的数据通信接口样式包括同步串行接口(SSI)、异步串行接口(ASI)、串行外设接口(SPI)等。

新型的容栅电子卡尺把动栅尺与信号处理电路集成在一起,形成了具有采集、处理、显示功能的小型化读数头,采用中央处理器(CPU)进行粗级、精级数据处理,有效提高了测量精度和测量速度。

2.3.3 容栅传感器的特点

近年来,随着航空、航天、高端制造装备等领域对位移测量传感器要求的不断提高,容栅传感器得到了迅速的发展。与光栅、感应同步器、光电编码器、旋转变压器等直线和角位移传感器相比,其具有多极电容均化、对安装误差不敏感、制造成本低等突出优点,已成为光电编码器、旋转变压器等传统角位移传感器的重要补充,得到了广泛的应用。容栅传感器典型应用如图 2-29

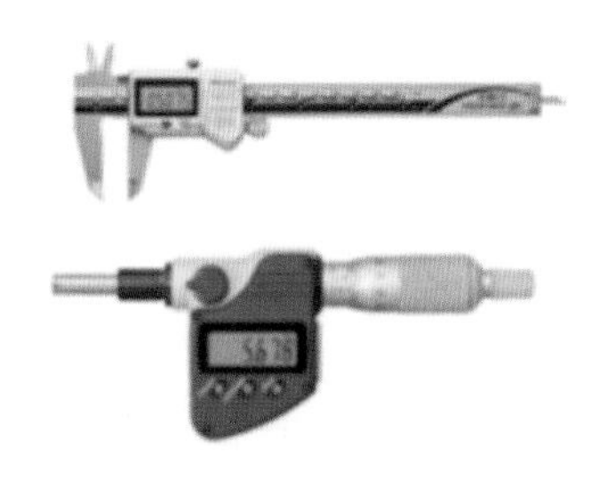

常规容栅数显量具、测微计

容栅编码器电场分布

容栅编码器定栅尺

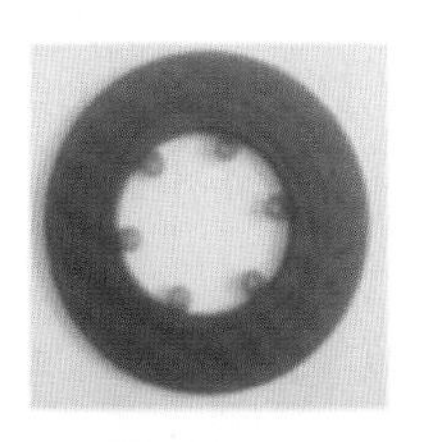

容栅编码器动栅尺

超薄型容栅编码器

柔性容栅尺及读数头

刚性容栅尺及读数头

图 2-29　容栅传感器典型应用示意图

所示。容栅传感器的主要特点如下：

(1) 结构组成简单，安装定位要求较低；

(2) 质量轻、惯量低，最小质量在 4 g 以内；

(3) 外形尺寸小，最小轴向尺寸可小于 8 mm；

(4) 可进行绝对角度测量，测量精度高，位数可达 22 位；

(5) 温度适用范围为 −40～+125 ℃；

(6) 抗冲击性强，电磁兼容性好；

(7) 电源功耗低。

第3章 切削力传感器

切削加工是机械加工的主要方式之一。切削力是描述切削过程的重要参数，切削力的变化反映了切削状态的微小变化，对切削加工质量有直接的影响。通过测量切削力，可以分析被加工材料的可加工性，比较刀具材料的切削性能，为提高加工效率和加工精度，确保加工质量提供依据；通过测量切削力，也可研究各切削参数对切削力的影响，实现工艺参数优化，以及切削过程状态监测和自适应控制。测量切削力是目前国内外高精度、高效率加工的主要方法之一。因此，切削力传感和监测方法对提高加工质量具有重要意义。

切削力传感器的作用是将切削力这一力信号转换为容易检测和处理的其他物理量。目前，应用最广泛的切削力传感器主要为电阻应变式传感器和压电式传感器。

本章主要针对机械加工过程中切削力的测量与应用，介绍常用切削力传感器的工作原理及应用方法。

3.1 切削力分析

切削过程中由工件作用在刀具上的切削抗力，称为切削力。切削力的来源主要有两个方面：一是切削层金属、切屑和工件表面层金属受到挤压发生弹性、塑性变形而产生的抗力；二是刀具与切屑、工件表面间的摩擦阻力。

车外圆时，刀具受到的总切削力的分解及它在各个方向上的受力如图3-1所示，其他类型的刀具在切削时的受力都可以看作这个受力模型的翻转变换。图中F_r是作用在刀具上的总切削力，F_r的大小和方向随着加工条件不同而发生变化。为了便于测量切削力，一般都将合力F_r分解为三个相互垂直的分力F_x、F_y和F_z。

F_z为主切削力或切向力。它是合力F_r在切削速度方向上的分力，切于过渡表面并与基面垂直。F_z是计算车刀强度、设计机床零件、确定机床功率所必

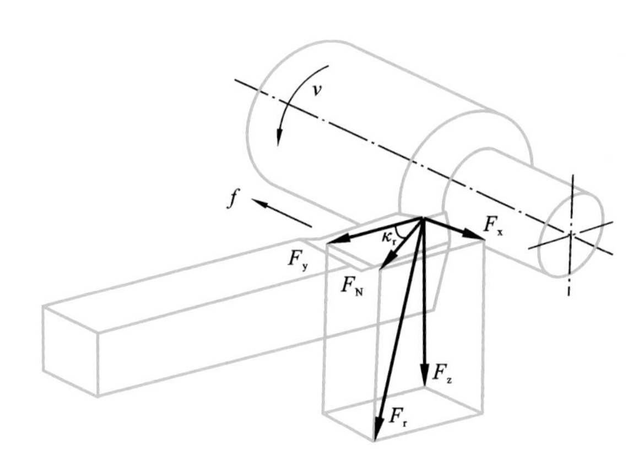

图 3-1　切削合力和分力

需的依据。

F_x 为进给力、轴向力或走刀抗力。它是处于基面内并与工件轴线平行，与走刀方向相反的力。F_x 是设计走刀机构、计算车刀进给功率所必需的。

F_y 为切深抗力、径向力或吃刀力。它是处于基面内并与工件轴线垂直的力。F_y 用来确定与工件加工精度有关的工件挠度，计算机床零件和车刀强度。它也是使工件在切削过程中产生振动的力。

由图 3-1 可知：合力 F_r 先分解为 F_z 和 F_N，F_N 为合力 F_r 在基面上的分力，F_N 再分解为 F_x、F_y。因此

$$F_r = \sqrt{F_z^2 + F_N^2} = \sqrt{F_z^2 + F_y^2 + F_x^2} \tag{3-1}$$

F_x、F_y 与 F_N 又有如下的关系：

$$F_y = F_N \cos\kappa_r, \quad F_x = F_N \sin\kappa_r \tag{3-2}$$

一般情况下，主切削力最大，F_x、F_y 小一些。随着刀具几何参数、刃磨质量、磨损情况和切削用量的不同，F_x、F_y 与 F_z 的比值在很大的范围内变化。在应用中，F_z 是计算切削功率的主要依据。车外圆时，F_y 不做功，但能使工件变形或造成振动，对加工质量影响较大。F_x 作用在进给机构上，用于设计和校核走刀机构强度。

在工件材料切削过程中，切削力直接反映了刀具、工件间接触与材料去除过程的动力学特性，而接触区域的几何和力学特性又与工件材料性质、刀具切削刃形状、刀杆刚度、接触界面摩擦状态、接触区域温度等参数相关。切削力作为衡量接触区域综合作用特性的重要参数，对评价工件材料加工性能、刀具切削性能、冷却液润滑性能、机床振动模态特性、零件表面和表层加工质量等有重

要的作用。因此,对切削力进行全面可靠的精确测量,是开展材料切削性能研究、新型刀具研制、切削工艺参数优化、切削过程状态监控、加工质量保证等的基础。一直以来,切削力测量就是制造过程自动化技术所关注的重要内容。

为了实现切削力的精确测量,众多学者研究提出了多种类型的传感器方案,主要有电阻式、压电式、电感式、电容式、电机电流式、光纤光栅式、声表面波式等。限于篇幅,下面只对应用范围较广的电阻应变式、压电式切削力传感器的原理进行简要说明。

3.2 电阻应变式切削力传感器

电阻应变式传感器具有精度高、测量范围广、使用寿命长、性能稳定可靠、结构简单、使用灵活等优点,且其技术已经非常成熟,配套仪表(如静、动态应变仪等)也已经标准化。因此电阻应变式传感器的应用十分广泛,在工程中既可用于静态力测量又可用于动态力测量,但测量速度较慢。

3.2.1 电阻应变式传感器原理

1. 工作原理

电阻应变式传感器由弹性敏感元件、电阻应变片和测量电桥构成,如图 3-2 所示。电阻应变片粘贴在弹性敏感元件上,当受到外力作用时,弹性敏感元件产生弹性变形,电阻应变片的电阻值发生变化,通过测量电桥测量应变片电阻值的变化,然后经计算可以得到作用力的大小。

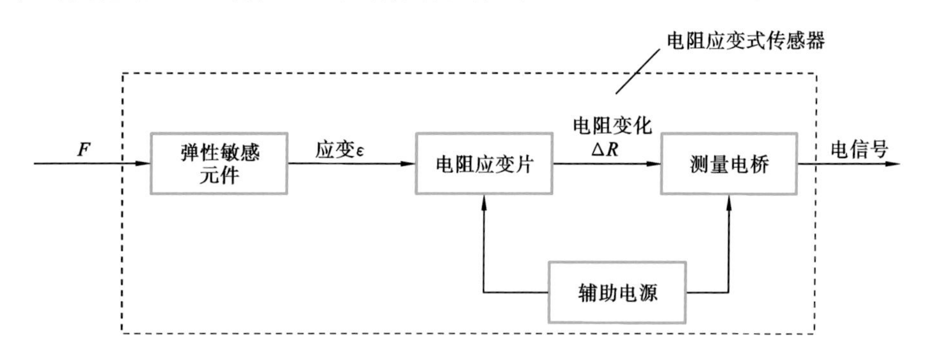

图 3-2 电阻应变式传感器的组成

电阻应变式传感器的核心元件之一就是电阻应变片。电阻应变片的工作原理是应变效应。对金属丝而言,其电阻值随着它所受的机械变形(拉伸或压缩)的大小而发生相应变化的现象称为金属的电阻应变效应。

金属的电阻应变效应(电阻-应变特性)分析如下。取一段金属丝,如图3-3所示,当金属丝未受力时,原始电阻值为

$$R=\rho\frac{L}{S} \tag{3-3}$$

式中:R 为金属丝的电阻;ρ 为金属丝的电阻率;L 为金属丝的长度;S 为金属丝的横截面面积。

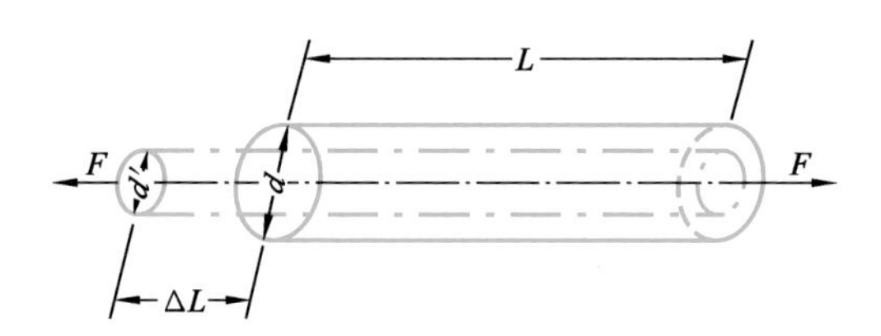

图3-3 金属丝受力变形情况

当金属丝受到拉力 F 作用时,将伸长 ΔL,横截面面积相应减少 ΔS,电阻率因金属晶格发生变形等因素的影响也将改变 $\Delta\rho$,从而引起金属丝电阻值改变。

对式(3-3)作全微分有

$$\mathrm{d}R=\frac{\rho}{S}\mathrm{d}L-\frac{\rho L}{S^2}\mathrm{d}S+\frac{L}{S}\mathrm{d}\rho \tag{3-4}$$

用式(3-4)除以式(3-3)得

$$\frac{\mathrm{d}R}{R}=\frac{\mathrm{d}L}{L}-\frac{\mathrm{d}S}{S}+\frac{\mathrm{d}\rho}{\rho} \tag{3-5}$$

若金属丝的横截面是圆形的,则 $S=\pi r^2$,r 为金属丝的横截面半径,对 S 微分得 $\mathrm{d}S=2\pi r\mathrm{d}r$,则

$$\frac{\mathrm{d}S}{S}=2\frac{\mathrm{d}r}{r} \tag{3-6}$$

令金属丝的轴向应变为

$$\varepsilon_x=\frac{\mathrm{d}L}{L} \tag{3-7}$$

令金属丝的径向应变为

$$\varepsilon_y=\frac{\mathrm{d}r}{r} \tag{3-8}$$

由材料力学知识可知,在弹性范围内,轴向应变和径向应变之间的关系可表示为

$$\varepsilon_y = -\mu\varepsilon_x \tag{3-9}$$

式中：μ 为金属丝材料的泊松系数，负号表示应变方向相反。

将式(3-6)、式(3-7)、式(3-8)、式(3-9)代入式(3-5)得

$$\frac{\mathrm{d}R/R}{\varepsilon_x} = (1+2\mu) + \frac{\mathrm{d}\rho/\rho}{\varepsilon_x}$$

令

$$K_s = \frac{\mathrm{d}R/R}{\varepsilon_x} = (1+2\mu) + \frac{\mathrm{d}\rho/\rho}{\varepsilon_x} \tag{3-10}$$

K_s 称为金属丝的灵敏系数，其物理意义为单位应变所引起的电阻值相对变化。显然，K_s 越大，单位应变引起的电阻值相对变化越大。

实验证明，在金属丝变形的弹性范围内，电阻值的相对变化 $\mathrm{d}R/R$ 与应变 ε_x 是成正比的，即可用增量表示为

$$\frac{\Delta R}{R} = K_s\varepsilon_x \tag{3-11}$$

式(3-11)表示的是直线金属丝的电阻-应变特性。实验表明，直线金属丝做成应变片后，应变片的 $\Delta R/R$ 与 ε_x 在很大范围内仍然有很好的线性关系，即

$$\frac{\Delta R}{R} = K\varepsilon_x \quad 或 \quad K = \frac{\mathrm{d}R/R}{\varepsilon_x}$$

式中：K 为电阻应变片的灵敏系数。

2. 测量电桥(电阻应变片电桥测量原理)

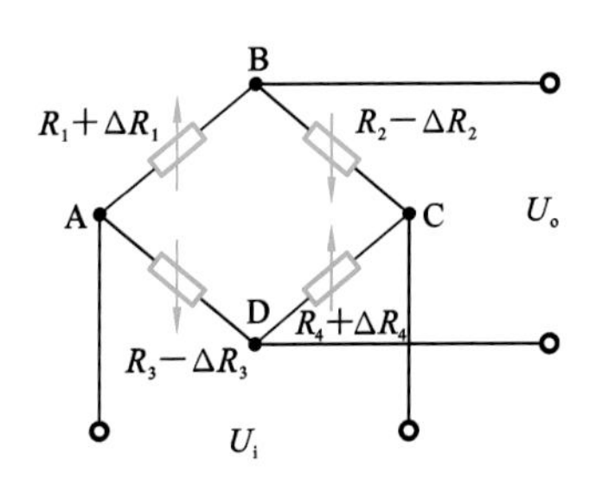

图 3-4 测量电桥

测量电桥的作用是将应变片的电阻变化转换为电压或电流的变化。测量电桥如图 3-4 所示，R_1、R_2、R_3 和 R_4 为电桥的四个桥臂，由 4 个应变片组成，U_i 为供电电压，U_o 为输出电压。若电桥中各桥臂电阻均为工作应变片，电阻值 R_1、R_2、R_3 和 R_4 都随测量应变发生变化，工作时其阻值的变化情况分别为 $R_1 \to R_1+\Delta R_1$、$R_2 \to R_2-\Delta R_2$、$R_3 \to R_3-\Delta R_3$ 和 $R_4 \to R_4+\Delta R_4$，则表示 R_1、R_4 臂受拉应变时，R_2、R_3 臂受压应变。电桥的输出为

$$U_o = \frac{(R_1+\Delta R_1)(R_4+\Delta R_4)-(R_2-\Delta R_2)(R_3-\Delta R_3)}{(R_1+\Delta R_1+R_2-\Delta R_2)(R_3-\Delta R_3+R_4+\Delta R_4)}U_i \tag{3-12}$$

将上式展开并略去分子及分母中 $\Delta R_i(i=1,2,3,4)$ 的二次微量，近似可得

$$U_o \approx \frac{R_1R_2}{(R_1+R_2)^2}\left(\frac{\Delta R_1}{R_1} - \frac{\Delta R_2}{R_2} - \frac{\Delta R_3}{R_3} + \frac{\Delta R_4}{R_4}\right)U_i$$

$$=\frac{R_2/R_1}{\left(1+\frac{R_2}{R_1}\right)^2}\left(\frac{\Delta R_1}{R_1}-\frac{\Delta R_2}{R_2}-\frac{\Delta R_3}{R_3}+\frac{\Delta R_4}{R_4}\right)U_i \tag{3-13}$$

若 $R_1=R_2=R_3=R_4=R$，$\Delta R_1=\Delta R_2=\Delta R_3=\Delta R_4=\Delta R$，则根据式(3-12)可得

$$U_o=\frac{\Delta R}{R}U_i \tag{3-14}$$

电桥的输出电压 U_o 与 $\Delta R/R$ 呈线性关系。

3. 应变式传感器

1）圆柱式力传感器

圆柱式力传感器的弹性元件分为实心和空心两种，在弹性范围内，应力与应变成正比。一般将应变片对称地贴在弹性元件应力均匀的圆柱表面的中间部分，如图 3-5(a)所示。测量电桥的连接如图 3-5(b)所示。T_1 和 T_3、T_2 和 T_4 分别为纵向粘贴的应变片，C_1 和 C_3、C_2 和 C_4 分别为横向粘贴的应变片，作为温度补偿片。

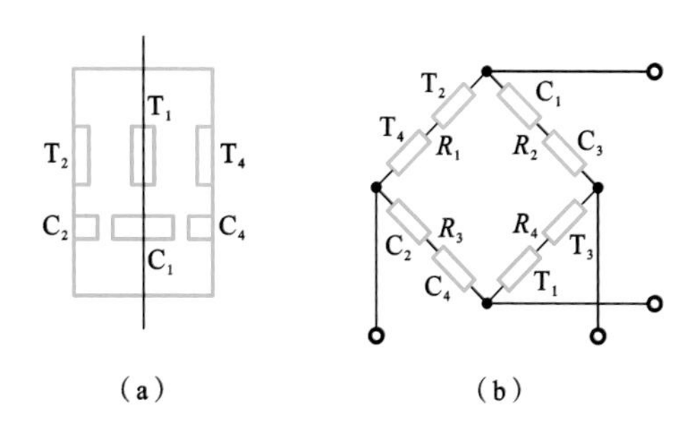

图 3-5　圆柱式力传感器应变片粘贴位置和桥路连接图

(a) 圆柱式力传感器应变片的粘贴；(b) 测量电桥的连接

圆柱式力传感器如图 3-6 所示。设圆筒的有效截面积为 S、泊松比为 μ、弹性模量为 E，4 个相同特性的应变片(灵敏系数均为 K)贴在圆筒的外表面并接成全桥的形式。若电桥的桥压为 U，当外加负荷为 F 时，传感器电桥的输出 U_o 为

$$\begin{aligned}U_o&=\frac{1}{4}\left(\frac{\Delta R_1}{R_1}-\frac{\Delta R_2}{R_2}-\frac{\Delta R_3}{R_3}+\frac{\Delta R_4}{R_4}\right)U\\&=\frac{1}{4}UK(\varepsilon_1-\varepsilon_2-\varepsilon_3+\varepsilon_4)\end{aligned} \tag{3-15}$$

将 $\varepsilon_1=\varepsilon_4=\varepsilon$，$\varepsilon_2=\varepsilon_3=-\mu\varepsilon$ 代入式(3-15)，得

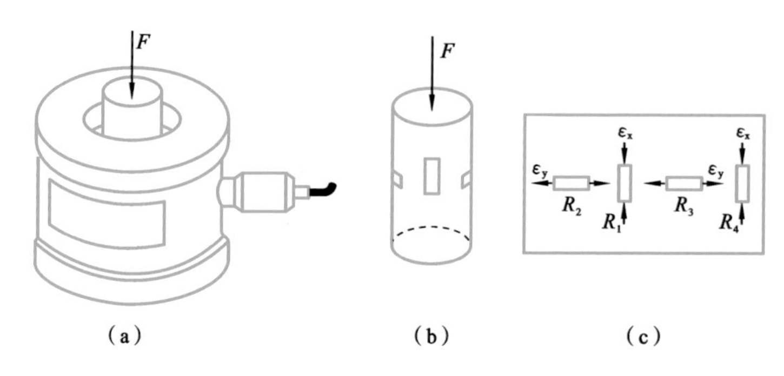

图 3-6　圆柱式力传感器

(a) 外形图；(b) 内部图；(c) 展开图

$$U_o=\frac{1}{2}UK(1+\mu)\varepsilon=\frac{1}{2}UK(1+\mu)\frac{F}{SE} \tag{3-16}$$

2）梁式力传感器

等截面梁弹性元件结构如图 3-7(a)所示，它为一端固定的悬臂梁，其宽度为 b，厚度为 h，长度为 l。当力 F 作用在梁的自由端时，在固定端截面产生的应力最大，自由端的挠度最大。在距载荷点为 l_0 的上下表面，顺着 l 的方向分别贴上应变片，用对应的阻值表示为 R_1、R_2、R_3、R_4，此时，若 R_1、R_2 受拉，则 R_3、R_4 受压，两者产生极性相反的等量应变。把 4 个应变片组成差动电桥，以获取高的灵敏度。粘贴应变片处的应变为

$$\varepsilon_0=\frac{\sigma}{E}=\frac{6Fl_0}{bh^2E}$$

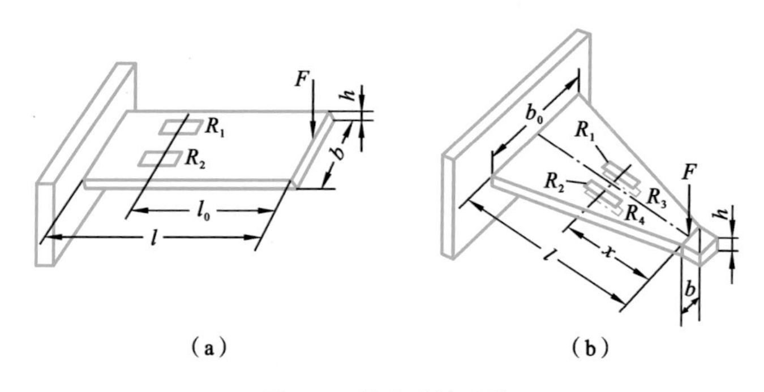

图 3-7　梁式弹性元件

(a) 等截面梁；(b) 等强度梁

利用等截面梁弹性元件制作的力传感器适于测量小载荷。这种传感器灵敏度较高。

等强度梁弹性元件结构如图 3-7(b)所示，在自由端加作用力 F 时，梁表面整个长度方向上产生大小相等的应变。应变大小为

$$\varepsilon=\frac{6Fl}{b_0h^2E}$$

为了保证等应变性，作用力 F 的作用点必须在梁的两斜边的交会点上。可根据最大载荷 F 和材料允许应力选择梁的尺寸。

悬臂梁型力传感器自由端的最大挠度不能太大，否则荷重方向与梁的表面不成直角，会产生误差。

双端固定梁的结构示意图如图 3-8 所示。梁的两端固定，中间加载荷，应变片 R_1、R_2、R_3、R_4 粘贴在中间位置，梁的宽度为 b，厚度为 h，长度为 l，梁的应变为

$$\varepsilon=\frac{3Fl}{4bh^2E}$$

这种结构的梁在相同力 F 的作用下产生的挠度比悬臂梁的小，并在受到过载应力后，容易产生非线性变化。由于两固定端在工作过程中可能滑动而产生误差，因此一般都是将梁和壳体做成一体。

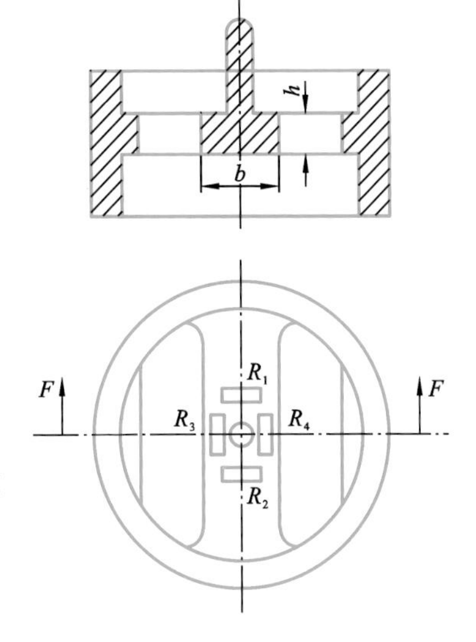

图 3-8　双端固定梁的结构示意图

3）剪切力传感器

剪切力传感器一般使用梁式结构。当外力作用在梁上时，梁产生弯曲，其应力正比于梁上作用的弯矩。常用的梁结构形式有工字梁和圆截面工字梁。如图 3-9 所示为梁式剪切力传感器原理图，图中给出了弯矩 M、应力 σ、剪切力 T 和切应力 τ 的分布图。

由图 3-9 可见，在梁的中心轴线上切应力最大，此时，正应力为零，切应力在与中心轴线成 45°的互相垂直的方向上产生两个主应力，所以可以在与中心轴线成 45°的方向上粘贴应变片，测出切应力的大小。图 3-10 所示为圆截面工字梁结构。当外力作用在受力端时，其中心轴线上的最大切应力为

$$\tau_{\max}=\frac{TS}{J_yB}$$

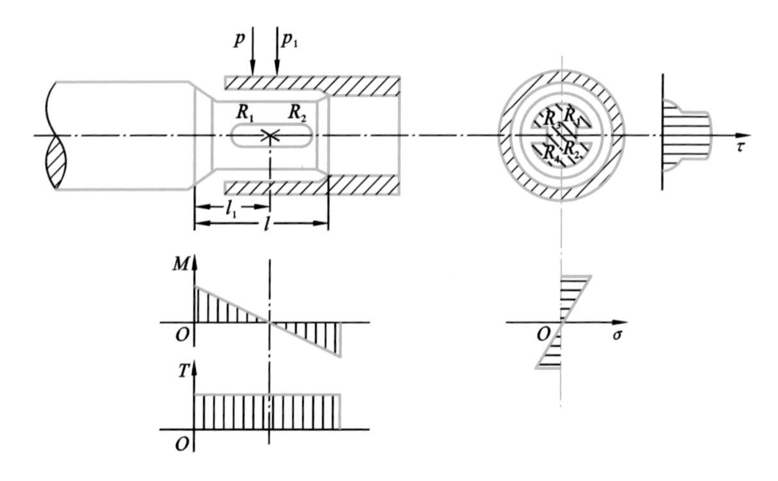

图 3-9　梁式剪切力传感器原理图

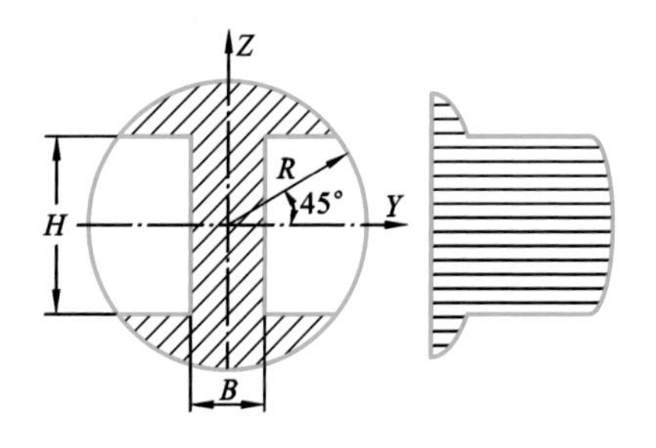

图 3-10　圆截面工字梁结构

式中：T 为剪切力；S 为工字梁的截面积；J_y 为工字梁的惯性矩；B 为工字梁中心宽度。

3.2.2　应变式测力仪

1. 八角环式切削测力仪

目前广泛使用的电阻应变式切削测力仪为八角环式切削测力仪。八角环式切削测力仪又分为组合式和整体式两种结构形式。

如图 3-11 所示为组合式八角环结构，采用 4 个在特定位置粘贴有应变片的八角环分布在上下盖板之间，并通过螺栓连接将三者刚性固结在一起。4 个八角环呈正方形分布，安装位置采用对角平行、其余垂直的方案，即 B、C 两环沿着水平方向放置，A、D 两环沿着垂直方向放置。

当切削力作用在上盖板时，上盖板带动八角环产生相应变形，引起八角环上应变片的阻值发生变化，实现三向切削力的测量。

整体式八角环通常采用双环结构，如图 3-12(a)所示。图 3-12(b)所示为八角环三向车削测力传感器，传感器分为固定部分、弹性变形部分、刀具安装部分，且三部分为一个整体 。弹性变形部分包括上下两个八角环，八角环的内外侧有若干个电阻应变片，应变片在八角环上的粘贴如图 3-13 所示。

当切削力作用在八角环上时，八角环产生相应变形，引起八角环上应变片的阻值发生变化，通过应变片 R_1、R_2、R_3 和 R_4 组成的电桥可以测量进给力 F_x，通过 R_5、R_6、R_7 和 R_8 组成的电桥可以测量径向力 F_y，通过应变片 R_9、R_{10}、R_{11} 和 R_{12} 组成的电桥就可以测出主切削力 F_z，实现三向切削力的测量。

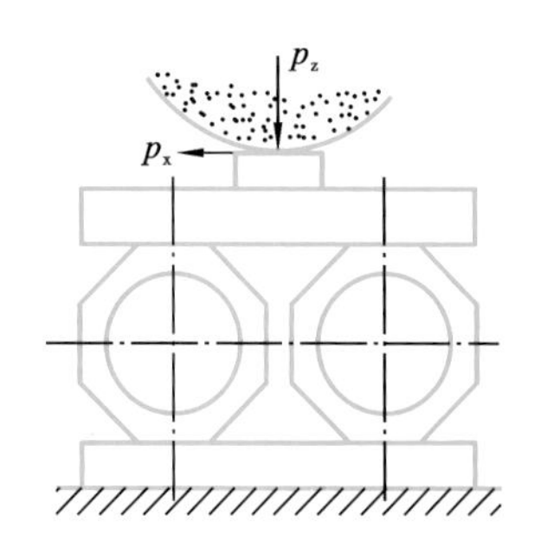

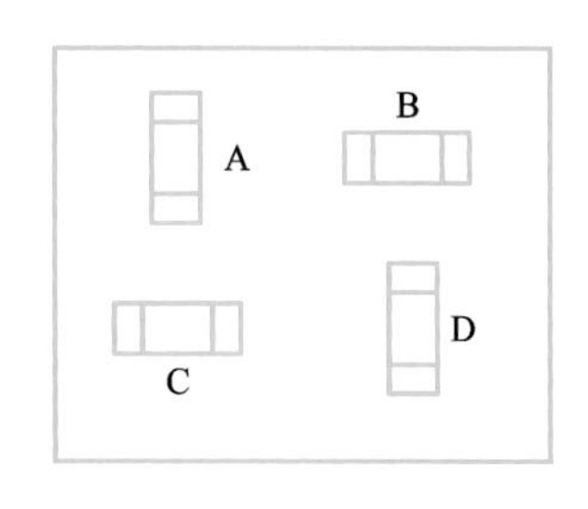

图 3-11 组合式八角环结构

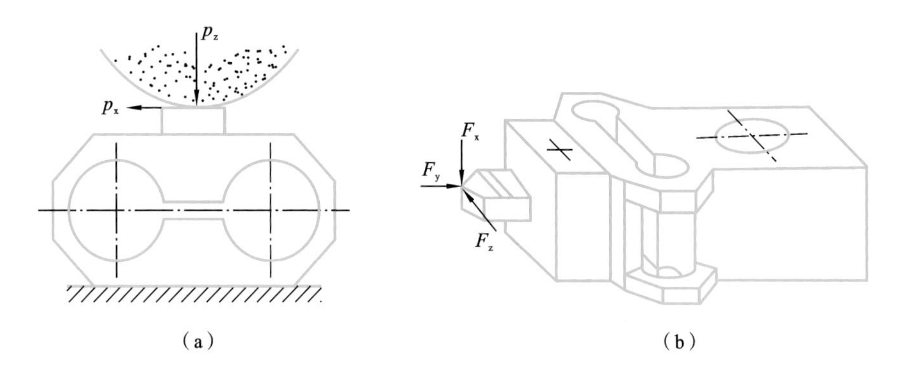

图 3-12 八角环式切削测力仪结构

(a) 整体式八角环结构；(b) 八角环三向车削测力传感器

整体式八角环切削测力仪采用整体加工制造，精度高，可避免因各环高度误差引起的上下表面平行度误差，且没有螺栓连接引起的刚度损失，固有频率有所提高，但其加工工艺复杂，成本相对较高。

2. 薄壁圆筒式切削测力仪

薄壁圆筒式切削测力仪的结构如图 3-14 所示，圆筒中间壁厚最小处为弹性变形区域。切削力作用在圆筒上端面，带动薄壁圆筒发生拉压和剪切变形，

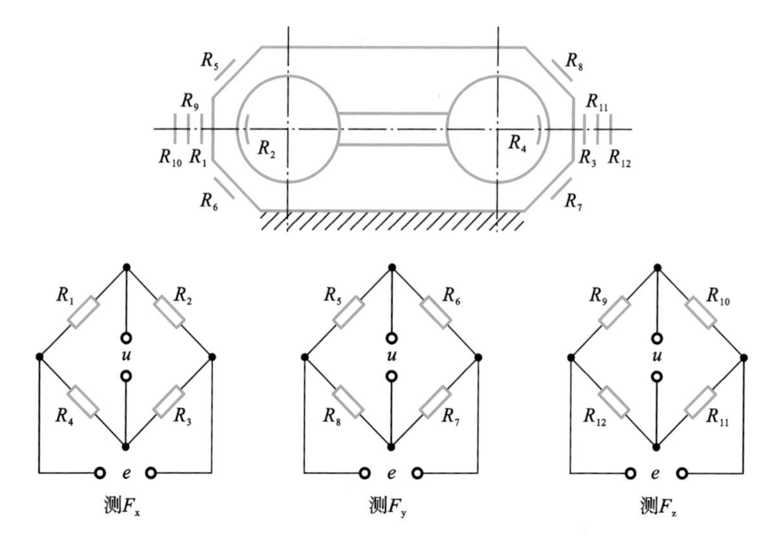

图 3-13　应变片在八角环上的粘贴

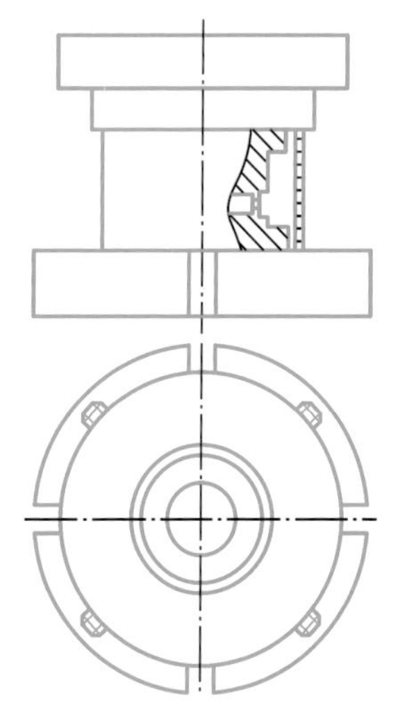

图 3-14　薄壁圆筒式切削测力仪的结构

将多片电阻应变片按特定方向粘贴在薄壁圆筒弹性变形区域，通过感应薄壁圆筒的拉压和剪切变形，实现三向切削力的检测。

薄壁圆筒式弹性元件在外力作用下产生拉压和剪切变形，通过该变形进行测力，其刚度较八角环的有一定提高，但各向力之间的耦合程度较高，静态力检测精度略低于八角环式切削测力仪，且整体固有频率依然较低，无法满足高频动态力的测量要求。

图 3-15 为应变式测力仪的结构简图。主体由三个部分组成：装夹工件的上表面部分、粘贴应变片的中间弹性体部分、固定测力仪的底座部分。工件于测力仪上表面固定，当刀具对工件进行加工时，测力仪弹性体发生柔性变化，贴在弹性体上的应变片将随之发生改变，最终通过电阻应变片的阻值改变来测量切削力的数值。

目前，应变式测力仪有用于常规切削条件下的车、铣、钻、刨削过程的四向测力仪，可测量一个绕 z 轴的扭矩和三个相互垂直的分力；三维动态铣削力测

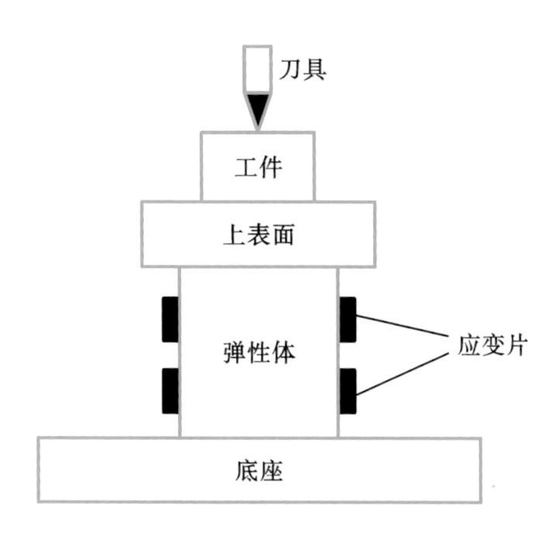

图3-15 应变式测力仪的结构简图

试平台，用于测量铣削过程中的动态力；应变式铣削测力仪安装在旋转主轴上，用于测量端面铣削过程中的扭矩；四维铣削测力仪，可以同时测量铣削过程中的三个相互垂直的分力以及扭矩。

3.3 压电式切削力传感器

压电式切削力传感器以特定切型的压电晶体材料作为敏感元件，利用压电效应，压电晶体在受到切削力作用时，在晶体特定方向产生电荷，从而实现切削力的测量。压电式切削力传感器具有使用频带宽、灵敏度高、机械阻抗大、信噪比高的优点，在保证灵敏度的同时，可以获得很高的固有频率，动态性能好。

3.3.1 石英晶体压电转换机理

1. 石英晶体的物理特性

自然界中的石英晶体的结构呈六角形的棱柱形状，是一种无色透明的晶体，莫氏硬度为7。石英晶体在正常大气压下的熔点为1713 ℃，α-β结构的转换点为573 ℃，在酸类和碱类溶液中不会溶解。石英作为压电晶体材料，是一种同质多相变体相对较多的晶体。石英晶体一共存在着12种晶体状态，在大自然中存在最多的是石英、方石英等晶体状态的石英晶体。

石英晶体的主要形态有β石英（高温石英）晶体和α石英（低温石英）晶体，α石英晶体是一种三方晶系的石英晶体，能够在低于573 ℃的温度下保持结构的稳定。如果把α石英晶体加热到573 ℃以上，石英晶体内部的结构状态会产生一定的变化，这种变化导致最后形成β石英晶体。α石英晶体和β石英晶体都有压电效应的特性，在制造压电元器件的时候一般选用α石英晶体。α石英晶体一共存在32种点群，具有左右旋结构特性。由于石英晶体不用人工极化，而且没有热释电效应，所以具有较高的力-电转换效率及转换精度，线性范围宽，重复精度高，滞后小。此外，石英晶体的突出优点是具有良好的动态品质，自振频率高，振频稳定性良好。

2. 石英晶体的压电效应

某些电介质在沿一定方向受到压力或拉力作用而发生变形时，它的内部会发生极化的现象，同时在它的两个表面上会产生符号相反的电荷，若将外力去掉，它又重新回到不带电的状态，这种现象就称为压电效应。当作用力的方向发生改变时，电荷的极性也会随着力的方向的改变而改变。通常人们把它称为机械能转为电能，又称之"正压电效应"；反过来说，如果在电介质极化的方向上施加一定的电磁场，那么这些电介质在这种情况下也会发生一定的物理变形，人们称这种现象为"逆压电效应"。压电效应示意图如图3-16所示。

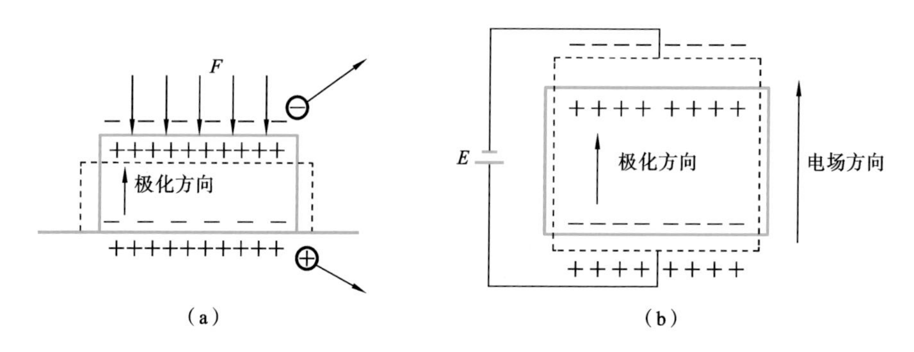

图3-16 压电效应示意图

(a) 正压电效应；(b) 逆压电效应

注：实线是发生形变前的形状，虚线是发生形变后的形状。

具有压电效应的材料称为压电材料或压电元件。在压电式传感器中，常见的压电材料有石英(SiO_2)、铌酸锂($LiNbO_3$)等，压电陶瓷有钛酸钡($BaTiO_3$)、锆钛酸铅(PZT)系列。

如图3-17所示为天然结构的石英晶体，它是一个正六面体。在晶体学中它可用三根互相垂直的理想轴来说明：z轴也称为光轴；经过正六面体的棱线，且垂直于光轴的x轴为电轴；和x轴、z轴都垂直的y轴称为机械轴。

从晶体上沿轴线切下的薄片称为石英晶体切片，图3-17(c)即为石英晶体

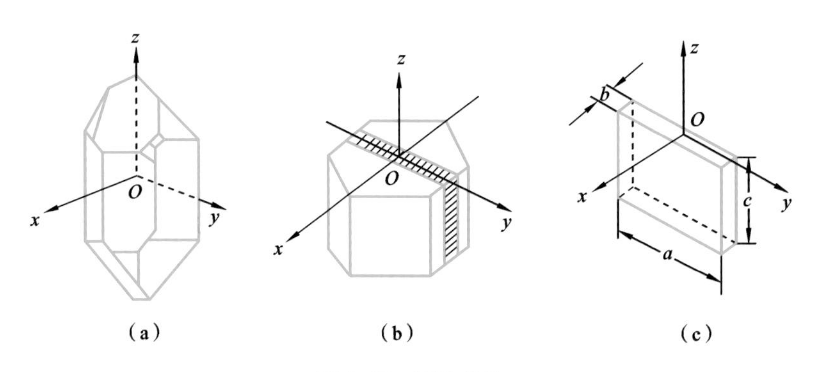

图 3-17 石英晶体

(a) 石英晶体外形;(b) 标准坐标系 ;(c) 石英晶体切片

切片的示意图。切割的作用力与方向不同时,会产生不同的压电效应,如纵向效应、剪切效应、横向效应。对应于三种压电效应,根据三个轴的方向,从不同的坐标位置对石英晶体进行切割,切割前,需要用 X 光测角仪确定晶轴。通常把沿 x 轴方向的力作用下产生电荷的压电效应称为“纵向效应”;而把沿 y 轴方向的力作用下产生电荷的压电效应称为“横向效应”;沿 z 轴方向的力则不产生压电效应。

通常情况下测力元件主要采用三种压电效应,即纵向效应、横向效应及剪切效应。其示意图如图 3-18 所示。

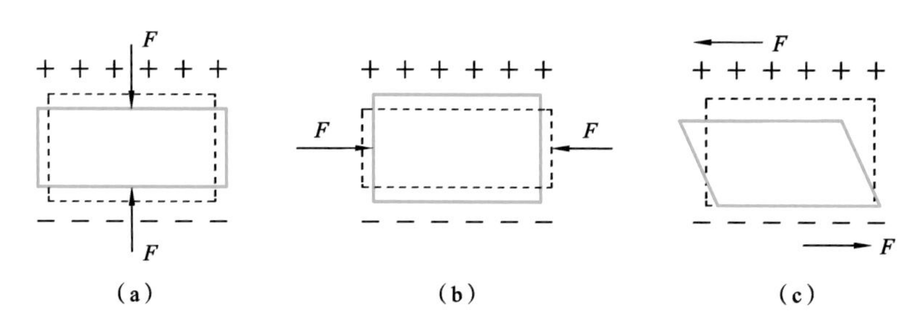

图 3-18 测力元件主要采用的三种压电效应

(a) 纵向效应;(b) 横向效应;(c) 剪切效应

1) 纵向效应

图 3-18(a)所示为石英晶体纵向效应。当沿 x 轴方向施加作用力 F_x 时,在与 x 轴垂直的平面上产生电荷 Q_x,其大小为

$$Q_x = d_{11} \cdot F_x \tag{3-17}$$

式中:d_{11} 为 x 轴方向受力的压电常数(单位为 C/g 或 C/N)。

电荷 Q_x 的符号由石英晶体是受压还是受拉决定。从式(3-17)可以看出，切片上产生的电荷多少与切片的几何尺寸无关。产生纵向效应的压电敏感元件对压缩力敏感，因此适用于简单和坚固的力传感器。

2）横向效应

石英晶体横向效应如图 3-18(b)所示。如果在同一切片上，沿 y 轴方向施加作用力 F_y，在与 y 轴垂直的平面上产生电荷 Q_y，其大小为

$$Q_y = d_{12}\frac{a}{b}F_y = -d_{11}\frac{a}{b}F_y \tag{3-18}$$

式中：d_{12} 为 y 轴方向受力的压电常数，因石英轴对称，$d_{12}=-d_{11}$；a、b 分别为晶体切片的长度和厚度。

从式(3-18)可知，沿 y 轴方向的力作用在晶体上时产生的电荷与晶体切片的尺寸有关。式中的负号说明沿 y 轴的压力所引起的电荷极性与沿 x 轴的压力所引起的电荷极性是相反的。

因此，横向效应在合适的压电敏感元件形状和排列下，可以获得较多的电荷。产生横向效应的敏感元件一般用于高灵敏压力、应变的传感器。

3）剪切效应

石英晶体剪切效应如图 3-18(c)所示。当沿 x 轴方向施加作用力 F_x 时，在受剪切力的石英表面上产生电荷 Q_x，其大小为

$$Q_x = 2 \cdot d_{11} \cdot F_x \tag{3-19}$$

式中：d_{11} 为 x 轴方向受力的压电常数(单位为 C/g 或 C/N)。

剪切敏感压电元件一般用于测量剪切力、扭矩、应变和加速度的传感器。应用剪切效应的传感器具有对温度波动不敏感的优异特性，温度波动会引起传感器结构应力的变化。

3.3.2 测量电路

压电式传感器的输出信号非常微弱且内阻抗很高，因此常在压电式传感器的输出端后面先接入一个高输入阻抗的前置放大器，然后再接一般的放大电路及其他电路。前置放大器的作用有两个，一是把压电式传感器的微弱信号放大，二是把传感器高阻抗输出变换为低阻抗输出。

电荷放大器是压电式传感器的前置放大器。它能将高内阻的电荷源转换为低内阻的电压源，而且输出电压正比于输入电荷。因此，电荷放大器起着阻抗变换的作用，其输入阻抗高达 1000 Ω 以上，输出阻抗小于 100 Ω。使用电荷放大器的一个突出优点是，在一定条件下，传感器的灵敏度与电缆长度无关。

图 3-19 所示为压电式传感器与电荷放大器连接的等效电路。图中反馈电阻 R_f 相当大，视为开路，可得

$$U_o = -KU_i \tag{3-20}$$

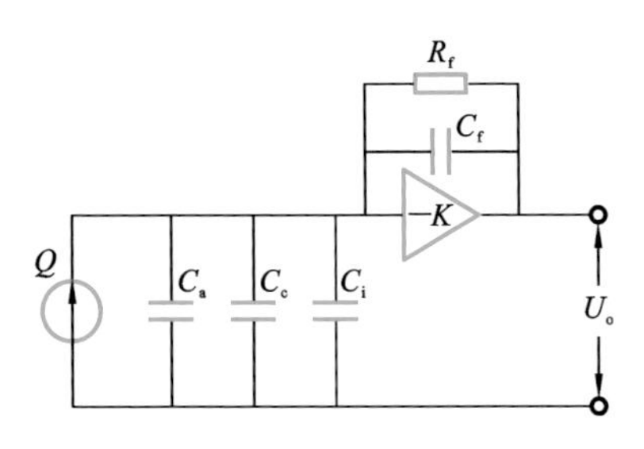

图 3-19　压电式传感器与电荷放大器连接的等效电路

因为

$$U_i = \frac{Q}{C} = \frac{Q}{C_a + C_c + C_i + C_f(K+1)} \tag{3-21}$$

式中：$C_f(K+1)$为反馈电容 C_f 折合到输入端的等效电容。将式(3-21)代入式(3-20)得

$$U_o = -\frac{KQ}{C_a + C_c + C_i + C_f(K+1)} \tag{3-22}$$

当$(1+K)C_f \gg C_a + C_c + C_i$ 时，有

$$U_o \approx -\frac{Q}{C_f} \tag{3-23}$$

一般当$(1+K)C_f > 10(C_a + C_c + C_i)$时，传感器的输出灵敏度就可以认为与电缆电容无关了。这是使用电荷放大器很突出的一个优点。当然，在实际使用中，传感器与测量仪器总有一定的距离，它们之间由长电缆连接，由于电缆噪声增加降低了信噪比，因此低电平振动的测量受到了一定程度的限制。

在电荷放大器的实际电路中，考虑到被测物理量的不同量程，以及后级放大器不致因输入信号太大而饱和，反馈电容 C_f 做成可调的，范围一般在 100～10000 pF。为了减小零漂，使电荷放大器工作稳定，一般在反馈电容的两端并联一个大电阻 R_f($10^8 \sim 10^{10}$ Ω)，其作用是提供直流反馈。

3.3.3　压电式测力传感器

压电式测力传感器由石英晶片、绝缘套、电极、上盖及底座等组成。它可分为单向力传感器、双向力传感器、三向力传感器、多向力与扭矩综合传感器等多

种类型，可以测量几百至几万牛的动、静态力。

1. 单向力传感器

图 3-20 所示为用于机床动态切削力测量的压电式单向力传感器的结构。压电元件采用 xy 切型石英晶体，利用其纵向压电效应，通过 d_{11} 实现力-电转换。它用两块晶片作传感元件，被测力通过上盖 1 使石英晶片 2 沿电轴方向受压力作用。由于纵向压电效应，石英晶片的电轴方向上出现电荷。两块晶片沿电轴方向并联叠加，负电荷由片形电极 3 输出，压电晶片正电荷一侧与基座连接。两片并联可提高灵敏度。压力元件弹性变形部分的厚度较小，其厚度由测力大小决定。

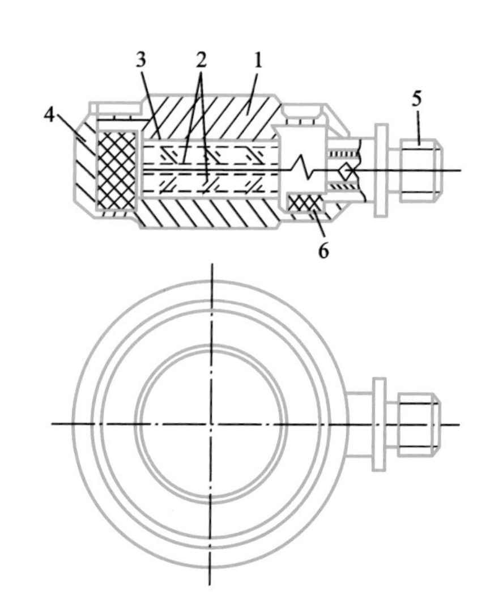

图 3-20　压电式单向力传感器的结构

1—上盖；2—石英晶片；3—片形电极；4—基座；5—电极引出插头；6—绝缘材料

这种结构的单向力传感器体积小，质量轻（仅 10 g），固有频率高（50～60 kHz），最大可测 5000 N 的动态力，分辨率达 10^{-3} N。

2. 双向力传感器

双向力传感器基本上有两种组合：一种是测量垂直分力 F_z 和切向分力 F_x（或 F_y）；另一种是测量互相垂直的两个切向分力，即 F_x 与 F_y。无论哪一种组合，传感器的结构形式相同。图 3-21(a)所示为压电式双向力传感器的结构。

该结构利用两组石英晶片分别测量两个分力，下面一组采用 xy(x 0°)切型，通过 d_{11} 来实现力-电转换，测量轴向力 F_z；上面一组采用 yx(y 0°)切型，晶

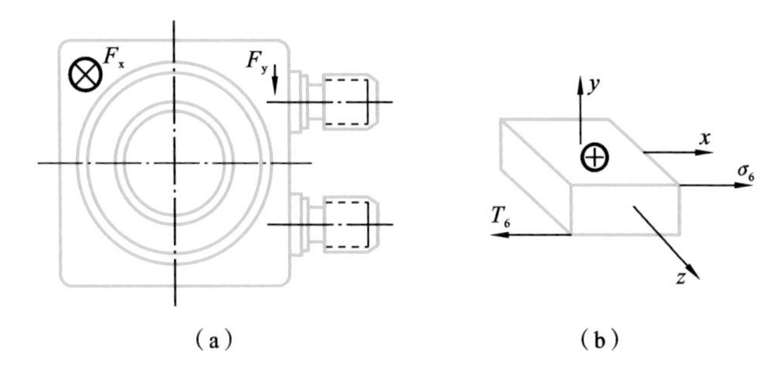

图 3-21　压电式双向力传感器的结构

(a) 双向力传感器；(b) 厚度剪切的 yx 切型

片的厚度方向为 y 轴方向，在平行于 x 轴的剪切应力 σ_6（在 xy 平面内）的作用下，产生厚度剪切变形。所谓厚度剪切变形是指晶体受剪切应力的面与产生电荷的面不共面，如图 3-21(b)所示。这一组石英晶片通过 d_{26} 实现力-电转换来测量 F_y。

3. 三向力传感器

压电石英晶体三向力传感器由三对三个方向的石英晶片构成，其中一对采用具有纵向压电效应的晶片，测量垂直仪的 z 向力；而另外两对晶片由于采用具有切向效应的切型，且灵敏度方向相互成 90°，因此可以测 x、y 方向的分力。这样，空间任何方向的力作用在传感器上时，传感器便能自动地将力分解为空间相互正交的三个力。图 3-22 所示为压电式三向力传感器结构示意图。压电组件由三组石英晶片用并联方式叠成。它可以测量空间任一个或三个方向的力。三组石英晶片的输出极性相同。其中一组取 xy 方向切片，利用厚度压缩纵向压电常数 d_{11} 来测量主轴切削力 F_z；另外两组采用厚度剪切变形的 yx 方向切片，利用剪切压电常数 d_{26} 来分别测量 F_y 和 F_x，如图 3-22(c)所示。由于 F_y 和 F_x 正交，因此，这两组晶片安装时应使其最大灵敏轴分别取向 x 和 y 方向。

4. 扭矩传感器

压电石英扭矩传感器利用剪切效应来实现力-电转换。压电元件由多个单元晶片组合而成。在大扭矩测量时，为防止在晶片上施加的力超过其极限应力而将晶片压碎，常利用剪切效应，将相同的晶片按一定的圆周切向顺序排列来实现大扭矩的测量。传感器内部晶片组结构及电极连线如图 3-23 所示，该结构由三片 yx 型石英晶片、四片半圆分割电极组成。

扭矩传感器的结构如图 3-24 所示。测量时采用螺钉周边预紧的方式，上

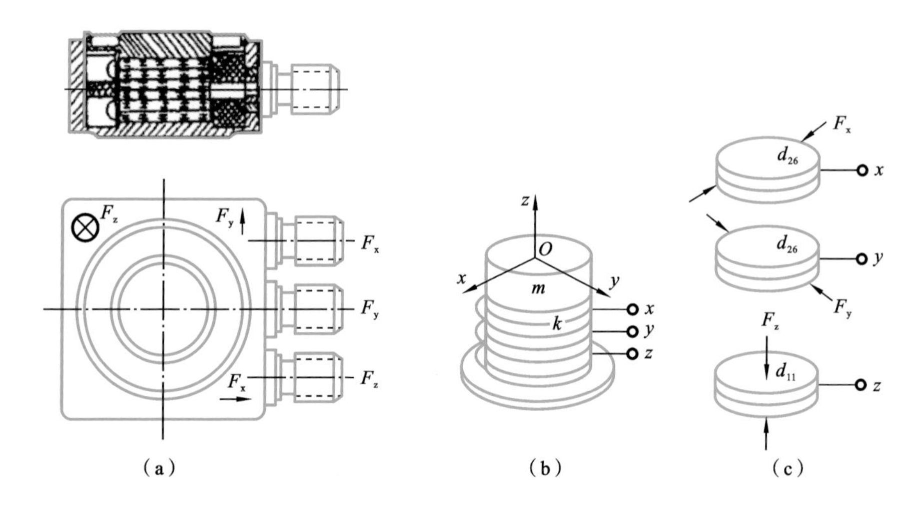

图 3-22 压电式三向力传感器结构示意图

(a) 结构;(b) 压电组件;(c) x、y、z 双晶片

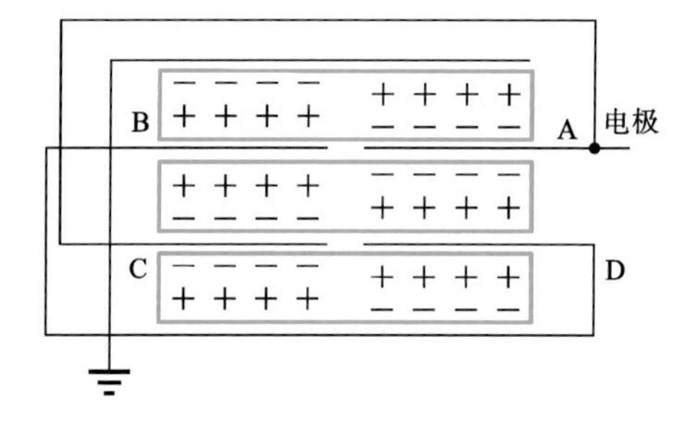

图 3-23 晶片组结构及电极连线图

盖表面有加载面凸台,与试件用螺钉连接。

扭矩传感器可以测量力矩,固有频率高,动态性能优越,线性度、重复度较好。

5. 多向力与扭矩综合传感器

普通车床上的切削力一般由三向压电式测力仪检测。压电式测力仪的核心是三向力传感器,即利用石英晶片的纵向效应对法向力进行测量,利用石英晶片的剪切效应对切向力进行测量。而扭矩的测量主要有两种方法:一种方法是采用“力×力臂”法,在固定的力臂下,根据力与扭矩的线性关系得到扭矩大小;另一种方法是采用分割电极的形式,利用石英晶体的剪切效应进行测量。扭矩的测量最终都要归结为切向力的测量,测量时要求切削刀具与测力仪的回

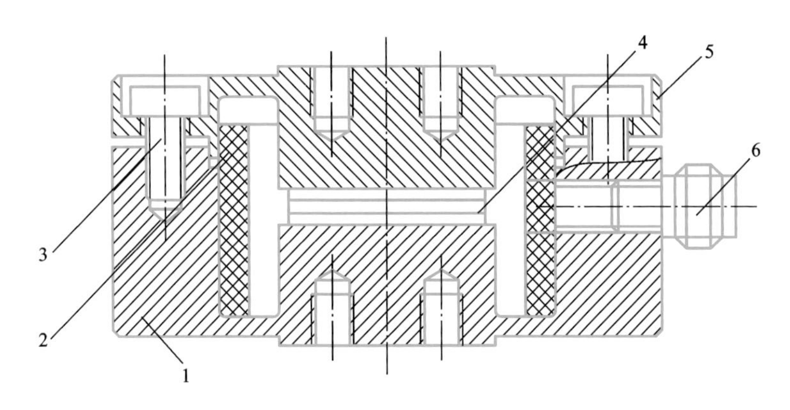

图 3-24　扭矩传感器的结构

1—下壳体；2—绝缘定位环；3—螺钉；4—扭矩测量晶片组；5—上盖；6—插头

转中心线必须一致。图 3-25 所示为压电式测力仪扭矩测量原理，这种类型的切削测力仪是将多组(一组两片) $y\ 0°$切型的石英晶片均匀分布在半径为 R 的分布圆上，每组石英晶片的最大灵敏度方向严格与分布圆相切，每组石英晶片按上片离心、下片向心排列，电极从晶片对中间引出，从而实现扭矩测量，即

$$M_t = nFR \tag{3-24}$$

式中：F 为每组石英晶片感知的切向力；n 为单元晶片组数，一般 $n=3\sim12$；R 为分布圆半径。

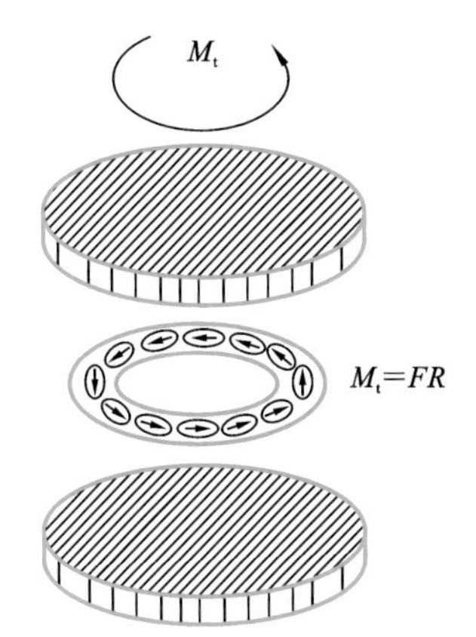

图 3-25　压电式测力仪扭矩测量原理

图 3-26 为多向力与扭矩综合传感器在铣削加工中应用的原理框图。铣刀在切削过程中 x、y、z 三向切削力以及绕 x、y、z 三轴的力矩可由测力仪测量，通过分析切削力和力矩数据，可研究刀具磨损量与切削力的定量关系。

目前，压电式测力仪主要有以下几种类型：

(1) 压电式四维切削测力仪。该测力仪以四个压电传感器为核心，每个传感器由八片石英晶片组成，能够测量出切削过程中的轴向力、径向力和水平扭矩，可应用于车、铣、刨、钻、磨削等切削过程中的切削力及扭矩的测量。

(2) 整体式压电磨削测力平台。被加工零件固定在工作台上，两侧各有一

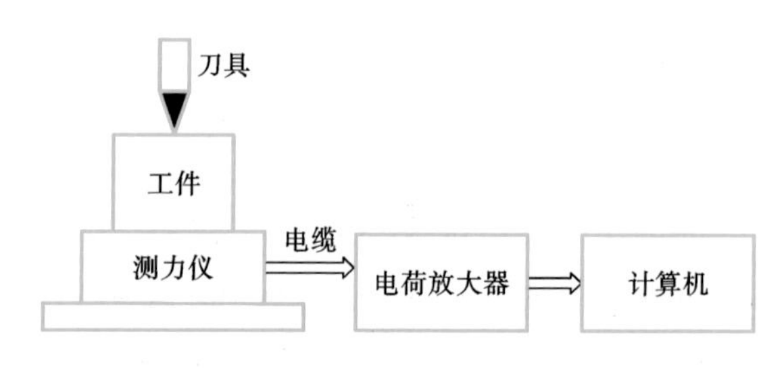

图 3-26　多向力与扭矩综合传感器在铣削加工中应用的原理框图

个弹性环，两个压电式三向力传感器分别夹在弹性环的槽中。弹性环将力传递给传感器并对其起保护作用。该测力平台可用于磨削力的精确测量。

(3) 新型扭矩测力仪。该类测力仪将三个具有测量扭矩和轴向力功能的压电式传感器，采用上下压板中间三点支承式结构方案组合起来，以测量在铣削、钻削等加工过程中的扭矩和轴向力。

随着对加工过程智能化要求的提高，基于压电原理的平台式、旋转式测力仪将得到越来越多的应用。

3.3.4　切削力传感器的应用

1. 切削力传感器选择

在产品制造的成型、切削、磨削、装配等过程中，存在不同类型的过程力，如材料冷热加工过程中的成型力、焊接力，切削磨削过程中的多向碰撞力、加速力和材料去除力，装配过程中的接触力、压入力、摩擦力等。这些力会给零部件及产品质量带来不同程度的影响。为了保证产品质量和制造效率，就需要采用不同类型的力传感器来检测制造过程中的力特性变化，研究力特性的分析与评价方法，以从更深的层次分析过程力对质量、效率影响的内在机理，进而提出能够保证制造质量和制造过程稳定性的方法。

作为一类最常见的过程力，切削力是车削、铣削、钻削、镗削、磨削等材料去除加工方式最为关注的工艺参数之一。由于切削力特别是多向切削力的测量传感器及测量方法的复杂性，传统的切削工艺路线制定、切削数据库研发受切削力测量手段的限制，焦点主要集中在刀具几何形状和机床切削用量方面，对切削力及其影响的关注度不够高。随着制造过程安全性和智能化程度的不断提高，对切削力测量分析的需求日趋迫切，已成为实现切削过程智能化监测与控制的基础性问题。

切削力传感器的类型有多种，可按原理、用途、可测数量、安装方式等进行分类。从原理上可分为电阻应变式、压电晶体式、半导体应变式等；从用途上可分为力传感器和扭矩传感器两大类；按可测数量可分为单向力传感器、双向力传感器、三向力传感器、多向力与扭矩综合传感器等；按安装方式可分为固定式、旋转式两大类，其中固定式传感器用于直接连接工件或将工件安装在工作台上，旋转式传感器可安装在机床主轴上随刀具旋转。图3-27所示为切削力传感器原理及应用示意图。

在建立切削力测量系统时，首先根据具体应用需求和测量环境约束确定传感器的类型、量程、精度，选定传感器的型号规格。然后选择相应的电荷放大器和专用连接电缆，按照传感器和电荷放大器的灵敏度系数计算系统的测量灵敏度。若需进行数据的综合记录分析，则还需配置计算机和相应的数据采集接口、数据分析处理软件。根据以上步骤构成切削力的测量分析系统，如图3-28所示。

2. 切削力测量与分析

对切削过程而言，工件材料去除是通过刀具和工件的相对切削运动，由刀具切削刃切入工件并由前刀面挤压材料，使切削区域的工件材料经历弹性变形、塑性变形、剪切滑移、材料分离、形成切屑等过程实现的。加工过程中切削区域的任何状态的变化都会对加工过程和加工质量产生影响。切削力作为使工件材料产生变形而成为切屑所需的力，是反映切削状态的主要参数。切削力主要来源于材料弹塑性变形抗力、刀具前刀面摩擦力、后刀面与已加工表面的摩擦力等，对切削生成热、刀具磨损与刀具耐用度、加工精度以及已加工表面质量均有直接影响。研究切削力的变化特性对刀具、机床、夹具的设计和切削工艺参数的优化具有很重要的意义。受切削力传感器发展水平的限制，传统的切削力测量主要以三向力的“静态”测量为主，切削力的研究与应用大都集中在切削力与材料特性参数、工件几何参数、切削用量参数之间的经验公式建模方面。而在常规的切削加工过程中很少将切削力状态的变化纳入工艺参数优化所考虑的范围之内，只能按照给定的工件几何轮廓、加工参数、刀具路径进行加工，难以对加工过程中出现的“动态”切削力变化进行实时处理，也不能实现加工状态的实时优化和工艺参数控制。这种状况使得切削加工设备的能力无法充分发挥，同时也难以保证工件的最终加工质量。

近年来随着高性能压电晶体材料制备技术的进步，能够实现高精度、高动态多向切削力测量的传感器逐渐成熟，已形成完善的产品系列，为不同类型加

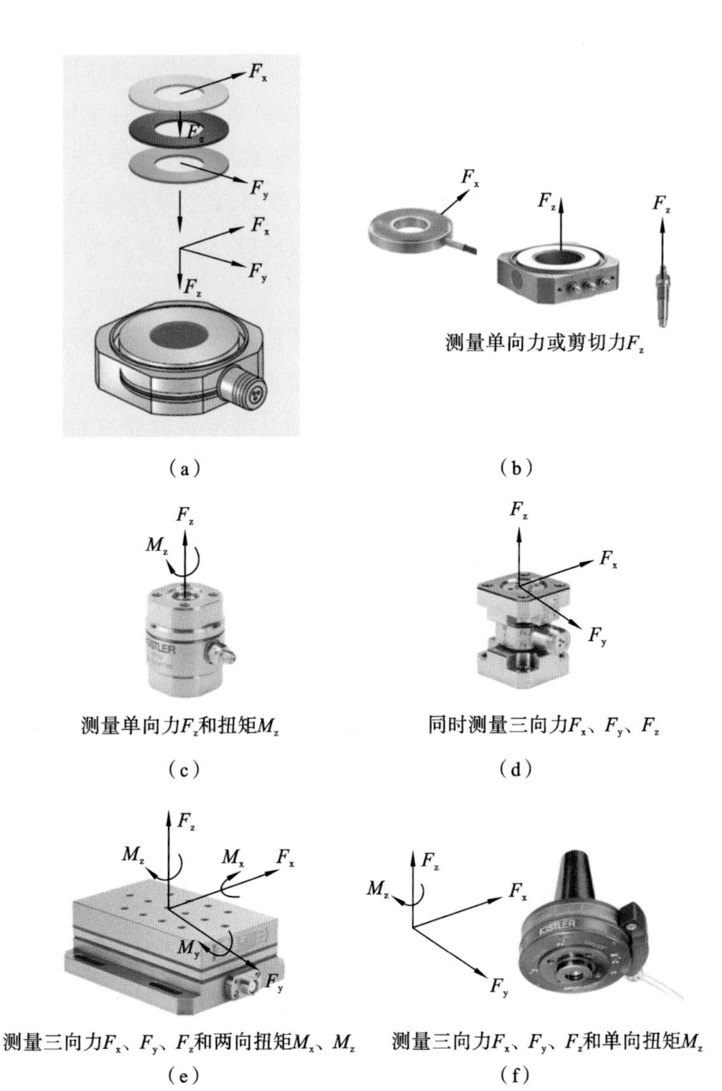

图 3-27　切削力传感器原理及应用示意图

(a) 多向力传感原理;(b) 单向力传感器;(c) 单向力与扭矩传感器;
(d) 三向力传感器;(e) 多向测力工作台;(f) 旋转式多向测力工作台

工机床切削力测量提供了丰富的选择空间,部分应用如图 3-29 所示。这也为更加深入地开展工件材料可加工性、刀具切削性能、新型刀具研发、机床结构动态特性、冷却液润滑特性、切削工艺参数优化、切削数据库构建、切削过程大数据处理、切削过程动态优化、加工策略智能控制等研究提供了更全面的信息获

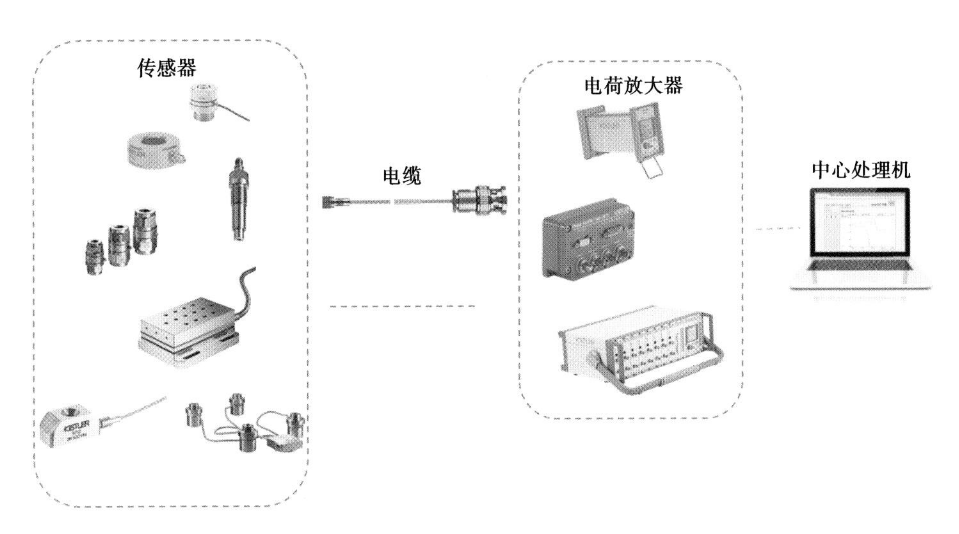

图 3-28　切削力测量系统的组成示意图

取手段。这些研究工作的开展，将会进一步提高机床加工过程的稳定性、安全性和经济性。

在航空航天领域轻量化复杂结构薄壁构件、发动机钛合金叶片等弱刚性零件加工过程中，由于工件结构刚度低、加工变形量大，采用常规的数控加工工艺很难保证加工精度和加工效率，且加工成本高，因此迫切需要开展这类工件的工艺参数优化方法研究。其基本思路是采用加工变形理论建模与仿真分析方

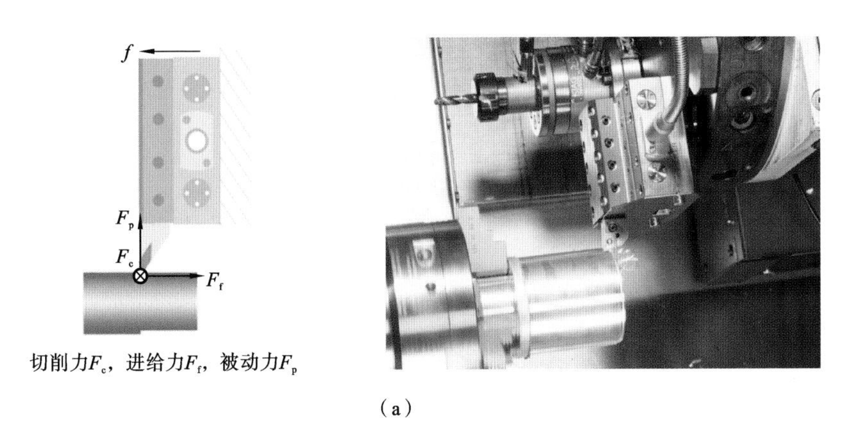

(a)

图 3-29　多向切削力测量典型应用示意图

(a) 车削加工应用；(b) 钻削加工应用；(c) 铣削加工应用；(d) 磨削加工应用

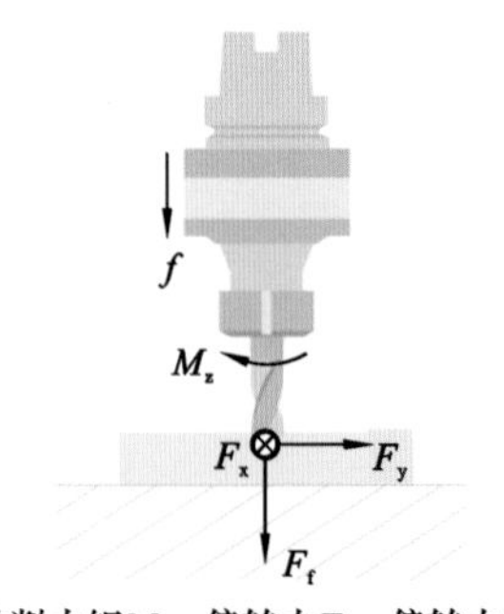

钻削力矩M_z，偏转力F_x，偏转力F_y，进给力F_f

(b)

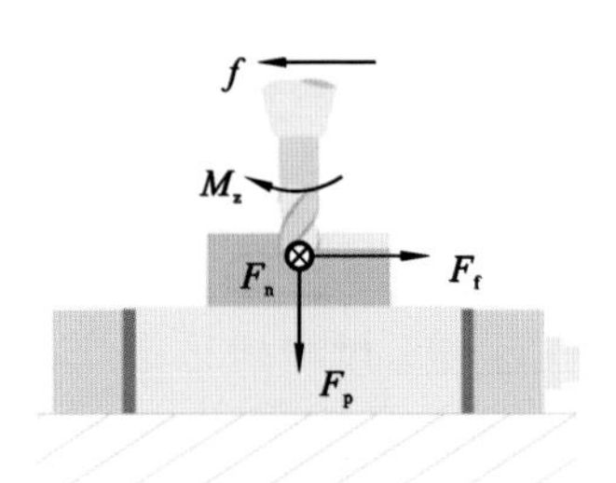

主轴力矩M_z，进给力F_f，被动力F_p，进给法向力F_n

(c)

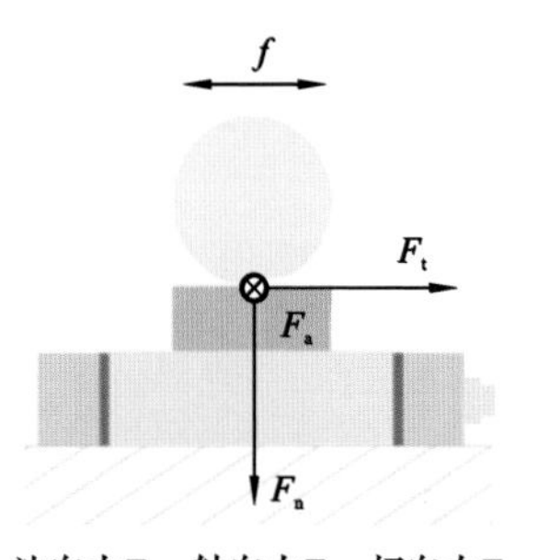

法向力F_n，轴向力F_a，切向力F_t

(d)

续图 3-29

法，建立工件结构尺寸、材料特性、切削用量等参数与加工变形量之间的数学模型，并结合切削力测量分析对理论模型进行修正，形成符合实际的变形控制模型，进而形成优化的工艺参数和相应的切削用量数据库。图 3-30 所示为采用三向切削力测量实现弱刚性零件加工和速度自适应控制的过程。

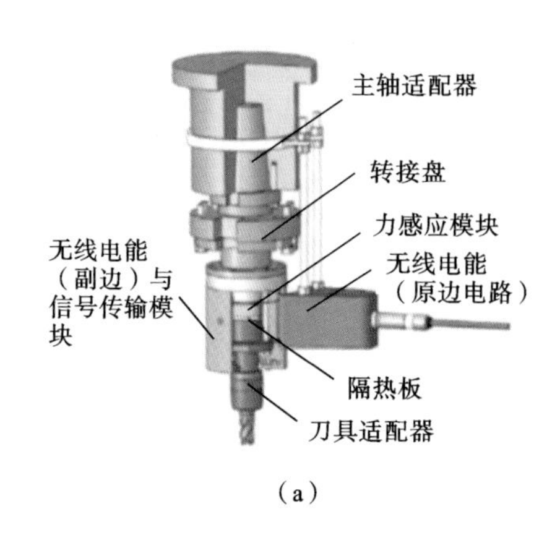

（a）

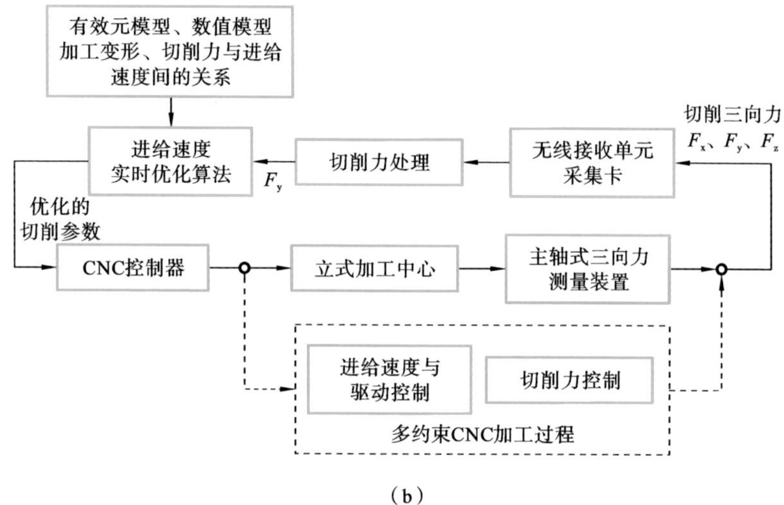

（b）

图 3-30　主轴式三向力测量装置及自适应控制过程

（a）主轴式三向力测量装置；（b）三向切削力测量自适应控制过程

随着钛合金在航空航天构件中应用的增加，钛合金高效高精加工过程的刀具快速磨损依然是亟待解决的关键问题，而切削区的剧烈摩擦与极高的切削温度是导致刀具寿命不长的主要原因。在刀具表面设计具有良好减摩功能，且能够提高抗黏附及耐磨性的表面织构，是新型耐磨性刀具研究的重要技术途径之一。陈永洁等对钛合金切削用表面织构刀具的切削性能展开了研究，提出了不同类型的深亚毫米尺度表面织构刀具的设计方案，在通过仿真分析表面织构参数如沟槽形状、宽度 W、深度 H，第一沟槽到刀刃的距离以及沟槽间的间距等对刀具切削性能的影响的基础上，建立了由多向切削力传感器和影像仪等组成的切削性能实验系统，对织构类型、织构参数对刀具切削性能的影响进行了深入的实验研究和优化分析。研究表明，亚毫米尺度表面织构的置入不仅可改善刀具的切削性能，还能改善前刀面摩擦磨损状态，提高刀具抗磨损性能。图 3-31 所示为所设计的织构刀片、实验系统构成、不同类型织构刀具的切削力变化图。由此也可以看出，多向切削力的高精度高动态测量已成为观察、理解切削区域内在特性规律，以及开展刀具优化设计的重要手段。

多向力的高精度测量对冷却润滑液性能的研究也有很大的促进作用。冷

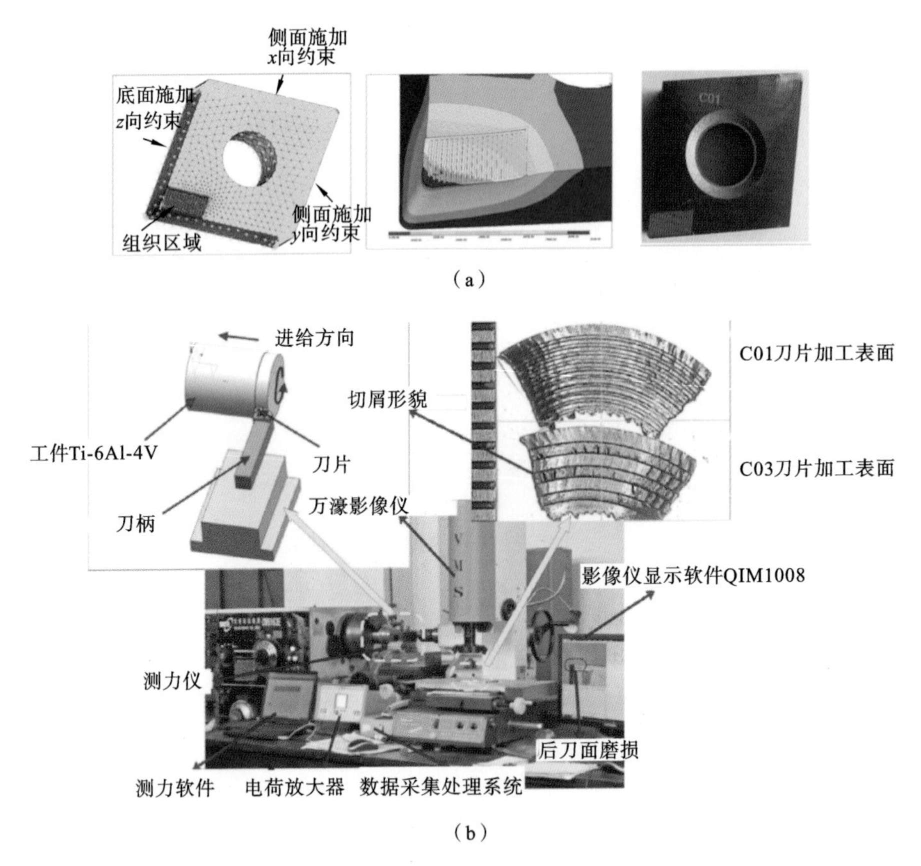

图 3-31　织构刀片及其实验系统、切削力变化图

(a) C 型织构刀具设计、仿真及实物照片；(b) 切削性能实验系统；

(c) 三种织构刀具三向切削力变化图

注：图中刀具编号 C01、C02、C03 表示不同参数的微织构刀片；C01gdp、C02gdp、C03gdp 表示相应的普通刀片。

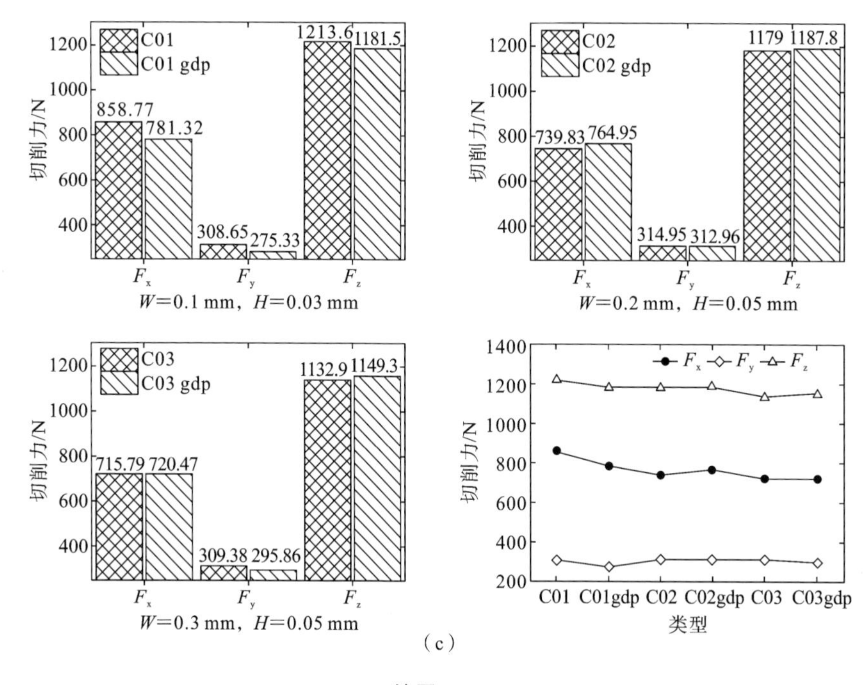

(c)

续图 3-31

却润滑液对切削区域的摩擦状态和刀具磨损量有直接的影响,相应也会带来切削力的变化。为评价切削过程中冷却润滑液的性能,优化冷却润滑液配方,需要建立能进行高动态、高精度切削力测量的实验系统,以记录冷却润滑液配方变化引起的不同方向切削力数据的变化,进而对不同组分配方的冷却润滑效果进行对比分析,从而掌握切削过程中冷却润滑液对切削力的影响机制,为不同特性冷却润滑液产品的优化提供依据。

3. 切削过程的状态监测

切削过程是一个非常复杂的过程。切削过程涉及机床、刀具、工件的状态变化,例如机床的变形与振动、刀具的磨损与破损、材料的形变与相变等,所能监测的状态量主要包括机床及刀具位置、切削力、刀具温度、刀具磨损、机床与工件及刀具的振动、声发射信号、机床功率、工件表面质量、切屑形状等信息。对加工过程中机床、刀具、工件进行状态监测是"感知"切削加工状态最直接的手段,是高档数控机床实现智能加工的必备功能。

切削状态监测是关系到运行安全,防止运动干涉与工件碰撞,优化切削负荷及功率消耗的关键环节。如对机床运动位置进行监测是保证机床运动精度、实现机床误差补偿的基础；对机床的能耗进行监测可以提高加工效率、降低运行成本、实现绿色生产；对刀具、工件的状态变化进行监测可以实时掌握加工过程中刀具与工件相互作用及自身状态的变化情况，及时发现是否存在切削力过大、刀具温度过高、磨损严重、振动剧烈等情况，从而判断加工状态是否正确，能否进行稳定切削。为提高切削过程状态监测的水平，需要采集切削过程中多种类型传感器信号，运用多种现代信号处理手段对信号进行特征提取、分析、融合处理，例如连续小波变换和参数化时频变换、模糊神经网络处理、多传感器信息融合、统计学习、支持向量机、大数据处理等技术，以进一步提高“感知”的可靠性，并为优化决策与实时控制提供反馈信息，实现高品质和高效率加工。

振动是一种广受关注的不稳定切削过程状态，对机床加工稳定性和零件加工质量会产生直接的影响。由于刀具与工件接触状态的变化，两者之间会产生相对振动，其本质是切削过程的动态特性和机床-刀具-工件系统的模态特性之间的相互作用。相对振动主要有颤振和强迫振动两种。其中颤振又可进一步细分为再生型颤振、振型耦合型颤振、摩擦型颤振、力-热耦合型颤振等类型。作为一种强烈的自激振动，颤振的发生会降低切削用量和工件表面质量，产生大量的噪声，甚至会导致刀具的提前报废。颤振不但是影响高性能机床工作稳定性和加工精度的主要原因，也是制约机床智能化的瓶颈技术难题。强迫振动是旋转多刃切削时由切削过程的周期性接触状态变化而导致的。即使在稳定切削的条件下，强迫振动对加工后的工件的表面质量仍有较大的影响。因此，为实现高精度高效率加工，必须研究颤振和强迫振动的在线预测和抑制方法。切削力传感器是能实现切削振动检测的声音、振动、位移、力等多种传感器中最直接、最重要的一种类型。国内外学者围绕切削力信号特征提取和颤振预测问题开展了大量的研究工作，提出了多种颤振预测和抑制方法。

4. 测力仪的校准

尽管测力仪具有固有频率高、灵敏度高、线性度好、滞后和重复误差小等诸多优点，在制造过程中得到广泛的应用，但其内部传感元件、机械结构、电子线路等部件特性的微小变化带来的测量不确定性，特别是机床中使用环境条件的影响，会导致测量偏差。因此为保证测量精度，需要对测力仪进行定期校准。通过校准得出其测量值与基准参考值之间的偏差，这个偏差值用作对实际测量的修正量。基准参考值应能溯源到相应的国家或国际标准。这种校准是保证测力仪精度和可信度的唯一途径。

从原理上讲，校准是指应用确定的方法在规定的条件下确定已知的输入变量和所测的输出变量的关系。由于测力仪由测力传感器、电缆、电荷放大器三部分组成，因此对测力仪而言，其校准也应包含传感器校准、电缆校准、电荷放大器校准三个方面。

图3-32是压电式力/力矩传感器灵敏度校准的原理图。校准时，除被校传感器外，还需配置参考基准传感器，对被校传感器和参考基准传感器同时施加一定时间的力/力矩载荷，到达预定量程后再在同样的时间内将载荷降至零。通过上升和下降直线段的斜率、偏差计算即可得到传感器的灵敏度和线性度。

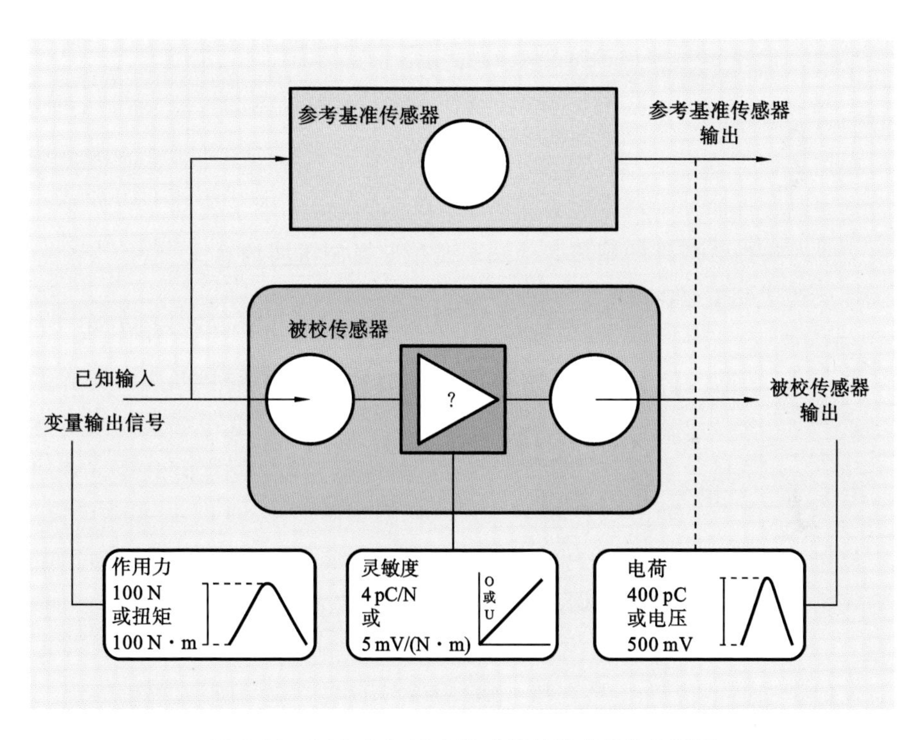

图3-32　压电式力/力矩传感器灵敏度校准原理图

除测力传感器校准以外，电缆、电荷放大器对测力仪精度也有直接的影响。可以采用基准电荷发生器对电缆、电荷放大器进行定期的校准。

第4章 刀具状态监测传感器

切削刀具作为材料切削加工中的“牙齿”，在制造加工领域中有着无可替代的作用。无论是普通机床，还是先进的数控机床、加工中心及柔性制造系统，都必须通过刀具才能完成切削加工。

在切削加工过程中刀具的实时状态，如切削力、切削温度、刀具磨损和破损等直接影响零件的加工精度和表面质量、刀具的寿命和加工效率。刀具状态的智能监测对提高零部件的制造效率和制造精度具有重要的意义，也是当前智能加工技术关注的重要内容。

4.1 切削刀具的状态变化特性

4.1.1 刀具磨损

被加工工件与刀具因相互接触而发生摩擦，使得刀具的前、后刀面发生磨损的现象即为刀具磨损。根据刀具的磨损程度可以分为刀具磨损和破损两种类型。一般来说，刀具在高速运转时，刀具的刃口、前刀面以及后刀面会首先发生磨损现象，继而会产生一些碎屑，随着切削时间的不断增加，刀具的磨损现象越来越严重，甚至出现破损等现象。

在切削加工中，引起刀具磨损的因素有很多，一般可以分为以下几种：

(1) 刀具刃口同切削面、切屑同进刀面之间因相互作用而产生的连续磨损；

(2) 刀具刃口与切削面及切屑的接触面因相互摩擦而产生高温，使刀具及工件材料的分子运动加快，化学性质更加活泼；

(3) 切削过程中，在切削冲击力的作用下，刀具刃口发生碎裂；

(4) 刀具材料被空气或者切削液中的氧化性物质腐蚀而生成硬度较低的表面氧化层的氧化磨损等。

4.1.2 刀具磨损类型

刀具的磨损主要取决于工件材料、刀具材料的机械物理性能和切削条件。相应的刀具磨损也有多种定量表征方式，国家标准 GB/T 16459—2016，GB/T 16460—2016 和 GB/T 16461—2016 分别对面铣刀、立铣刀和车刀各种磨损量的测量进行了规定。图 4-1 为车削加工刀具在切削过程中各磨损区域的基本形态示意图。

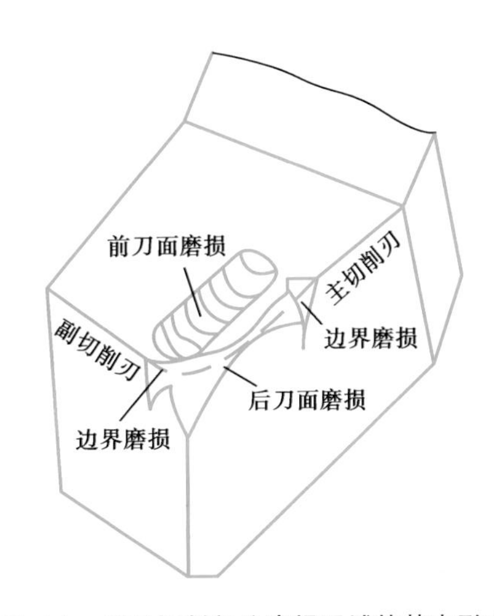

图 4-1　刀具切削部分磨损区域的基本形态

1）后刀面磨损

在切削加工过程中，后刀面与工件已加工表面接触，工件在后刀面的挤压作用下产生弹性变形和塑性变形。由于接触压力较大，后刀面上出现后角为零的磨损带。通常将后刀面磨损量以磨损带宽度 VB 表示。

2）前刀面磨损

前刀面磨损主要是由前刀面与切屑之间的相互摩擦引起的。在前刀面上温度最高处常常会磨出一个月牙洼。随着切削过程不断进行，月牙洼的宽度、深度不断扩展，当月牙洼边缘接近切削刃时，会使切削刃强度大大降低，极易导致崩刃。前刀面磨损量以月牙洼的最大深度 KT 表示。

前刀面磨损 KT 值和后刀面磨损 VB 值都可以衡量刀具的磨损程度，但由于后刀面与工件已加工表面直接接触，直接影响工件的表面质量，且便于测量，因此在实际应用中，通常用后刀面磨损带的平均宽度 VB 来衡量刀具的磨损

程度。

根据刀具的几何特征、使用方式的不同，对刀具磨损程度的定量化划分也有多种方法。如普通加工刀具主要以后刀面的磨损带平均宽度 VB 作为磨损标准；精加工刀具则常以沿工件径向的刀具磨损量作为磨损标准。加工条件不同，衡量磨损量的标准也应有所变化，如精加工的磨损量标准取较小值，粗加工则取较大值。此外，工件材料的可加工性、刀具制造和刃磨的难易程度等都是确定磨损量标准时应考虑的因素。

4.1.3 刀具磨损过程

刀具的磨损量随切削时间的延长而逐渐增大。刀具的磨损过程一般可分为三个阶段：初期磨损阶段、正常磨损阶段和急剧磨损阶段。图 4-2 所示为刀具的典型磨损曲线。该图的横坐标为切削时间，纵坐标为后刀面磨损量 VB（或前刀面磨损深度 KT）。

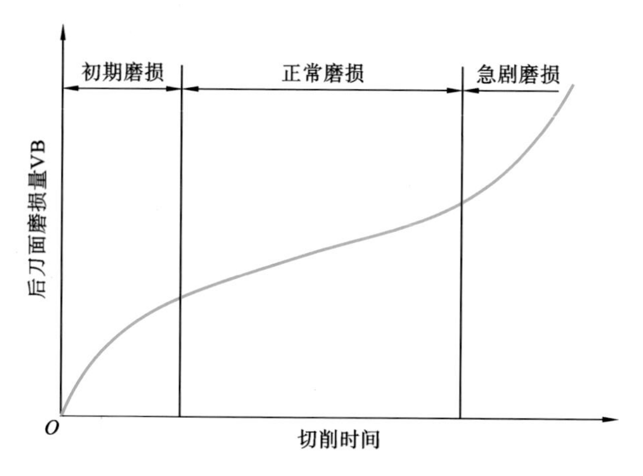

图 4-2 刀具的典型磨损曲线

1）初期磨损阶段

该阶段磨损曲线斜率较大，即刀具磨损较快。这是因为新刃磨的刀具表面存在着粗糙不平以及微裂纹、氧化或脱炭层等缺陷，且切削刃口较锋利，后刀面与加工表面接触面积较小，前刀面和后刀面受到较大的应力，故很快就在后刀面上形成一个磨损带。此阶段刀具磨损速度较快。

2）正常磨损阶段

经过初期磨损后，刀具的粗糙不平表面已经被磨平，刀具进入正常磨损阶段。这个阶段的磨损比较缓慢均匀，后刀面的磨损量随切削时间的增长而近似成比例增加。该阶段是刀具的有效工作阶段。

3）急剧磨损阶段

随着磨损量的增加，刀具变钝，加工表面粗糙度加大，切削力与切削温度均迅速升高，刀具磨损速度也急剧加快，以致失去切削能力。为了保护机床和工件，应该及时更换刀具。

4.2 刀具状态监测的目的和基本方法

刀具状态监测是指在产品加工过程中，由各种传感器对刀具状态进行检测，并通过计算机进行处理，实时预测刀具的工作状态。刀具状态监测对控制切削过程、调整切削参数、检测刀具磨损具有重要作用，能够有效提高加工精度和保障设备安全，达到保证加工质量、提高加工效率、降低成本的目的。研究表明，在数控系统中增加刀具状态监测功能可使故障停机时间缩短75%，生产率提高50%以上。因此，刀具状态监测已成为高档数控机床实现智能加工的必备功能。

4.2.1 刀具状态监测目的

刀具状态监测的目的主要表现在刀具破损监测、刀具磨损监测、刀具剩余寿命预测等三方面。

1. 刀具破损监测

刀具破损是指刀具材料从刀具基体上突然剥离，主要包括剥落、碎断、刀齿崩刃等。刀具的破损会对加工表面的质量造成严重的破坏，同时还会对机床造成一定的破坏。因此在切削加工过程中，刀具的破损监测具有至关重要的作用。

刀具的破损监测可以采用二值分类或者阈值监测两种模式来实现。二值分类是将分类器设置为正常和破损两种状态，而阈值监测则是对监测特征设定一个合理的边界线（即阈值），当特征值超过阈值时，就认为发生了刀具破损。

2. 刀具磨损监测

刀具磨损的监测，一种思路是按照刀具的磨损程度进行分类，一般分成三类（新刀、初等磨损、严重磨损）或四类（新刀、初等磨损、中等磨损和严重磨损）。另一种思路就是采用数学模型对刀具的磨损值进行估计，包括确定性模型和贝叶斯随机模型。确定性模型认为特征与磨损值之间存在一种确定性的函数映射关系，而贝叶斯随机模型则认为相同的磨损也可能有不同的特征值，它们之间的关系可以用一个贝叶斯随机模型来描述。监测时根据当前的特征可以得到磨损的期望值及其后验概率。由于考虑了磨损过程中的随机性和不确定性，基于贝叶斯随机模型推理的磨损值估计结果更为可靠。

3. 刀具剩余寿命预测

刀具剩余寿命的在线预测是在刀具磨损值估计的基础上进行的，主要用于预测未来磨损值的演化，并得到刀具的剩余寿命。传统的刀具寿命预测公式将刀具寿命看作切削参数和时间的函数。但是在实际加工中，刀具的磨损过程差别很大，使得所拟合的经验公式预测的误差较大。要想通过建立一个准确的可靠性统计分布模型（如威布尔分布、对数正态分布等）得到某一类刀具所有的磨损演化模式，就需要开展大量的切削试验来获得完整的寿命数据。

4.2.2 刀具状态监测基本方法

根据刀具磨损量监测原理的不同，刀具状态监测方法主要分为直接监测法和间接监测法两大类。

1. 直接监测法

直接测量刀具磨损量或刀具破损程度的方法称为刀具状态的直接监测法。常用的方法主要有射线测量法、接触测量法、光纤测量法和计算机图像处理法。直接监测法的优点在于可直接、准确地获得刀具状态，但同时也容易受到现场光线、切削液、切屑等的干扰，而且刀具或工件的高速旋转对图像信号的获取也是一个阻碍。因此，基于直接传感器的在线检测精度受到较大的影响。

1）射线测量法

将有放射性的物质掺入刀具材料内，刀具磨损时，放射性物质微粒随切屑落入射线测量器中，则射线测量器所测的射线剂量反映了刀具磨损量的大小。该方法的最大缺点是放射性物质对环境的污染太大，对人体健康十分不利。因此，此方法仅用于某些特殊场合。

2）接触测量法

接触探测传感器通过检测刀刃与工件之间的距离变化来获得刀具磨损状态。在检测刀具磨损和破损程度时，让刀具后刀面与传感器接触，根据刀具加工前后的位置变化获得刀具的磨损量。

3）光纤测量法

该法利用刀具磨损后刀刃处对光的反射能力的变化来检测刀具的磨损

程度。刀具磨损量越大，刀刃反光面积就越大，传感器检测的光通量就越大。

4）计算机图像处理法

计算机图像处理法是一种快捷、无接触、无磨损的检测方法，它可以精确地检测每个刀刃上不同形式的磨损状态。这种检测系统通常由CCD摄像机、光源和计算机构成。但由于光学设备对环境的要求很高，故该方法不适用于恶劣的切削工作环境。

2. 间接监测法

间接监测法通过测量反映刀具状态的物理量，如切削力、切削温度、表面粗糙度、振动、功率、声发射等信号，对刀具实际的切削加工过程进行监测。间接监测法能在刀具切削加工时进行监测，但是检测到的各种过程信号中含有大量的干扰因素。随着信号分析处理技术、模式识别技术的发展，间接监测法已成为应用的重点。

1）切削力监测法

在刀具状态监测领域，切削力是应用最广泛的监测信号类型。切削力是切削过程中最重要的因素，可以看作与刀具磨损和破损密切相关的物理量。切削加工中，各种随机振动通过刀尖上的力和位移的变化表现出来，从而产生切削力。此外，刀具和工件之间的相互摩擦也会产生摩擦力。因此，可以通过监测切削力来监测刀具的磨损状态，例如采用压电式、应变式传感器测量切削力、扭矩等方法。

2）振动信号监测法

实际加工中，机床、刀具和工件等会随着刀具切削工件的过程而产生振动现象。振动信号的高频分量中含有大量的与刀具磨损相关的信息。切削振动会影响正常切削过程，产生噪声，恶化工件表面质量，缩短刀具和机床的使用寿命。

在刀具进行车、铣、钻等切削的过程中，对各方向振动信号进行采集，建立振动信号特征和刀具磨损量的回归模型，可以实现刀具在使用过程中的磨损状态监测。

3）电流或功率信号监测法

刀具磨损会导致切削力发生变化，进而导致机床供应负载发生变化，即电流信号或功率发生变化，因此主轴电流或功率信号可以代替切削力进行刀具磨损监测。而且电流传感器成本低，安装时不会改变机床结构。需要注意的是，监测电流和功率信号比较适合在粗加工机床主轴电流较大的场合使用，在主轴工作电流较小的精加工过程中不太适用。

4）声发射监测法

声发射是材料进入塑性变形阶段时，以瞬态弹性波的形式释放应变能的物理现象。在切削过程中因材料塑性变形、摩擦和刀具磨损，刀具会产生大量的声发射信号。声发射信号的产生与工件表面和切屑的塑性变形、刀具和工件及切屑间的摩擦、切屑断裂、刀具局部破裂等都有关联。通过对声发射信号的采集和处理，以及监测刀具磨/破损前后的信号特征变化可以检测刀具的异常。声发射信号频率高，不易受环境噪声干扰。声发射监测法是极具潜力的刀具磨损监测方法。

5）工件表面纹理监测法

已加工工件的表面形貌或几何特征等即为工件的表面纹理。工件表面纹理是刀具刀刃状态的直接映像，刀具锋利时切削出的表面纹理清晰，连续性好；刀刃磨钝时切削出的工件表面纹理紊乱，不连续，有断痕。不同的加工方式和刀具有不同的纹理特征，通过分析纹理信息可判断刀具的磨损状态。

近年来基于图像处理技术分析工件表面纹理图像，并根据纹理图像信息判断刀具的磨损状态的研究逐渐增多。一般是利用CCD图像传感器获取加工工件的表面图像，通过对原始工件表面纹理图像的预处理、纹理特征提取、识别分析，完成刀具状态的监测。在实际的工件表面纹理图像获取过程中，受噪声、光照等外界随机因素的干扰，获取的原始纹理图像质量不高，因此需要对获取到的原始图像进行预处理，且图像预处理的好坏直接影响后续的工作。纹理特征能够反映刀具状态，纹理越规则、连续性越好，反映切削刀具越锋利；而纹理越杂乱、连续性越差，反映切削刀具磨损越严重。因此，可以通过选取能够表征纹理规则性、连续性的统计量作为纹理分析的特征量，利用特征提取方法获取工件表面图像中的纹理特征，并据提取出的纹理特征数据进行刀具磨损状态的监测。

6）温度监测法

随着刀具磨损量的增加，切削温度明显升高。温度升高的同时会加速刀具的磨损，因此刀具磨损和温度变化密切相关。温度可以用作监测刀具状态的物理特征。传统测量温度的传感器是热电偶，然而在实际加工中热电偶安装困难，且热惯性大，响应慢，因此不适合在线监测。随着温度传感技术的进步，薄膜式热电偶传感器在刀具温度测量中得到越来越多的应用。

7）多传感器信息融合法

在特殊加工工况和复杂工况下，单一传感器信号不能满足刀具磨损状态监测要求,可以采用多传感器监测技术解决单一传感器的使用局限性。在不同切削阶段,不同传感器对刀具状态的敏感性不同,使用多种传感器可以全面和敏锐地捕捉刀具的状态变化,同时也避免了单一传感器信号受干扰而导致监测不准确甚至失效的问题,能够提高监测的可靠性。例如同时采集切削力、振动、声发射和主轴功率四种信号,从时域和频域提取多个特征,运用相关分析法、统计分析法优选特征,对采集的信息进行融合识别,可以更好地改善刀具状态监测的效果。

经过多年的研究,刀具状态监测已成为集切削加工、新型传感器、现代信号处理等为一体的综合性技术,并有一些商业化的产品投入制造过程应用。但由于切削过程中刀具、工件在切削区域相互作用的复杂性,刀具状态监测技术至今仍未形成完整成熟的理论体系,还不能很好地解决现代数控机床多种工况下刀具磨损的识别问题。如何提高刀具状态的传感能力、多个传感器信号的处理能力,以及刀具状态监测系统的知识自动获取能力,仍是亟待解决的问题。

4.3 刀具状态监测的实现

刀具状态监测的本质是对刀具传感器信息的模式识别问题,完整的刀具状态监测系统主要由三部分组成,如图4-3所示。信号采集部分用于获取切削过程的一个或多个传感器信息;特征提取部分就是通过各种信号处理算法对原始传感器信息进行压缩和降维,并从中提取出表征刀具状态的特征向量;模式识别部分则是对这些特征向量进行分类,建立其与刀具状态变化之间的映射关系。下面对各部分的功能进行简要说明。

1. 信号采集部分

在切削加工过程中,刀具状态的信息可以通过两种方式来获得,一种是直接方式,一种是间接方式。直接方式就是通过视觉或光学传感器来直接测量刀具表面的几何形状和尺寸。而间接方式则是测量切削过程中伴生的动态信息。间接方式中常用的传感器有力传感器、振动传感器、声发射传感器和电流传感器等。

2. 特征提取部分

传感器采集的信息往往是海量的,采样频率从几十赫到几十兆赫,因此从传感器获得的原始信号不能直接用于状态的辨识。需要对信号进行预处理和变换,降低数据的维数,并从这些原始的信号中抽取对刀具状态具有高敏感性、

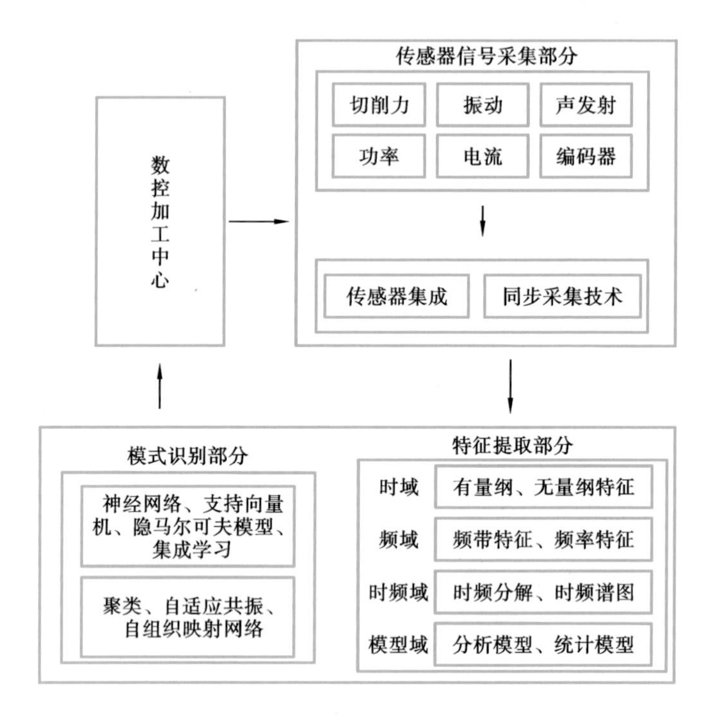

图 4-3　刀具状态监测框架体系

高鲁棒性和高可靠性的特征来对刀具的状态加以表征，从而提高模式识别的效率和精度。这个过程称为特征提取。常用的刀具磨损特征分为时域、频域、模型域和时频域特征四种。

时域特征是对传感器采集到的时间序列信号进行处理而得到的特征。时域特征提取方法主要包括两种：一种是从时域信号中直接计算统计特征，比如峰值、均值、均方根、峰峰值等特征指标。由于刀具磨损会使得信号的幅值或波动特性产生变化，因此这些时域特征能够反映磨损状态的变化。另一种时域特征提取的方法是将原始信号进行数学变换，比如相空间重构、奇异谱分析、主分量分析，对变换后的数据再进行特征提取，从而可以实现更加有效的特征提取。

但是，时域特征会受到其他来源信号的干扰而失真，也不能反映信号中的周期成分变化。在这些情况下，可以通过信号频谱分析，将不易受干扰或对磨损敏感的频带信号提取出来，也可对频谱中特定周期成分的变化，或某些频段能量的变化进行分析和对比。切削力信号频谱可用来判断刀具磨损的状态。另外，通过对频谱中某个频带能量的提取也可有效地表征磨损状态的变化。除时域和频域分析之外，还有时间序列分析、时频分析、连续小波变换和参数化时频变换等特征提取方法。

3. 模式识别部分

模式识别在刀具状态监测中的作用是建立一个从所提取的特征到刀具状态或者刀具寿命的映射关系。由于切削过程中刀具与工件交互作用的非线性和随机性,目前还无法直接建立特征与刀具状态之间的理论解析模型。因此,目前的模式识别都被看作一个黑箱问题或者一个数据特征空间的分割问题,需要特定的统计模型、人工神经网络、多传感器信息融合等方法来建立特征与磨损状态之间的映射关系。

近年来人工智能技术的发展进一步推动了刀具状态监测在高精度、高可靠性、高适应性、自主学习等方面的技术进步,极大地提升了刀具状态监测技术的水平。切削刀具在结构设计上融合了传感器、微电子、计算机、数据处理等技术,形成了集切削、传感、状态监测功能于一体的新型智能化刀具的雏形,使得刀具状态传感监测的精度、可靠性、智能化程度显著提升,为保证刀具切削过程的稳定性,实现刀具配给、运输、检测、安装等管理工作的自动化提供了更加有效的手段。

4.3.1 切削力感知式刀具

切削力感知式刀具设计的基本思想就是将切削力测量传感器集成到切削刀具系统中,使得切削力测量系统和刀具融合于一体,以实现加工、检测的一体化,甚至将监测系统融入刀具中,从而实现切削刀具的自感知以进行切削状态的实时监测。切削力感知式刀具具有结构简单紧凑、集成化程度高、实用性强的特点。

1. 切削力感知式刀具的原理

传统精密切削刀具一般由刀杆和切削刀片通过焊接和可转位刀片方式固定为一体。为了实现切削力的测量,必须将传感器单元与刀杆集成为一个独立完整的刀具系统。因此,切削力感知式刀具主要包括切削刀具、刀杆和力传感器系统以及其他辅助保护封装部件等。传感单元通过一定的组合方式布置成传感器系统,集成在刀具系统中,以实现各向切削力的参量分离。多向测力仪的感知及解耦原理如图 4-4 所示。

当刀具受切削力(F_x、F_y、F_z)作用时,根据压电、电容、电感等不同感知原理,集成力传感器产生相应的电信号(U_1、U_2、U_3),并通过相应的测量系统进行信号采集、放大、解耦处理,反向求解,获得准确的三向切削力信息。

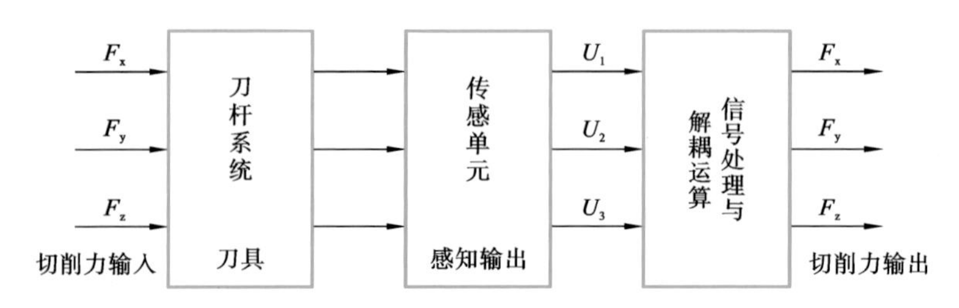

图 4-4　多向测力仪的感知及解耦原理

2. 切削力感知式刀具的结构

图 4-5 所示的是一种用于精密切削加工的三向切削力感知式刀具的构成及解耦流程图。该测力刀具主要由刀杆、切削刀片、感知单元、信号接口、密封保护盖等组成。感知单元由微小型八角环测力结构和四个独立的薄膜压电传感器 P_1、P_2、P_3、P_4 构成，对在三向切削力（F_x、F_y、F_z）作用下产生的四个方向的应变量进行感知，获取对应的四路压电感知信号 Q_1、Q_2、Q_3、Q_4，并通过对这四路感知信号进行解耦计算，得出三向切削力 F_x、F_y、F_z 的数值。

除上述刀杆固定式刀具状态监测之外，还有一类回转型刀具状态的监测问题。这类刀具大都采用刀柄与机床主轴连接的方式，然而由于刀柄结构尺寸有限，还要承担切削负荷，如何在刀柄内部嵌入传感、信号处理、无线数据传输、供电电源等多个部件，实现多向切削力/扭矩的测量，长期以来一直是这类力感知刀柄设计的重点和难点。其设计应符合以下三个方面的要求。

（1）不影响刀柄正常功能使用，具有良好的安装兼容性。

设计的刀柄本体仍需保留普通刀柄功能，与刀具、机床主轴的连接符合相关国内/国际安装接口标准。所设计的感知、处理、传输部件应有较高的集成度，不应对刀具、主轴的标准安装接口带来影响。

（2）尽可能降低多向力测量时的向间耦合。

对理想的多向力测量装置而言，单独在某一方向施加作用力时，其他方向上不应该产生输出信号，然而实际上各向力之间不可避免地会存在一定的向间耦合现象。向间耦合干扰是影响多向力传感器测量精度的主要因素之一，因此在刀柄结构设计制造时需在敏感元件材料选择、敏感结构加工、装配工艺等方面进行综合考虑，以降低向间耦合因素的影响。在高精度测量应用场合，还需考虑向间耦合的补偿算法。

（3）敏感单元应有较高的灵敏度和结构刚度。

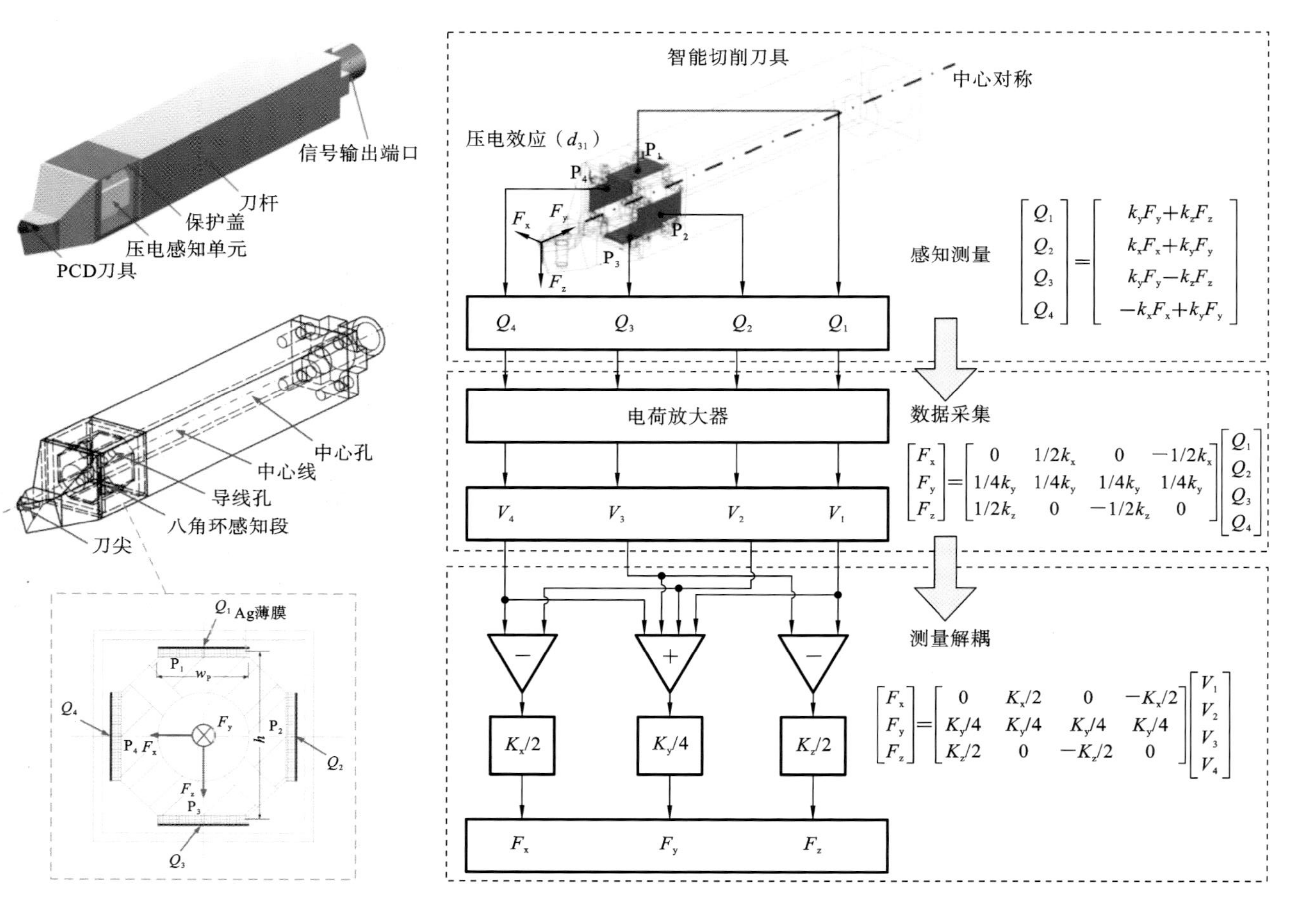

图4-5 三向切削力感知式刀具的构成及解耦流程图

作为切削力/扭矩测量传感器，刀柄结构内部集成有敏感单元，为满足测量要求，敏感单元结构必须具有一定的柔性，以保证较高的灵敏度和测量精度，同时也应具有较高的刚度，以保证测量的动态频率响应和刀具的切削刚度性能。敏感单元设计应兼顾测量柔性和加工刚度两方面的需求。

为达到以上要求，多向力/扭矩感知刀柄实现的关键主要在于多向力敏感结构、测量点布局、高灵敏度传感元件选择等方面。在敏感结构设计方面，应通过敏感单元结构构型设计和高稳定性材料选型，以在实现多向力的感知的同时具有良好的制造经济性。对于测量点的布局，应考虑便于各向力解耦的变形检测点布局方法，以减少变形检测点数量，降低信号调理电路的复杂性，提高传感器检测的稳定性和可靠性。在高灵敏度传感元件的选择方面，由于刀柄内部的空间局限性，商业化的压电、电容、电感等类型的传感器难以直接安装使用，而微型化、薄膜型的压电和电容等传感元件的灵敏度往往又比较低，给后续高信噪比信号调理电路的设计带来很大的困难，因此选择传感元件时必须充分考虑两者综合应用的效果。

在铣削、镗削等刀具回转型数控加工设备中，多向力感知刀柄可用于刀具磨损与颤振状态的监测和预报。图 4-6 所示的是一种基于电容测微原理的三向力和主轴扭矩感知刀柄方案，敏感单元采用了与标准数控刀柄相容、具有低向间耦合的多组变形梁结构，通过变形梁结构上六处位置变形量的检测和解算，实现三向铣削力和主轴扭矩的测量。

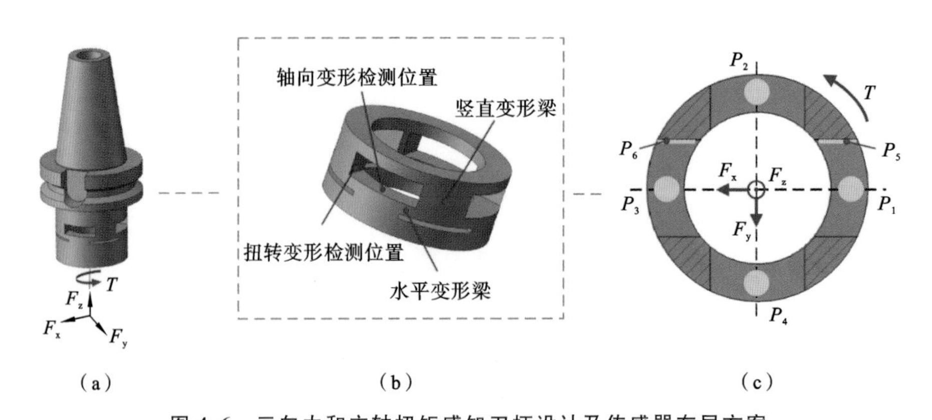

图 4-6　三向力和主轴扭矩感知刀柄设计及传感器布局方案

(a) 力感知刀柄外形图；(b) 敏感单元结构图；(c) 变形检测传感器布局图

图 4-6 中变形梁结构由沿刀柄圆柱部分周向均布的数个切槽构成，其中有 4 组水平变形梁和 4 组竖直变形梁，每个梁可看作具有一定柔性的平板结构，其

柔性变形量与承受的应力呈线性正比关系。当整个敏感单元受切削力或扭矩作用时，各水平梁或竖直梁会产生相应的柔性变形，每个梁变形的方向和大小取决于其具体受力的状态，对这些变形量进行检测与综合解算可得出各向切削力和扭矩。

为便于实现多向力和扭矩的解耦，共设计了 6 个变形量检测位置，其中 4 个（$P_1 \sim P_4$）均匀置于水平变形梁上，这 4 个位置的 z 向变形用 4 个电容传感器检测，通过对其解算能够得到轴向切削力 F_z 和相互垂直的两个径向切削力 F_x、F_y；同时在竖直梁处设置 2 个变形量检测位置（P_5、P_6），通过对这 2 个位置的变形检测可以计算出竖直梁所承受的扭矩 T。

采用薄膜式传感器与刀具的集成是切削力自感知刀具发展的重要方向之一。薄膜式传感器是采用真空蒸发、溅射、物理及化学气相沉积等方法，把金属、合金、半导体材料或氧化物淀积在基底或弹性体上制成的，其厚度在微米量级。薄膜电阻的变化与其所承受的应力有关。薄膜式传感器属于一种新型的应变式电阻传感器。该类传感器体积小、稳定性好、耐腐蚀，具有电阻温度系数低、使用温度范围广等特点，为刀具和传感器的一体化提供了新的技术途径。

根据机床主轴安装、刀具加工样式的不同，力感知式刀具会有不同的外部结构形式和传感原理。但其共性技术难点在于如何在刀杆/刀柄的有限空间内设计高精度高可靠的多向力传感结构。由于对内部集成度要求高，受力、温度工况严苛，技术复杂，该难点问题目前仍未得到有效的解决。研究开发的多种切削力感知刀具实用化、通用化程度不高，大都只能在实验室条件下使用，能在工业环境下使用的商业化产品较少，且价格昂贵。这在很大程度上制约了刀具状态监测技术的发展。随着机床的智能化发展，切削力感知式刀具将会有很大的发展空间。

4.3.2 振动感知式刀具

切削加工是一个动态过程，切削振动作为刀具加工状态的基本特征之一，反映了刀具与工件间切削区域的接触状态。同切削力信号一样，切削振动信号同样含有丰富的能够反映切削状态的有用信息，这些信息在一定程度上也包含刀具状态的变化信息。通过对振动信号的进一步处理和特征提取，能够监测、判断切削状态和刀具状态的变化。因此振动传感器也得到了较多的应用。

按照被监测物理量的不同，振动传感器主要分为加速度型、速度型、位移型三大类。三种类型的测量数据可以相互转换。在低频范围测量时，加速度值较小，易被噪声信号湮没，此时选择位移传感器比较合理；在高频范围测量时，位移变化较小，则选择加速度传感器比较合理。在加工过程中，切削振动频率相对较高，振动位移比较小，因此多选用加速度传感器来测量切削过程的振动信息。目前，市场上各类商用加速度传感器的型号规格繁多，其测量精度和动态范围能够满足一般要求下的振动信号检测需求。大多数的应用也是通过选择商用化的加速度传感器安装在机床合适位置来进行切削振动测量，并通过各种信息处理和特征提取算法对刀具磨损监测、颤振预防与抑制、加工质量预测、切削工艺参数优化等问题开展研究。

1. 振动加速度传感器的分类

振动加速度传感器的种类很多。按照传感变换的原理不同可分为压电式、电容式、电阻式、光电式、微机械谐振式等类型；按照测量轴数量不同可分为单轴、两轴、三轴等。目前广泛应用的振动加速度传感器主要有压电式和电容式两种，电容式加速度传感器利用电容板间电容的变化量来测量对应物体的加速度输入变化量，具有灵敏度高、功率损耗低等优点，但易于受噪声干扰的影响，抗干扰能力差。压电式加速度传感器灵敏度高、线性度好、重复性好、结构简单，更重要的是固有频率高、带宽范围广，具有良好的瞬态响应特性，在动态测试领域得到了广泛的应用。

加速度传感器的主要技术指标包括量程、灵敏度、线性度、频率范围等参数。对在特殊环境下应用的加速度传感器，其指标还包括测量轴数量、温度系数、轴间耦合度、磁灵敏度、安装力矩灵敏度等。

2. 压电式加速度传感器的结构及原理

从本质上看，压电式加速度传感器的原理是基于力的测量原理的，有关力的测量原理在本书第 3 章已有所介绍。现主要从加速度到测量力变换的角度对加速度传感器的原理做简要说明。

图 4-7 是压电式加速度传感器的结构图。该传感器由质量块、硬弹簧、压电片、螺栓和基座等组成。图中压电元件由两片压电片组成，采用并接法，引线一端接至两压电片中间的金属片，另一端直接与基座相连。压电片通常采用压电陶瓷制成。压电片上的质量块一般由体积质量较大的材料（如钨或重合金）制成，用硬弹簧压紧，对压电片元件施加负载，产生预压力，以保证在作用力变化时压电片始终受到压缩。整个组件装在一个厚基座的金属壳体中，为了避免试件的任何应变传递到压电元件而产生虚假信号输出，基座应选用刚度较大的材料来制造。

测量时，将传感器基座与试件刚性地固定在一起，传感器受到与试件相同

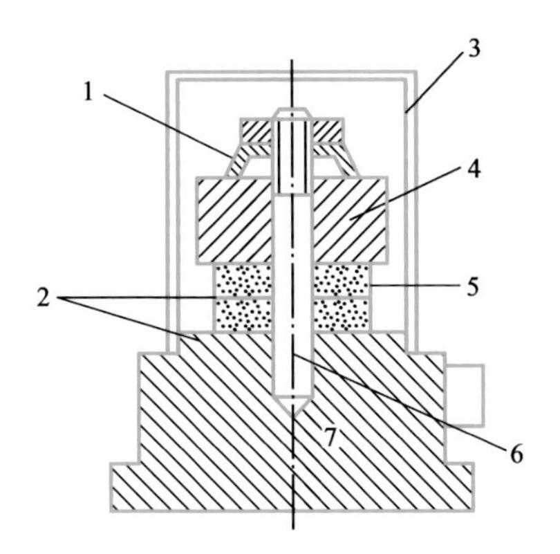

图 4-7　压电式加速度传感器的结构图

1—硬弹簧；2—输出端；3—壳体；4—质量块；5—压电片；6—螺栓；7—基座

频率的振动。当传感器感受振动时，由于弹簧的刚度较大，因此质量块受到与传感器基座相同的振动，就有一正比于加速度的交变力 F 作用在压电片上。由于压电效应，压电片两个表面上就有电荷产生，传感器的输出电荷 Q（或电压 U）与作用力成正比。这种结构谐振频率高，频率响应范围宽，灵敏度高，而且结构中的敏感元件（弹簧、质量块和压电片）不与外壳直接接触，受环境影响小，是目前应用较多的结构形式。

当传感器与电荷放大器配合使用时，电荷灵敏度用 S_q 表示；当传感器与电压放大器配合使用时，电压灵敏度用 S_u 表示，其一般表达式如下：

$$S_q=\frac{Q}{a}=\frac{d_{ij}F}{a}=-d_{ij}m \tag{4-1}$$

$$S_u=\frac{U_a}{a}=\frac{Q/C_a}{a}=-\frac{d_{ij}m}{C_a} \tag{4-2}$$

式(4-1)与式(4-2)中：Q 为输出电荷量；U_a 为电压放大器输出；F 为惯性力；a 为加速度；m 为质量块质量；d_{ij} 为压电常数；C_a 为传感器电容。

从上述测量原理可以看出，压电元件作为加速度传感器的核心，对传感器的性能有直接的影响。压电元件主要有压电晶体（单晶体）、经过极化处理的压电陶瓷（多晶体）、高分子压电材料等类型，主要特性参数包括：材料晶体组织的压电灵敏度、弹性常数、温度稳定性、机电耦合系数等。

与压电式加速度传感器原理类似，电容式加速度传感器内部除惯性质量块以外还布置有固定检测电极。当受加速度作用惯性质量块的位置变化时，惯性质量块与检测电极间的间隙发生变化，会引起等效电容量的改变。通过等效电容量的检测可以得出加速度的变化。电容式加速度传感器具有灵敏度和测量精度高、稳定性好、温度漂移小、功耗低、过载保护能力强、便于自检等优点，近年来得到较快的发展，并已有多种电容式加速度传感器产品问世。

压电式、电容式加速度传感器在应用时仍需要与电荷放大器、解调器等信号调理电路配套使用。

3. 振动感知式刀具的应用

在切削加工振动检测领域，传统的振动检测方法一般是将商业化的加速度传感器安装在机床主轴、工作台、床身上，使用数据采集设备通过有线方式对传感器振动数据进行采集，并在计算机上完成对信号的处理。这样的传感器安装方式较为简单，对传感器的体积重量要求不高，主要用于主轴、工作台、机床床身振动分析等场合。但由于传感器在机床上的安装位置距刀具切削区域较远，刀具振动信号传输经历工作台、主轴、床身多个环节，传感器获取的刀具振动信号衰减畸变严重，难以完整地反映切削区域的实际振动特性。因此尽管采用这些传感器开展刀具切削颤振、刀具磨损等切削状态监测的研究工作很多，但一直未取得显著的研究进展，在大批量加工生产中的应用更为少见。传统的切削振动监测手段已经不能满足现代制造过程对切削状态监测的实际要求，在一定程度上也制约了数控机床智能化程度的提高。

为了突破这种困境，许多学者正在开展将振动传感器集成到刀具/刀柄上的方法研究。其基本思路是在刀具/刀柄上集成小型化甚至微型化的振动传感器和处理电路，以缩短振动传递距离，直接获取刀具切削区域的振动信息。采用这种思路可使刀具/刀柄具有自我感知能力，实现刀具/刀柄加工监测一体化，显著提升振动信息获取的质量。由于具有集成化程度高、适应性强、安装方便、测量准确等特点，这类自感知刀具/刀柄将会在未来的智能制造机床中得到较多的应用。

在精密加工和微量切削应用的场合，由于对被加工零件的尺寸、形状精度和表面粗糙度要求极高，单靠改变切削工艺参数很难达到加工精度的要求，因此需要对刀具的切削状态进行实时的监测和调整。这就对刀具磨损和颤振监测的精度和可靠性提出了更高的要求，往往需要同时在刀具/刀柄上集成振动、切削力等多种类型的传感器，以便通过多传感器信息融合算法更准确地对刀具切削过程的动力学行为进行检测和评估。

4.3.3 温度感知式刀具

切削热是切削过程中的重要物理现象之一。切削区域内工件在刀具作用下的塑性变形、切屑与前刀面的摩擦、工件与后刀面的摩擦是产生热量的主要因素。切削时机床能量的 98%～99%转换为了热能。切削温度不但会改变前刀面摩擦系数、工件材料的性能、切屑的形态，也会直接影响加工表面质量、刀具磨损量、机床的发热量，严重时会造成加工零件报废。切削温度是刀具切削状态的直接反映，因此基于切削温度对刀具状态进行监测具有独特的优势。

切削温度测量采用的方法有传导测温法和辐射测温法两大类。传导测温法包括自然热电偶法、人工热电偶法、半人工热电偶法、薄膜热电偶法等；辐射测温法主要指红外点源和成像测温法，但体积较大，成像视场易受遮挡。由于传导测温法测量方法简单、实时性好、成本较低，因此得到较广泛的应用。

薄膜制备技术的进步促进了多种微小体积的薄膜式传感器的发展，也使得薄膜热电偶传感器在刀具切削温度测量领域中的应用成为可能。主要方法是在刀具表面直接制备热端尺寸在微米量级的薄膜热电偶，通过测量热电偶闭合回路的热电势来获得测量点的温度。与传统的热电偶刀具温度测量方法相比，薄膜热电偶的温度感应热端的面积微小、热容量低、响应速度快，并能制作成阵列实现多点测量，因此比传统热电偶更能准确、快速地反映刀具切削温度的变化，已成为当前刀具温度测量的主要方法。

图 4-8 是一种薄膜热电偶测温刀具的构成及应用示意图。刀片的基体材料为高速钢或硬质合金，薄膜热电偶材料为镍铬-镍硅（NiCr/NiSi），膜厚为 0.6 μm。绝缘保护膜采用 SiO_2，厚度为 4.9 μm。薄膜采用直流脉冲磁控溅射技术制作，制备顺序为：先在刀片后沉积 SiO_2 绝缘薄膜，然后分别沉积 NiCr 和 NiSi 热电极薄膜，最后再沉积 SiO_2 保护薄膜。该测温刀具在 30～300 ℃范围内具有良好的线性度，最大线性误差不超过 0.92%；塞贝克系数为 40.5 μV/K；动态响应时间常数小于 0.1 ms。该刀具集切削和温度测量功能于一体，可用于切

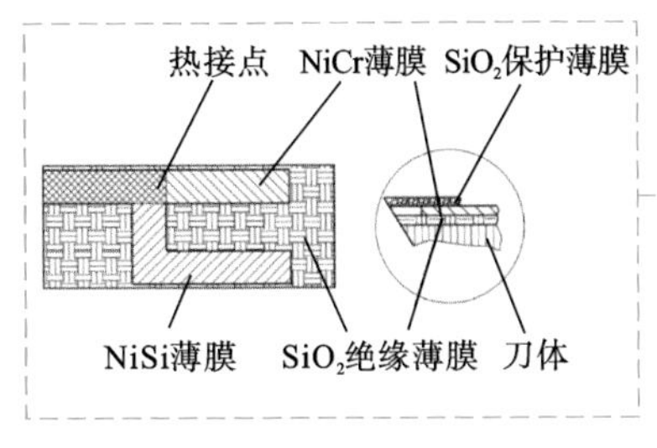

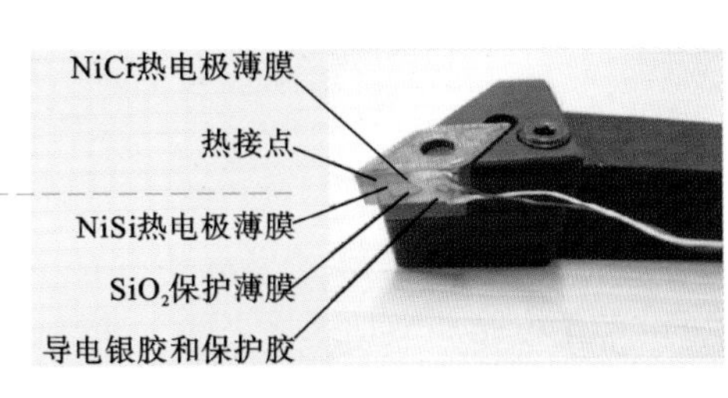

(a)

图 4-8　薄膜热电偶测温刀具的构成及应用示意图

(a) 刀具构成；(b) 温度静态特性；(c) 温度瞬态响应特性；(d) 不同切深 a_p 下的温度变化曲线

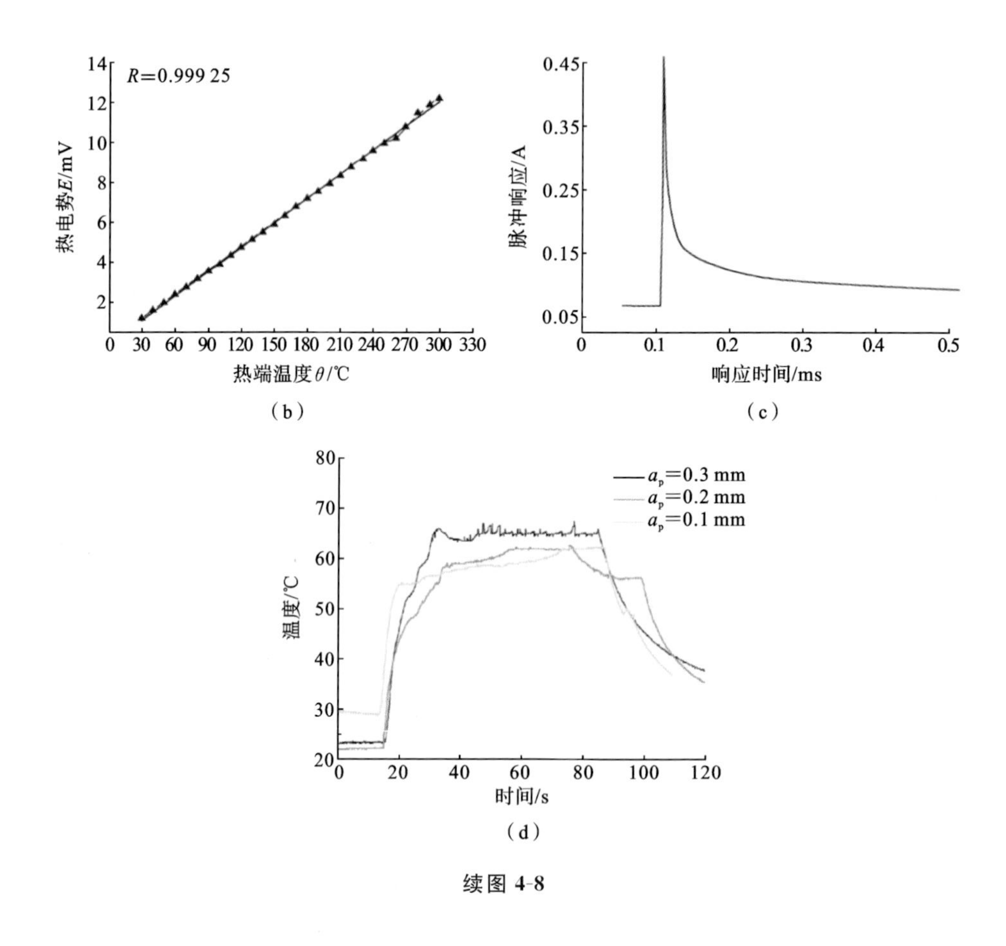

续图 4-8

削区域瞬态温度的精确、快速测量。

4.3.4 声发射感知式刀具

声发射(acoustic emission,AE)是材料变形过程中的一种物理现象,是材料受外力作用产生变形、断裂或内部应力超过屈服极限进入不可逆的塑性变形过程中,以瞬态弹性波的形式释放应变能的现象。这些弹性波传播到材料的表面,可以被压电传感器所检测。声发射现象是20世纪50年代德国科学家发现的,早期声发射技术的应用主要集中在金属材料的无损检测领域,20世纪80年代开始用于切削加工领域。AE信号能够较准确地反映刀具的状态,与切削力信号、振动信号相比,AE信号频率主要集中在较高频率范围,可避开加工过程中振动和容易产生噪声的切削设备的影响,在高频区内灵敏度较高,抗干扰能力强。因此通过集成 AE 检测模块于智能刀柄上，检测加工过程中 AE 信号的变化，可实时在线监测刀具的切削加工状态，实现加工过程的智能化监测。

1. AE 信号的特点

除极少数材料外，金属和非金属材料在大部分情况下都存在着声发射现象。金属材料的声发射源很多，如裂纹扩展、位移、滑移、晶界滑移和断裂脱附。研究表明，大多数金属材料在材料加工、处理和使用过程中，内应力会发生变化，从而产生声发射信号。从发射源发射的弹性波最终传播到材料表面，特别是在金属切削过程中，刀具与工件会产生丰富的声发射信号。产生声发射现象的主要原因是材料的拉伸变形、弹性变形、塑性变形、内部裂纹的扩展与生成、断裂、马氏体相变、磁性效应和表面效应等产生的能量的释放。

切削加工时，AE 信号的频率集中在 100 kHz～1 MHz 范围内，其幅值、频率与刀具磨损状态具有较高的相关性。如摩擦产生的 AE 信号频率在 200 kHz 左右；切屑脱落产生的 AE 信号频率在 500 kHz 左右。因此，AE 信号受切削工艺参数和刀具几何参数变化的影响较小，可以避开切削过程中振动和音频信号污染严重的低频区，对刀具磨损和破损非常敏感。在正常的磨损状态下，AE 信号呈现连续性；一旦刀具发生破损，AE 信号呈非连续性突变，其信号幅值较大。

2. AE 信号监测基本原理

采用声发射法进行刀具状态监测的基本原理如图 4-9 所示。当刀具处于不同的状态下时，AE 传感器将声波信号转变为原始电信号。由于该信号非常微弱并且易受噪声影响，因此对原始电信号要进行预处理。预处理模块包括前置放大电路和信号滤波电路。其中前置放大电路的主要作用是降低信号的噪声、调高信号比、提高检测模块的灵敏度。信号滤波电路用来滤除信号的环境噪声和电子噪声，提高信号分析结果的可靠性。信号采集电路用于把模拟输入信号转换为数字量输出信号。

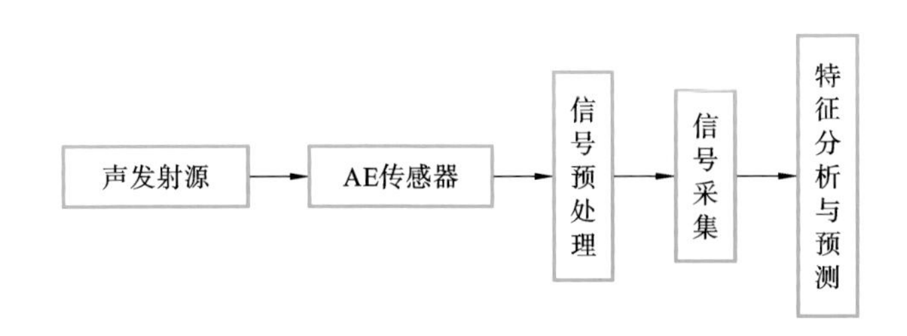

图 4-9　声发射法的基本原理

AE信号分析处理的方法有多种，主要分为时域和频域两种。时域分析法主要有统计分析法（如均值、方差、均方值等）和时序分析法（如滑动平均等）；频域分析法主要包括频谱分析、幅值谱分析、相位谱分析以及功率谱分析等方法。

3. AE传感器分类

AE信号是监测系统进行处理和分析的数据源。通常认为，凡是能将物体表面振动声波转变成电量的传感器都可作为声发射传感器。例如在超声检测领域中采用光学原理测物体表面微小位移的传感器、用电磁原理测表面微小位移的传感器都能作为声发射传感器。目前的声发射传感器主要是压电式声发射传感器，它利用压电效应将声发射信号转换成电压信号进行检测。

根据传感方式的不同，声发射传感器可分为谐振式传感器（窄带传感器）、宽带传感器、差动传感器等几类。在声发射检测中，大多使用的是谐振式传感器和宽带传感器。其中谐振式传感器具有很高的灵敏度，但测量频率范围较小；宽带传感器的测量频率范围很宽，但其灵敏度较谐振式的要低。差动传感器具有较强的抗干扰能力，能够在外界干扰信号较为复杂的环境下使用。

1）高灵敏度谐振式传感器

高灵敏度谐振式传感器是声发射检测中使用最普遍的一种，这种传感器具有很高的灵敏度，但它们的响应频率范围很窄，共振频率一般位于50～1000 kHz之间。高灵敏度谐振式传感器一般在传感器型号上加“R”（resonance）来区分。在测量工程材料的AE信号时，常使用谐振式传感器，对声峰值幅度、上升时间、声能量等声发射参数进行测量，得出声发射特征。谐振式传感器灵敏度较高，有很高的信噪比，价格便宜，规格多。选择合适型号的谐振式传感器，可以获取某一频带范围的AE信号。谐振式传感器并不是只对某频率信号敏感，而是对某频率带信号敏感，而对其他频率带信号灵敏度较低。

2）宽带传感器

谐振式传感器由于响应频率范围窄，测量AE信号有局限性。宽带传感器的频带可达几兆赫，可以获取更广频率范围的信号。其主要优点是采集到的AE信号丰富、全面。

宽带传感器的幅度特性与压电元件的厚度有关，一般由多个不同厚度的压电元件组成，在结构上，采用凹球形或楔形压电元件来达到展宽频带的目的。假如凹球形压电元件厚度不变，则球面深度直接影响频率特性。传感器工作频率范围一般为几十千赫到几兆赫，适合声发射源频率丰富的材料探测，其缺点是灵敏度比谐振式传感器的低。

3）带前置放大电路的传感器

这种传感器将AE信号的前置放大器与压电元件一起置于传感器壳体内，因此具有良好的抗电磁干扰能力，而且传感器的灵敏度不受影响。这种传感器安装使用方便。

4）差动传感器

差动传感器也称差分传感器，由一块压电陶瓷对半切成的两个半块压电陶瓷构成。两个半块压电陶瓷大小相同，中间用绝缘材料隔开，构成传感器的压电元件。压电元件由两个正负极差接的导线接出，输出相应的差动信号。因此，传感器抗共模干扰能力强，适合在噪声复杂的现场使用。差动传感器一般在传感器型号上加"D"(differential)来区分。

5）复合传感器

这种传感器除了对AE信号敏感外，还可测试温度、振动等信号，因此适合于AE信号和其他温度、振动信号的综合检测。

在声发射数据采集中，一般选用谐振式传感器比较合适。在金属材料的测量和其他的一些应用场合，常使用谐振式传感器来测量工程材料变形的AE信号。刀具切削时产生的AE信号的有效频段范围很宽，可选用宽带传感器。虽然宽带传感器的灵敏度不是很高，但在其频率范围内响应均匀平坦，适用于对AE信号进行时域和频域分析处理。

4. AE传感器的结构

压电式声发射传感器由压电元件、阻尼器、壳体、保护底座、连接导线及电气接口组成。压电元件通常采用锆钛酸铅、钛酸钡和铌酸锂等材料。近年来新的压电材料，如亚乙烯氟和三氟乙烯聚合物也已逐步开始应用。其优点是成本低、动态范围宽，缺点是工作温度偏低，一般不能超过70 ℃，与传统压电材料相比灵敏度还比较低。在传感器内部，主要压电元件的一面安装在底座上，另一面通过引线与接口或放大器相连，外壳接地。在外部声发射弹性波的激发下，压电元件被极化，产生电荷信号输出。如图4-10所示为几种AE传感器的内部结构示意图。

AE传感器使用时，底座与被测表面的接触界面对AE信号的传播损耗很大，这就要求传感器尽可能安装在刀具或工件的被测位置附近，并在接触界面填充耦合剂油脂以降低传播损耗。AE传感器的安装对信号质量有直接的影响，应予以高度重视。在车削加工应用场合，一般将传感器直接安装在刀杆后部。但在铣、钻和加工中心应用场合，传感器需安装在刀柄上，通过无线传输装

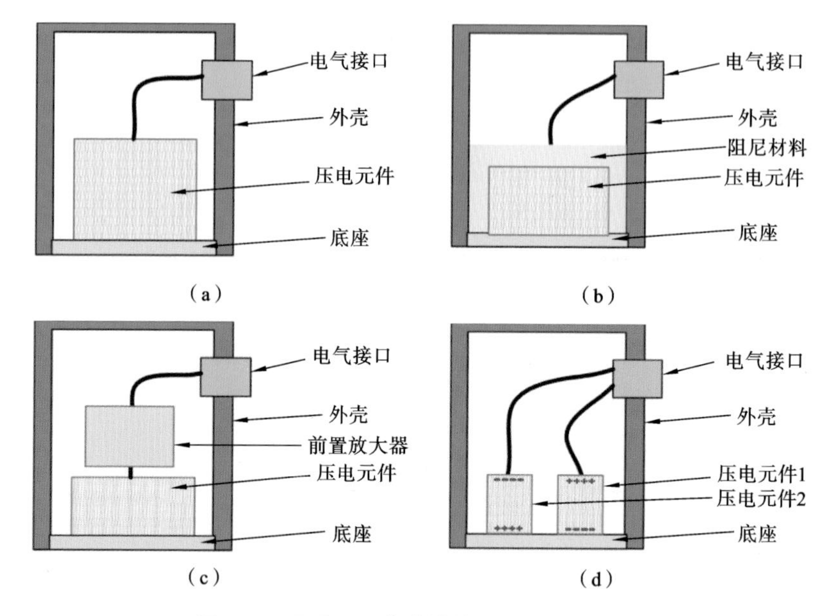

图 4-10　几种 AE 传感器的内部结构示意图

(a) 谐振型;(b) 宽带型;(c) 带前置放大型;(d) 差动型

置将信号或数据引出。

由于 AE 传感器的发展已比较成熟,有很充分的商业化产品选择空间,所以声发射技术在刀具状态监测领域应用的重点主要集中在 AE 信号处理方法的研究方面。其基本思想是采用各种时频域数字信号处理算法对 AE 信号的特征进行提取,并建立这些特征与刀具三个磨损阶段磨损量的对应关系。对 AE 信号处理而言,特征参数主要有上升时间、信号强度(均方根值)、振幅、振铃计数、声发射事件及能量等。

在刀具切削状态变化复杂、用单一类型的传感器难以有效监测的场合,AE 传感器往往和切削力、振动传感器共同使用,再通过统计特征分析、小波分析、神经网络训练、多传感器信息融合等算法来提高刀具监测的效果。前人在这方面已做过大量的工作,此处不再赘述。

4.3.5　智能刀具概述

从本章前几节论述可以看出,刀具状态监测作为实现制造机床自动化的基础技术一直受到高度的重视并得到了很多的研究,也有一些商业化的监测系统产品得到应用。但从工业应用的角度看,真正能够应用于工业生产,可对刀具进行准确状态监测的实用化系统还很少见。概括起来原因有以下三个方面：

（1）加工过程的复杂性和加工参数的多变性。

金属切削过程是一个极为复杂的动态过程。采用不同类型的机床、不同的切削条件、不同的加工刀具和不同的加工材料，都可能导致刀具磨损状态的差异和所需敏感信号类型的变化，从而导致所采用的传感器不同，信号的特征提取算法也不相同，给传感器的选择和监测算法的开发带来巨大的困难。

（2）监测系统的适用范围窄，柔性化不够。

以往的监测系统的功能大多较为单一，很难兼顾切削、铣削、钻削等加工过程的不同需求。在不同加工设备之间应用时的互换性差，系统升级改造困难。

（3）成本相对较高，且安装不便，有时会影响到加工过程。

为了提高监测的准确率，大多采用多传感器融合的监测方式。这不仅增加了成本，也给安装使用带来了不便。有些监测方法还受到冷却液、切屑等加工环境条件的影响，可靠性不高。

随着对加工质量、加工效率要求的不断提高，对刀具状态监测技术与产品提出了更高的要求。要求刀具不但具有对切削状态的感知能力，而且还应具有对切削状态的自我调节控制能力。特别是制造过程的无人化、智能化发展趋势，使很多学者开始思考切削刀具这一基础部件的智能化问题，并围绕刀具状态的“感知、决策、执行”环节开展了一定的研究工作，逐渐明确了智能刀具的概念和内涵。

智能刀具主要以微电子技术为主，集成了传感器、微型计算和数据传输装置等。20 世纪 80 年代后期第一种“受控型”刀具在德国问世，进入 90 年代，该技术得到一定的发展，并称为“智能刀具”（intelligent tooling ）或“灵巧刀具”（smart tool）。1998 年 Komet 公司开发了一种智能刀具，把传感、测量、驱动、数据传输装置集成在一起，可控制刀具的运动，实现刀具的微米级调整。

2002 年美国密歇根大学的 Byung-Kwon Min 等人发明了一种智能镗刀（smart boring tool），将激光位置传感器和压电执行器集成到镗刀刀杆内，能够通过自我监测算法和扰动观测算法进行刀具位置的闭环控制，可实现小于1 μm 位置误差的动态刀具控制，有效提高了镗削过程的生产效率和可靠性。

2009 年美国新罕布什尔大学 Robert B. Jerard 等研发了一种无线智能刀柄（smart tool holder）传感器系统，他们将无线传感器集成到智能加工系统（smart machining systems，SMS）中，用于实时监测刀具的磨损状态及机床的颤振。

2014 年英国布鲁内尔大学程凯教授领导的课题组，研究了基于声表面波(SAW)应变式传感器的智能刀具，利用安装在刀具顶部和侧面的 SAW 应变式传感器实现了主切削力和进给力的实时同步测量。

2015 年以来，国内哈尔滨工业大学、大连理工大学、大连交通大学、浙江大学等院校也在具有切削力、切削温度、切削振动传感功能的车削、铣削、镗削刀具的状态监测和控制方法研究方面取得了较大的进展，已先后研制出用于车削、铣削、镗削、钻削加工的刀具传感器和智能刀具。

德国 MAPAL 和 Heller 刀具生产商开发了一种对发动机汽缸体的缸孔进行镗削的智能刀具。该智能刀具的刀片呈六边形，刀具呈轴向和径向交错排列，切削速度极快，最高可达 10000 r/min。该智能刀具根据刀片组别的不同，工序也有所区别，其中两组刀片用于半精加工，第三组刀片能自动调节，用于完成精加工工序。靠冷却液压力和离心力的作用，刀片由系统进行调节。刀具带有内置式气动量规，可测量已加工的孔径，并将测量结果传输给机床控制系统，用以调整刀具尺寸。

1. 智能刀具的组成

从原理上讲，智能刀具的功能主要包括三个方面：一是刀具系统自身的切削加工能力；二是切削过程状态实时监测能力，主要包括切削力、切削温度、振动、声发射、刀具磨损等信息的检测、传输和识别；三是能够实现对切削状态的控制，通过在刀具内部集成执行单元，可以对刀具的位置进行一定量的调整，主要应用在超精密切削加工、微细加工等对尺寸、形状精度、表面粗糙度要求很高的场合。智能刀具的功能分解与技术组成如图 4-11 所示。

可以看出，智能刀具已不仅仅是一个传统意义的切削刀具，而是包含感知、识别、执行单元的复杂智能刀具系统。特别是切削刀具在加工机床上的安装空间十分有限、刀具工作环境严苛，对智能刀具的集成化设计、可靠性设计提出了很大的技术挑战。从当前刀具技术的发展水平看，与真正实现刀具智能化的目标仍有较大的差距。

2. 智能刀具的要求

智能刀具由于具有感知、识别、控制的综合功能，主要用于超精密加工和大批量生产的场合，不仅能优化切削过程，保证切削状态的稳定性，还能够改善零件的尺寸、形状精度和表面粗糙度，延长刀具使用寿命。它将在未来智能制造系统中扮演十分重要的角色。

智能刀具作为一个高度集成化的智能化装置，主要具有以下特征。

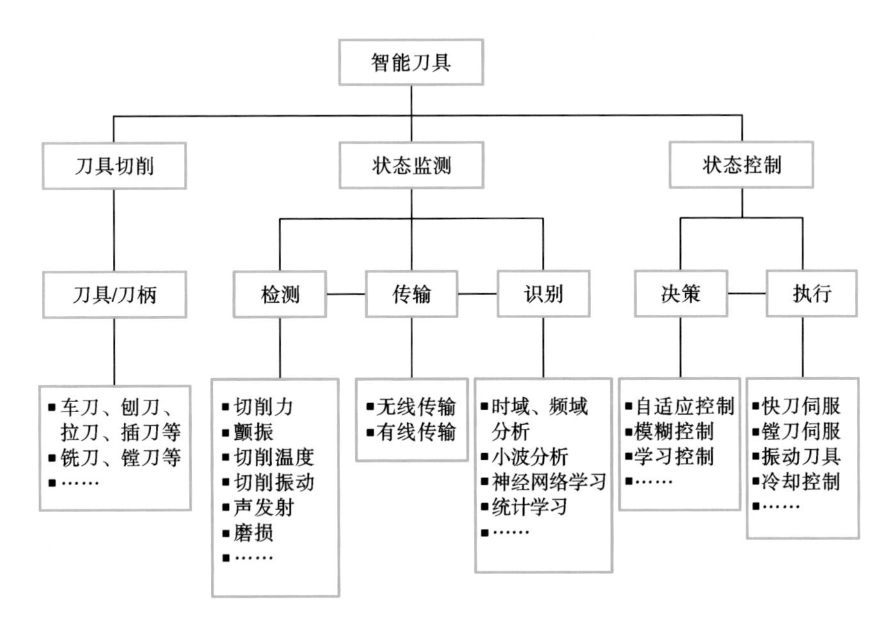

图 4-11　智能刀具的功能分解与技术组成

（1）切削加工能力。智能刀具系统必须具有基本的切削加工能力，为实现刀具智能化，将检测、传输、识别、决策、执行单元与刀具/刀柄集成时，对这些单元的构型设计不应削弱传统刀具的切削能力。

（2）切削参数的高精度测量能力。在智能刀具中，检测单元所需的切削力、温度等传感器往往需要尽可能靠近刀具的切削区域，因此需要进行传感器与刀具本体的融合设计。这给传感器的选型和布局带来了很大困难。在进行融合设计时应充分考虑切削过程环境条件对传感器灵敏度和精度的影响，减少过程因素对传感器的影响。

（3）刀具状态监测方法的可靠性。为实现对检测信息的分析识别，在智能刀具系统中需要通过计算机实现复杂的数据融合处理算法。在对监测算法进行研究的过程中，应根据刀具参数、切削工艺参数等对监测算法的适用性进行充分的验证。

（4）刀具切削状态的自我调整能力。为实现切削状态参数的调整，刀具内部会集成能够对刀具状态进行调整的压电、电磁、超声波等执行机构。智能刀具主要就是通过对这类执行机构位移量和振动状态的控制来实现对切削状态的调整。如压电陶瓷驱动的快刀伺服机构能够以亚微米级的精度、数百赫的频率来控制金刚石刀具的运动，实现精密光学零件表面微结构的加工。因此行程范围、运动精度、工作环境适应性等参数是执行机构设计时的主要依据。

(5) 安装使用的方便性和灵活性。智能刀具作为一个整体,应具有良好的装卸实用性,以便在机床上快速安装使用。刀具机械安装接口、电气连接接口、数据通信协议的标准化应是智能刀具接口设计考虑的基本内容。

3. 智能刀具的应用

智能刀具技术尚处于发展的初级阶段,当前研究与应用的重点主要集中在精密加工领域,如切削颤振预测控制、精密车削、精密镗削、刀具振动补偿等。

在切削振动预测控制研究方面,瑞典 Anticut 公司研制了一款用于切削振动控制的智能刀具系统,如图 4-12 所示。该系统由振动传感器、压电执行器、刀杆、控制系统等构成。其中振动传感器、压电执行器直接贴装在刀杆上,分别用于感受刀具的振动及激励刀杆微幅振动。在切削过程中传感器可以检测刀具加工的振动信号,控制器对该信号进行处理后能够判断切削状态的变化,并对颤振进行预测。自适应控制算法则驱动压电执行器对颤振状态进行调整。该

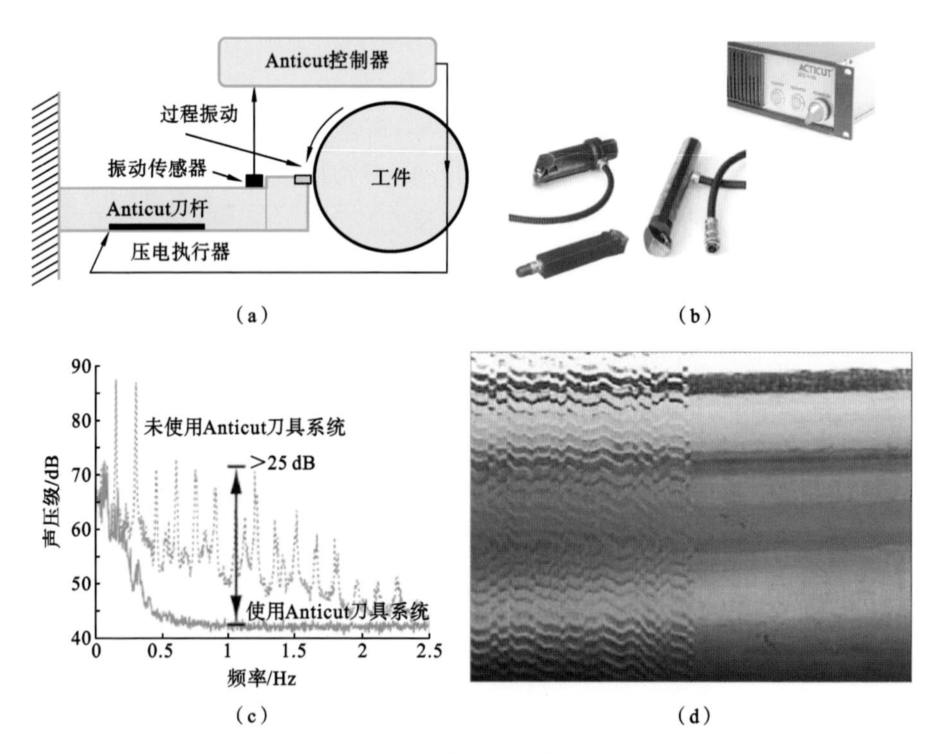

图 4-12 Anticut 公司智能刀具系统组成及应用效果图

(a) 系统工作原理;(b) Anticut 刀具及控制器;

(c) 颤振补偿前后噪声幅度变化;(d) 颤振补偿前后工件表面粗糙度变化

智能刀具可以使加工效率提升 20%、加工表面粗糙度改进 75%、切削噪声降低 90%以上。

为了提高金刚石刀具超精密振动切削能力,改善表面加工质量,减少刀具磨损,延长刀具的使用寿命,一种具有刀具振动感知和超声加工功能的智能刀具方案被提出,如图 4-13 所示。该智能刀具由聚晶金刚石(PCD)刀具、金属弹性体刀杆、两个 PZT-5H 压电感知单元和两个 PZT-4 型压电超声激振单元等构成。其中金属弹性体可分为三段:第一段为 PCD 刀具安装段,第二段为刀杆主体振动敏感与激励段,第三段为起连接和振幅放大作用的过渡连接段。该刀具既能实现对 Z 向、X 向切削力的测量,又具有椭圆超声振动加工所需的 Z 向、X 向运动能力。

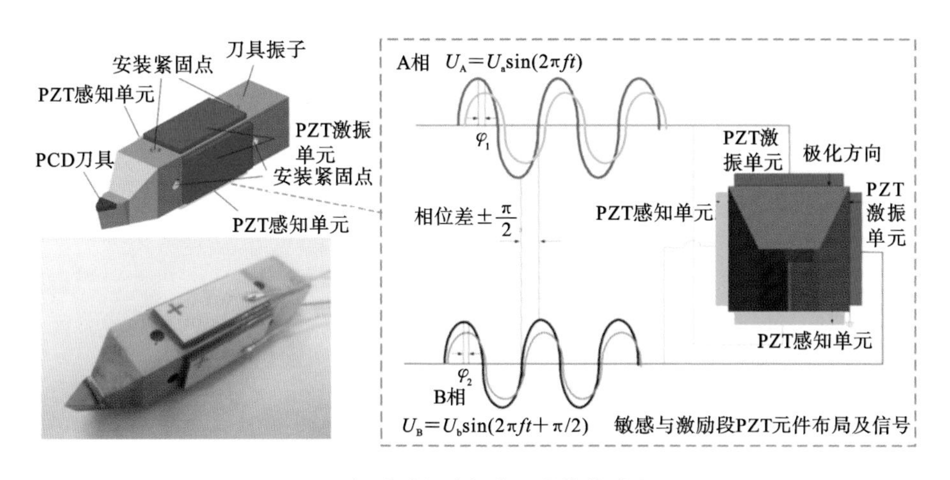

图 4-13 振动感知式智能刀具的构成和原理

采用智能刀具可以使零件加工表面微观形貌如刀痕、残留高度显著降低,表面光滑平整,表面质量得到明显改善。图 4-14 所示为某智能刀具切削实验装置及切削效果对比图,其中微观形貌图是用光学显微镜在 400 倍条件下获得的。

智能刀具对改善切削状态、提高加工精度、延长刀具寿命等具有显著的作用。但是由于技术的复杂性、结构的集成性、切削环境的严苛性,智能刀具技术在工业环境条件下的实用性仍存在较多的问题。特别是在高可靠性嵌入式刀具传感器及信号处理单元设计、压电等功能材料驱动执行部件选择、能适应复杂切削工况变化的感知与识别算法方面。总体来讲,智能刀具的智能化程度仍然不高。

(a) (b) (c) (d)

图 4-14 振动感知式智能刀具实验装置及切削效果对比图

(a) 切削实验装置;(b) 切削效果对比;(c) 普通切削微观形貌;(d) 智能切削微观形貌

为提高未来智能刀具技术及产品研发的有效性,应坚持"刀具及切削过程状态"为主角、"智能化"只是手段和配角的研究原则,以刀具切削性能、工件材料的加工性能、切削过程状态变化特性的理论和实验研究为基础,深化对刀具及切削过程状态内在变化规律的理解和把握;进而再有针对性地开展切削状态、刀具磨损、切削振动等特性的感知识别决策算法研究,并不断提升算法的自学习、自组织、自识别、自决策等智能化水平;最后还需通过大量的切削实验对算法进行验证和完善。

4.4 刀具编码传感器

在现代制造系统中,随着数控机床升级改造、加工材料更替、数控工艺更新等情况的变化,数控刀具的品种、类型、规格等也不断调整,各种形式复杂、种类繁多、材料各异的数控刀具大量涌现。为了对种类繁多的数控刀具进行正确选择、合理使用和有效管理,必须遵循一定的标准或规则对刀具信息进行数字编码和计算机管理。

数控刀具在现代制造业中贯穿于整个加工过程。刀具信息与车间各部门关系密切,并直接影响企业的生产进程和产品的加工质量。实现车间刀具信息的有效管理,可提高刀具资源的利用率,增强生产中刀具供应的协同能力,缩短生产中的非加工换刀时间,对提高车间的生产组织灵活性与生产自动化程度具有重要意义。

在数控加工中,每把刀具都包含两种信息:一种是刀具描述信息,如刀具识别编码和几何参数等;另一种是刀具状态信息,如刀具所在位置、刀具累计使用次数、刀具剩余寿命、刀具刃磨次数等。对数控加工企业而言,与刀具有关的信息量更大。实现刀具的高效管理主要涉及刀具分类编码、刀具识别、刀具管理系统等技术。经过多年的发展,这些技术都已比较成熟。

4.4.1 刀具类型及编码方式

1. 刀具的分类

机械零件的材质、形状、加工工艺的多样性,要求刀具具有不同结构和加工性能。刀具的分类方式有多种,按照加工表面的形式可分为外表面加工刀具、孔加工刀具、螺纹加工刀具、齿轮加工刀具、切断加工刀具;按照切削运动方式和刀刃形状又可以分为通用刀具、成型刀具、展成刀具;按照用途可分为车刀、铣刀、孔加工刀具、螺纹刀具、镗刀、拉刀、切断与切槽刀具等。表4-1所示为刀具的典型分类。

表4-1 刀具的典型分类

类　型	示　例
外表面加工刀具	车刀、刨刀、铣刀、外表面拉刀、锉刀等
孔加工刀具	钻头、扩孔钻、镗刀、内表面拉刀等
螺纹加工刀具	丝锥、板牙、螺纹切刀、螺纹车刀、螺纹铣刀等
齿轮加工刀具	滚刀、插齿刀、剃齿刀、锥齿轮加工刀具等
切断加工刀具	带锯、弓锯、锯片铣刀、切断车刀等

2. 刀具信息编码方式

在现代制造车间中,由于刀具类型、数量繁多,刀具的信息十分复杂。为对

刀具进行有效的识别和管理,必须对这些信息进行合理的编码。刀具信息编码的基本原则为:

(1) 信息编码应简单、准确,便于存储和检索。

(2) 编码方式应便于提高刀具信息处理的效率。

(3) 便于标准化及传输共享。

在采用字母与数字组合的方式进行刀具信息编码时,应符合以下要求:

(1) 唯一性:每种规格参数的刀具只能有唯一的信息编码。

(2) 合理性:信息编码的结构体系应与刀具的分类体系严格对应。

(3) 规范性:信息编码应规范,其格式、长度、每一位编码的含义等信息应清晰明确,有利于计算机处理。

(4) 实用性:信息编码应简洁,能够反映刀具的信息属性,以便于理解。

(5) 可扩展性:信息编码应在编码字长和数据类型等方面留有余地,便于新型刀具信息的扩充完善。

4.4.2 典型刀具编码传感器

1. 刀具识别技术

目前刀具识别方法有条形码识别、二维条码识别、射频识别(RFID)等,其主要技术特点如下。

(1) 条形码技术。条形码技术采用宽窄不同的黑白条纹来指示工具的名称等信息,这是目前最为经济适用的识别技术,但一次只能识别一个条形码,并且易受环境油污的影响。

(2) 二维条码识别技术。将刀具编码系统所生成的编码以二维条码的方式标刻在刀具表面。二维激光标刻机能够产生适当能量的激光,在刀具表面形成一定深度的永久性的二维条码图像。这些条码图像用条码读写器扫描后能直接在计算机上显示刀具编码,具有信息量大、易识读、保密性强、成本低等优点。

(3) RFID 技术。RFID 技术又称为无线射频识别技术,是一种非接触自动识别技术,可以通过无线电信号识别特定目标并读写相关数据。例如将小型的无线设备 RFID 标签贴在或安装在刀体上,并采用 RFID 阅读器进行自动的远距离读取,能够实现刀具信息的非接触识别和数据交换。

RFID 是一种近场无线通信和信息存储技术结合的产物,RFID 标签的信息存储量大,并且信息可储存和读写,可同时保存刀具的静态和动态信息。通过读写器可实现对 RFID 标签信息的非接触读写识别。RFID 标签识别速度快、准确性高，不需人工干预，十分适合刀具信息的存储。RFID 技术在刀具管理系统中的功能主要有以下三个方面。

(1) 信息采集。RFID 标签一般安装在刀具的刀杆或刀柄上，在机床、刀具库上的适当位置安装读写器，可在换刀过程中实时读取 RFID 标签上存储的刀具信息，并能将相关信息传输至数控系统或后台刀具信息管理系统。

(2) 信息交换。将采集到的刀具信息传输至机床数控系统，供数控系统对加工工艺参数进行调整。在更换刀具时也能将刀具磨损参数、剩余寿命等状态信息写入 RFID 标签，实现数控系统、刀具管理系统与 RFID 标签的信息交换。

(3) 信息存储。RFID 标签可以记录刀具全生命周期过程中的状态变化信息，便于实现刀具供应链的管理，实现刀具的物流与信息流的融合，提高刀具的管理水平。

2. RFID 系统组成及工作原理

RFID 系统主要由电子标签、读写器、天线和数据处理系统组成，如图 4-15 所示。

(1) RFID 标签。内部由存储单元、收发模块、控制模块及天线组成，标签附着在要标识的目标对象上，每个电子标签具有唯一的电子编号(EPC)，存储着被识别对象的相关信息。

(2) RFID 读写器。读写器是利用射频技术读写标签信息的设备，包括天线、射频模块、收发模块、控制模块、接口模块。RFID 系统工作时，首先由读写器按照标准协议，发出一个询问信号，当标签接收到这个信号后，就会给出应答信号，双方握手成功后，标签即向读写器发出内部存储信息。读写器接收这些信息后，再将信息解码并传输给外部主机。

(3) RFID 天线。在标签和读写器中的天线负责接收和发送读写器与标签通信的电磁信号，电磁信号的频率从低频到高频再到超高频。天线由线圈式固定天线发展到柔软的可以弯曲的偶极子天线，由于偶极子天线的可弯曲特性，它能粘贴在各种物体表面，标签的尺寸也越来越小，能适用于更多的场合。

(4) 数据处理系统。数据处理系统用于对读写器进行控制，通过读写器接收标签发出的数据信息，并进行相应的数据处理。

当 RFID 系统工作时，读写器通过发射天线发送一定频率的射频信号。标签进入读写器所发射无线电波的有效识别区域时会产生感应电流，此时标签被激活。位于读写器天线近场区的标签主动发射一定频率的射频信号，或通过空间耦合的方式从读写器中获得工作能量，将标签中的编码等信息通过内置天线

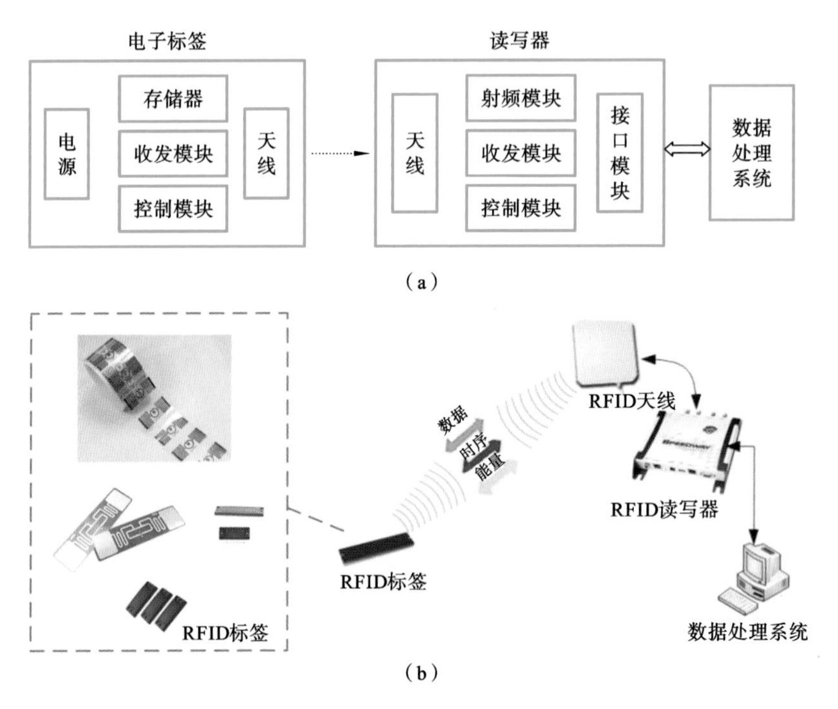

图 4-15　RFID 系统的原理与构成示意图

(a) RFID 系统原理；(b) RFID 系统构成

以电磁波的形式发射出去。读写器天线接收标签的载波信号，通过解调和解码后得到相应的 RFID 数据，并将数据发送至数据处理系统。

3. RFID 系统的类别

RFID 系统种类繁多，常见的分类方式有按照工作频率分以及按照耦合方式分。按照工作频率分，大致可以分为以下三种。

(1) 低频系统。低频系统的工作频率为 30～300 kHz，在应用中一般采用 125 kHz 和 134.2 kHz。低频系统标签内保存的数据量很少，阅读距离很近，天线方向性不强。低频系统是最早研究的 RFID 系统，主要用于距离短、数据量低的场合。

(2) 高频系统。高频系统的工作频率为 3～30 MHz，应用较多的频率是 6.75 MHz、13.56 MHz 和 27.125 MHz。高频系统的特点是可以传输较大量的数据，是目前应用最多、最广泛的系统。相对低频系统来说，高频系统设备的成本较高，但标签内部存储的数据量较大。

(3) 微波系统。工作频率大于300 MHz的RFID系统为微波系统,常见的微波工作频率是433 MHz、860/960 MHz、2.45 GHz和5.8 GHz等,其中433 MHz、860/960 MHz被称为超高频频段。微波系统读写距离较长,读写速度快,并且可以同时对多个标签进行操作。

根据读写器与标签耦合方式的不同,RFID系统可分为电感耦合方式与电磁反向散射方式两种。

(1) 电感耦合方式。在电感耦合方式中,读写器与标签之间的信号传递跟变压器的工作原理类似,电磁能量通过空间高频交变磁场实现耦合。它又根据耦合距离分为紧耦合系统和遥耦合系统。

紧耦合系统:读写器与标签的作用距离较近,一般在1 cm范围内。由于标签与读写器的距离较近,因此,读写器能给标签提供较大的工作能量。通常用于对读写可靠性要求高,但对读写距离要求不高的场合。

遥耦合系统:读写器与标签的作用距离为15 cm~1 m,是目前使用最广的射频系统。一般来说,距离越远,标签获得的能量越少,因此,写入标签时需将标签放在读写器表面,应用场合也受到限制。

(2) 电磁反向散射方式。在这种工作方式下,读写器与标签的信号传递原理跟雷达类似,即电磁波空间辐射原理。读写器将电磁波发射出去后,电磁波碰到标签就被反射回来,携带标签信息的电磁波被读写器接收后,通过解调可获得标签信息。

4.4.3 刀具管理系统的基本功能

作为制造系统的重要组成部分,刀具管理系统可以帮助技术人员快速地对大量的刀具信息进行检索和管理,有助于制定加工工艺路线、监视刀具使用状态、管理刀具库存、决策刀具采购等工作的进行。先进的刀具管理系统可以提高刀具利用率和生产效率,降低刀具管理费用。刀具管理系统的功能主要包括以下几个方面。

(1) 刀具的控制与管理功能。对刀具零部件进行信息编码,根据加工需要自动分配至相应的数控机床,并可按加工车间或企业的需求,对刀具的库存量、采购计划进行管理。

(2) 刀具的调度功能。能根据零件加工工艺过程和加工系统作业情况,辅助制定刀具调度计划和分配策略。

(3) 刀具使用状态监控功能。在刀具使用过程中,能自动接收现场加工设备发来的刀具使用状态信息,对刀具的切削时间、磨损状态等动态信息进行监控和管理。

(4) 刀具信息处理功能。能对刀具各种静、动态信息进行及时的接收和处理,全程跟踪刀具的状态,形成各类刀具使用状态、刀具消耗及费用的统计报表。

应用刀具管理系统可实现对刀具采购、新刀入库、组装预调、RFID标签配置、刀具选用、借用出库、刀具状态监控、刀具刃磨、刀具库存等刀具应用流程的高效管理。

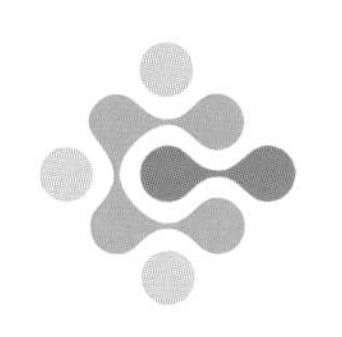

第5章 加工表面质量检测传感器

制造过程是产品质量形成的重要环节。制造质量包括零部件加工质量和产品装配质量,加工质量是保证装配质量的前提,而装配质量则直接影响着产品的整体性能。为了保证产品的整体性能,有必要对零件的加工和装配质量进行检测,以提高制造加工或装配的准确性和稳定性。

本章主要介绍零件加工过程中零件几何量和零件表面质量的测量评定方法。

5.1 高精度位移传感器

在精密加工中,位移传感器主要用于零部件的尺寸及表面形貌测量、精密运动的位移测量等。

高精度位移传感器主要有电感式位移传感器、电容式位移传感器和激光位移传感器等三类。这三类传感器各有特点,适用于不同的测量场合。其中电感式位移传感器是接触式位移传感器,测量时传感器与被测物接触,当被测物移动时,通过传感器测量单元检测该移动量,并计算出被测物的位移量。电感式位移传感器技术已经相当成熟,传感器精度高,而且通用性好。电感式位移传感器的分辨率可以达到亚纳米量级,测量范围可以到数毫米量级,因此广泛应用在精密和超精密测量领域。

电容式位移传感器是一种将被测位移量转换成电容量变化的传感器,是一种发展相当成熟的传感器,具有高精度和高稳定性的特点。目前广泛应用于纳米级精密制造与测量等超精密位移测量领域。

激光位移传感器是利用激光技术进行位移测量的传感器,属于非接触式传感器,具有高精度等特点。测量时,采用光学测量原理,当被测物的位置发生变动时,光接收元件上的接收位置就会随之移动,通过对光接收位置进行检测,可换算出被测物的位移量。激光位移传感器可进行高速测量,采样频率可达数百千赫，光点直径能到微米量级，既可测量细微形状，也可进行长距离测量。

5.1.1 电感式位移传感器

电感式位移传感器是一种建立在电磁感应基础上，将位移量转换为电感线圈的自感量或者互感量，实现位移测量的传感器。因其具有分辨率高、使用寿命长、线性度较好、稳定性较高、结构简单、使用方便、对工作环境要求不高等优点，可以实现尺寸（深度、高度、厚度、直径、锥度等）测量、形状（圆度、直线度、平面度、垂直度、轮廓度以及台阶厚度等）测量、振动测量、精密定位系统微位移检测、操作机器人位移检测等功能。

1. 电感式位移传感器的原理

典型变磁阻式传感器的结构如图 5-1 所示。它由线圈、铁芯、衔铁三部分组成。铁芯和衔铁都是导磁材料制成的，如硅钢片或坡莫合金，在铁芯与衔铁之间有气隙，气隙厚度为 δ，传感器的运动部分与衔铁相连。当传感器测量物理量时，衔铁移动，气隙厚度 δ 发生变化，从而引起磁路中磁阻变化，导致电感线圈的电感发生变化。因此只要能测出这种电感量的变化，就能确定被测量的位移大小。

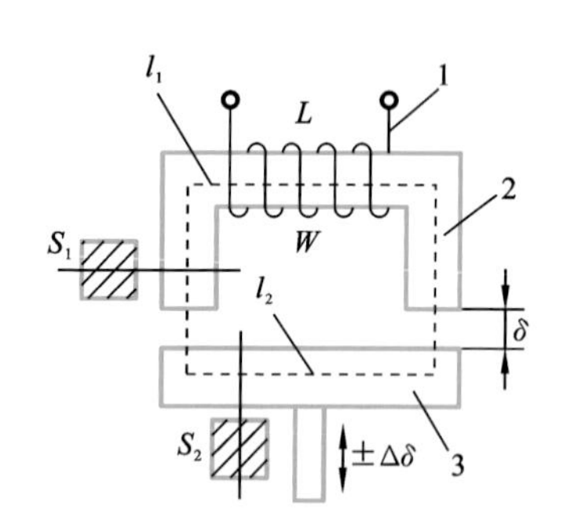

图 5-1 典型变磁阻式传感器的结构

1—线圈；2—铁芯；3—衔铁

根据磁路的基本知识，线圈的电感可按下式计算：

$$L=\frac{W^2}{R_m} \tag{5-1}$$

式中：W 为线圈的匝数；R_m 为磁路的总磁阻。

当气隙厚度 δ 较小，且不考虑磁路的铁损时，磁路的总磁阻为磁路中铁芯、气隙和衔铁的磁阻之和，即

$$R_m=\frac{l_1}{\mu_1 S_1}+\frac{l_2}{\mu_2 S_2}+\frac{2\delta}{\mu_0 S} \tag{5-2}$$

式中：l_1、l_2 分别为磁通通过铁芯和衔铁的长度，单位为 m；μ_1、μ_2 分别为铁芯磁导率和衔铁磁导率，单位为 H/m；S_1、S_2 分别为铁芯和衔铁导磁横截面积，单位为 m^2；δ 为气隙厚度，单位为 m；μ_0 为空气磁导率，$\mu_0=4\pi\times10^{-7}$ H/m；S 为气隙的截面积，单位为 m^2。

因为铁芯与衔铁采用铁磁性材料制作（$\mu_1\gg\mu_0$，$\mu_2\gg\mu_0$），其磁阻与气隙磁阻相比很小，计算时可以忽略不计，所以式(5-2)可写成

$$R_m \approx \frac{2\delta}{\mu_0 S} \tag{5-3}$$

将式(5-3)代入式(5-1)得

$$L = \frac{W^2 \mu_0 S}{2\delta} \tag{5-4}$$

由以上分析可知，变磁阻式传感器的电感 L 与气隙厚度、气隙的截面积和磁导率等参数有关。

2. 电感式位移传感器的类型

电感式位移传感器的主要类型有差动式、螺管式、差动变压器式。

1）差动式电感传感器

差动式电感传感器的结构如图 5-2 所示。它由两个电气参数和磁路完全相同的线圈组成，当衔铁移动时，一个线圈的电感增大，另一个线圈的电感减小，构成差动形式。差动式结构可以减小位移传感器的非线性。

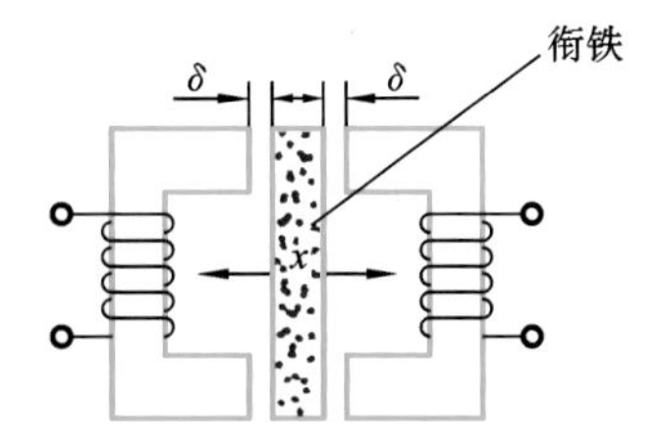

图 5-2　差动式电感传感器的结构

2）螺管式电感传感器

螺管式电感传感器具有量程大、结构简单、便于制作等特点，因而较广泛应用于大位移（数毫米）测量。螺管式电感传感器有单线圈和差动式两种结构形式，如图 5-3 所示，由螺管线圈、铁芯及磁性套筒等组成。当铁芯在线圈中运动时，磁阻将发生变化，从而使线圈电感发生改变。差动螺管式电感传感器较之单线圈螺管式电感传感器有较高的灵敏度及线性度。

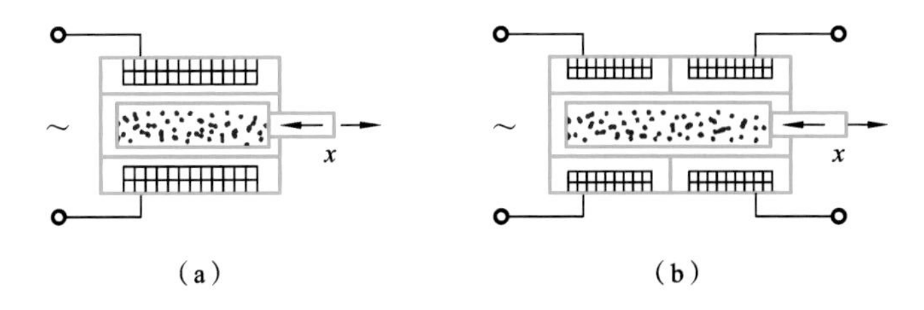

图 5-3　螺管式电感传感器的结构

(a) 单线圈螺管式；(b) 差动螺管式

3）差动变压器式电感传感器

差动变压器式电感传感器的结构如图 5-4(a)所示，它由线圈、铁芯组成，铁芯用导磁材料制作，线圈由初级线圈 P 和次级线圈 S_1、S_2 组成。用传感器测量物理量时，铁芯在线圈中运动，磁阻发生变化，从而使线圈电感发生改变。

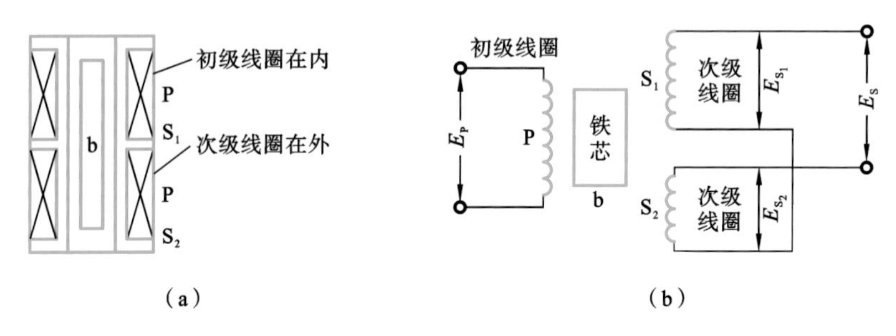

图 5-4 差动变压器式电感传感器

(a) 结构图；(b) 电气连接线路图

差动变压器式电感传感器的电气连接如图 5-4(b)所示，次级线圈 S_1 和 S_2 反极性串联。当初级线圈 P 加上一定的交流电压 E_P 时，次级线圈中产生感应电压 E_{S_1}、E_{S_2}，其大小与铁芯的轴向位移成比例，把感应电压 E_{S_1} 和 E_{S_2} 反极性连接，便得到输出电压 E_S。当铁芯处于中间位置时，$E_{S_1}=E_{S_2}$，输出电压 $E_S=0$；当铁芯向上移动时，$E_{S_1}>E_{S_2}$；当铁芯向下移动时，$E_{S_1}<E_{S_2}$。随着铁芯偏离中心位置，E_S逐渐增大。铁芯位置从中心向上或向下移动时，输出电压 E_S 的相位变化为 180°。在忽略差动变压器中的涡流损耗、铁损和耦合电容等情况下，差动变压器的输出电压为

$$\dot{E}_S=\dot{E}_{S_1}-\dot{E}_{S_2} \tag{5-5}$$

而

$$\begin{cases}\dot{E}_{S_1}=-j\omega M_1\dot{I}_P\\ \dot{E}_{S_2}=-j\omega M_2\dot{I}_P\end{cases} \tag{5-6}$$

$$\dot{I}_P=\frac{\dot{E}_P}{R_P+j\omega L_P} \tag{5-7}$$

把式(5-6)和式(5-7)代入式(5-5)得

$$\dot{E}_S=-j\omega(M_1-M_2)\frac{\dot{E}_P}{R_P+j\omega L_P} \tag{5-8}$$

式中：M_1、M_2 分别为初级线圈与两次级线圈的互感；L_P、R_P 分别为初级线圈的电感与有效电阻；$\dot{E}_S$ 为差动变压器输出电压；$\dot{E}_P$ 为初级线圈激励电压；$\dot{I}_P$ 为初级线圈电流；ω 为激励电压的频率。

差动变压器输出电压的有效值为

$$E_S=\frac{\omega(M_1-M_2)E_P}{\sqrt{R_P^2+(\omega L_P)^2}} \tag{5-9}$$

由式(5-9)可知，当线圈参数和激励电压确定后，变压器的输出由 $\Delta M=M_1-M_2$ 决定，而在一定的范围内，ΔM 与铁芯位移成近似线性关系。

3. 测量电路

电感式位移传感器内铁芯的移动引起传感器线圈电感或互感的变化，而电感的变化需要转化为电压或电流输出才能进行采集。目前常用的电感式位移传感器的测量电路是交流电桥，如图 5-5 所示为变压器式交流电桥。

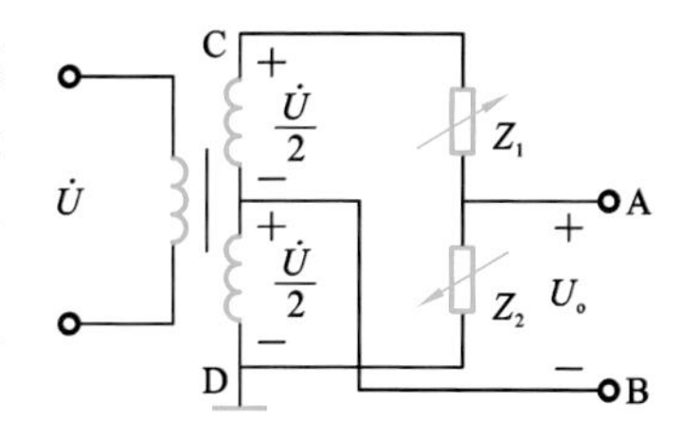

图 5-5 变压器式交流电桥

Z_1 与 Z_2 为传感器线圈阻抗，另外两个臂为交流变压器次级线圈，电桥由交流电源 $\dot{U}$ 供电。当负载阻抗为无穷大时，桥路输出电压为

$$\dot{U}_o=\frac{Z_1}{Z_1+Z_2}\dot{U}-\frac{1}{2}\dot{U}=\frac{Z_1-Z_2}{Z_1+Z_2}\cdot\frac{\dot{U}}{2} \tag{5-10}$$

当传感器的铁芯处于中间位置时，即 $Z_1=Z_2=Z$，此时有 $\dot{U}_o=0$，电桥平衡。

当传感器的铁芯向下移动时，上面线圈的阻抗增大，即 $Z_1=Z+\Delta Z$，而下面线圈的阻抗减小，即 $Z_2=Z-\Delta Z$，于是由式(5-10)得

$$\dot{U}_o=\frac{\Delta Z}{Z}\cdot\frac{\dot{U}}{2} \tag{5-11}$$

传感器线圈阻抗 $Z=R_S+j\omega L$，其变化 ΔZ 是由损耗电阻变化 ΔR_S 和感抗变化 ΔL 两部分组成的，式(5-11)可写成

$$\dot{U}_o=\frac{\Delta R_S+j\omega\Delta L}{R_S+j\omega L}\cdot\frac{\dot{U}}{2}$$

其输出电压幅值为

$$U_o=\frac{\sqrt{\omega^2\Delta L^2+\Delta R_S^2}}{\sqrt{R_S^2+(\omega L)^2}}\cdot\frac{U}{2}\approx\frac{\omega\Delta L}{\sqrt{R_S^2+(\omega L)^2}}\cdot\frac{U}{2} \tag{5-12}$$

同理，当铁芯向上移动时，$Z_1=Z\quad\Delta Z$，$Z_2=Z+\Delta Z$，故

$$\dot{U}_o=-\frac{\Delta Z}{Z}\cdot\frac{\dot{U}}{2} \tag{5-13}$$

由式(5-11)和式(5-13)可知，两者输出电压大小相等。由于 $\dot{U}$ 是交流电压，所以输出电压 $\dot{U}_o$ 在进入数据采集系统之前必须先进行整流、滤波。常用的电路有差动整流电路和差动相敏检波电路。差动整流电路结构简单，一般不需调整相位，不需考虑零位输出。图 5-6(a)、图 5-6(b)所示的是电流输出型差动

整流电路，图 5-6(c)、图 5-6(d)所示的是电压输出型差动整流电路。

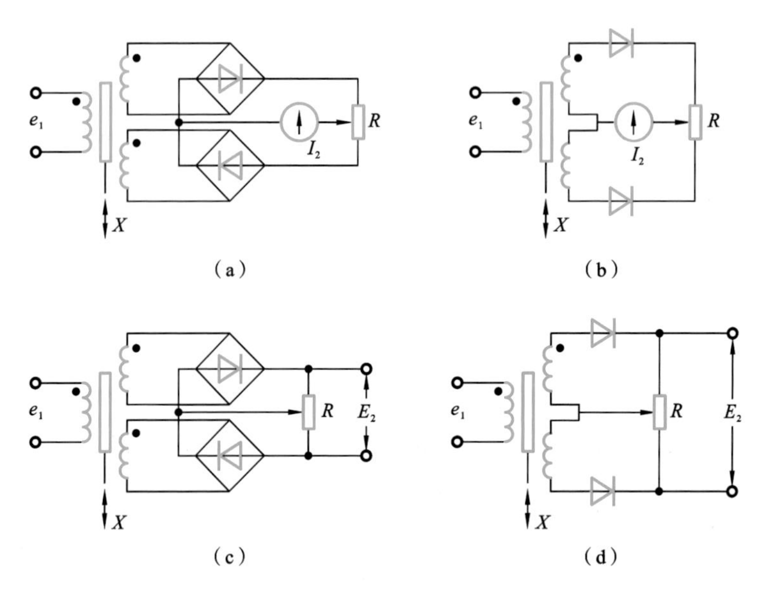

图 5-6　差动整流电路

(a) 全波电流输出；(b) 半波电流输出；(c) 全波电压输出；(d) 半波电压输出

4. 电感式位移传感器数据采集

电感式位移传感器数据采集系统的作用是将传感器输出的模拟信号转换为数字信号并做相应的预处理后再传送给计算机。图 5-7 为以单片机为核心的数据采集系统原理框图。

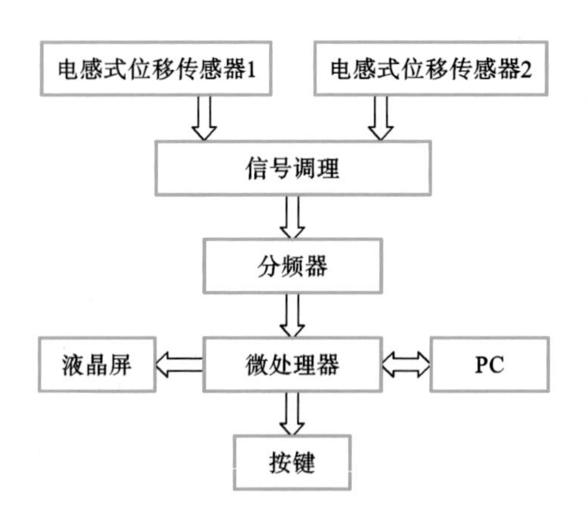

图 5-7　以单片机为核心的数据采集系统原理框图

采集模块以微处理器为核心，加上外围辅助电路构成，包括信号调理电路、分频电路、主控电路、按键电路及液晶显示电路。

传感器输出与位移成一定关系的频率信号，经过信号调理和分频电路处理，转换为数字频率信号；单片机对其进行准确测量和运算，结合按键操作即可实现数据采集。采集完成后将数据保存在单片机内部存储器中，液晶屏显示各个工作状态和测量结果。

系统软件主要实现对传感器数据采集、数据处理的控制，以及单片机对按键操作的控制，包括上位机处理程序和单片机程序。

图 5-8 是以 FPGA 为核心的数据采集系统原理框图。

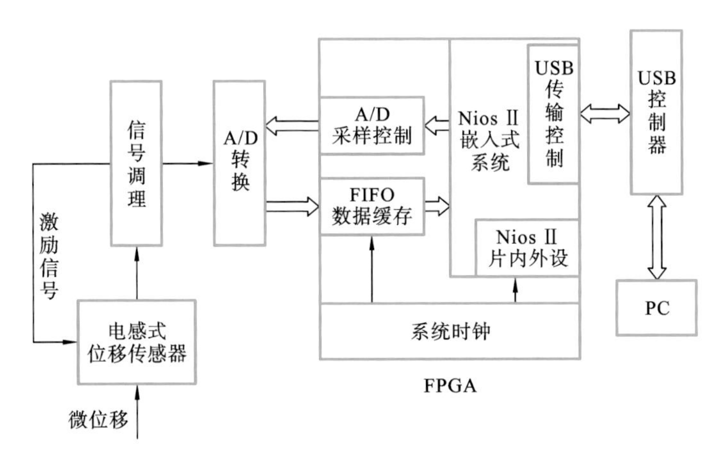

图 5-8　以 FPGA 为核心的数据采集系统原理框图

系统包括电感式位移传感器信号调理模块、A/D 转换模块、FPGA 模块、USB 接口和上位机应用模块。信号调理电路主要实现载波信号发生、对调幅波信号解调、放大和滤波等功能，最终将调幅信号转化为与电感传感器位移量成一定关系的直流电压信号。A/D 转换模块将调理输出的模拟信号转换为能被 FPGA 和计算机识别的数字信号。FPGA 是数据采集系统的核心，利用 FPGA 丰富的片内资源可实现 A/D 采样控制、FIFO 数据缓存、USB 传输控制等功能。USB 接口负责实现功能设备与 USB 主机间的数据传输。PC 用于对硬件设备的控制和操作、存储和显示测试数据。

5. 典型高精度电感式位移传感器

电感式位移传感器通过将测头接触点与被测物体接触来测量被测物体的位移变化。接触点的压力取决于传感器内部弹簧的弹力，测头移动量大小由传感器检测。现将两类高精度电感式位移传感器的构成说明如下。

1）变压器式位移传感器

变压器式位移传感器的结构与输出特性示意图如图 5-9 所示。传感器由线圈、弹簧、模心(铁芯)、线性滚珠轴承、防尘罩、接触点构成。当传感器通入交流激励信号时,线圈内部产生交变磁场;当模心在线圈中运动时,磁路的总磁阻变化,导致传感器输出信号变化,输出信号的变化与测头接触点位移的变化成正比。

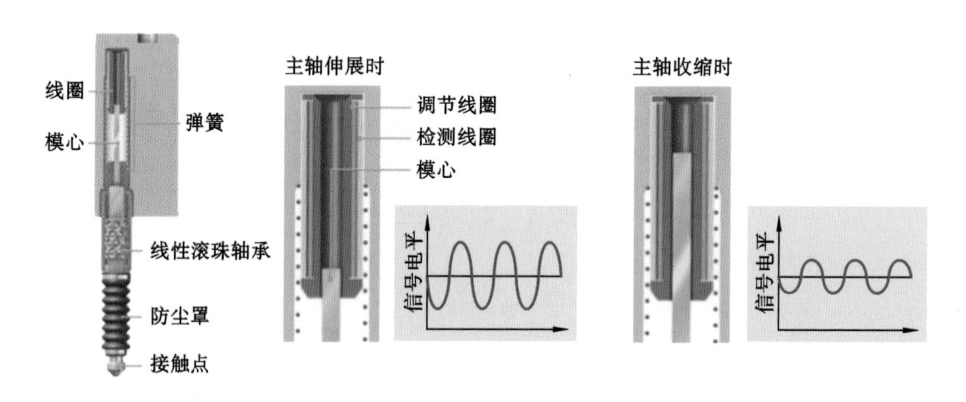

图 5-9　变压器式位移传感器的结构与输出特性示意图

变压器式位移传感器的测量精度可达亚微米级,测量时传感器可以记录接触点的绝对位置。测头导向采用线性滚珠轴承,使得测量力小,具有较长的使用寿命。同时结构中采用了线圈,当模心在中心位置时,磁场力是恒定的,但在两端边缘区域时磁场通常会变得不均匀,测量精度下降。因此这类传感器通常工作在零点附近,以保证测量精度。

根据应用需求不同,这种电感式位移传感器可以演化设计成不同类型的结构,传感器与测量电路既可实现一体化设计,也可分体设计。将磁性模心设计成套环、套筒样式,使用时一般与被测物体平行安装,也可将传感器与被测对象进行组合设计,以应用于空间受限的场合。不同类型电感式位移传感器的结构与外形如图 5-10 所示。

2）三坐标测量机测头用电感式位移传感器

三坐标测量机具有对复杂形状零部件的高精度测量能力,在制造过程中得到广泛应用。测头是三坐标测量机的核心部件,用于向三坐标测量机提供被测工件表面空间点位的原始信息,对测量机的测量精度、测量速度、应用灵活性有

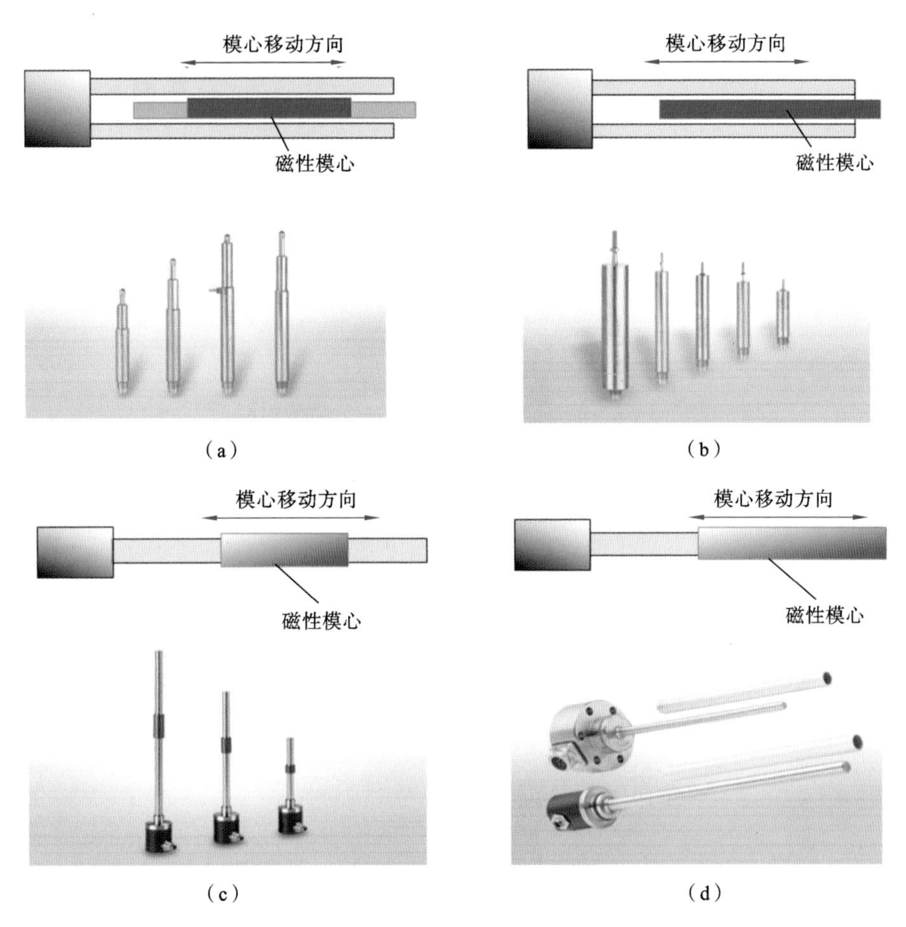

图 5-10　不同类型电感式位移传感器的结构与外形

(a) 磁芯式;(b) 磁芯杆式;(c) 外套环式;(d) 外套筒式

直接的影响,其技术水平是衡量三坐标测量机性能的重要标志。

内置三个电感式位移传感器的线性测头是一种兼顾触发和测量功能的三坐标测量机测头,如图5-11所示。这种测头在与工件表面接触时,既能产生 X、Y、Z 三个方向的触发信号,也能对测头在三个方向的位移变化进行精确测量。由于其采用了高精度电感式位移传感器,测量精度显著提高。目前线性测头的测量精度可达到 0.1 μm。

6. 电感式位移传感器的典型应用

电感式位移传感器应用范围广泛,典型应用如图5-12所示。电感式位移传感器可以单独使用或者多个组合使用,既可测量工件或机床的尺寸(深度、高

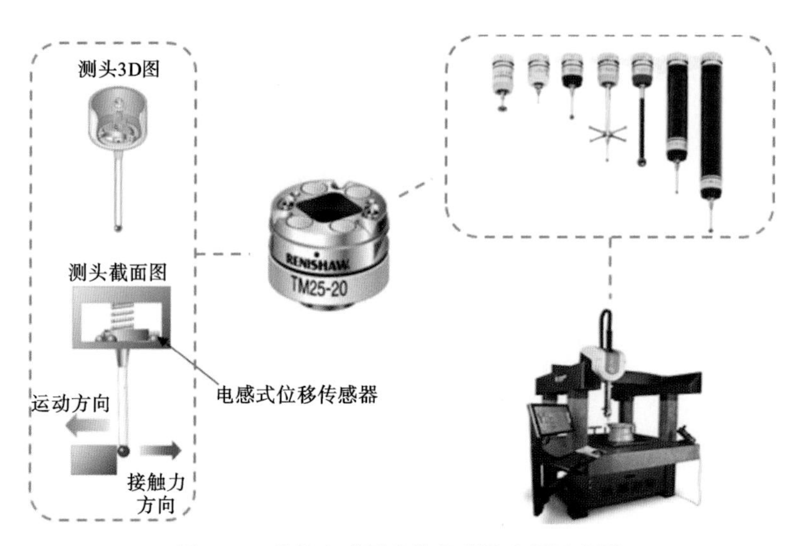

图 5-11　线性电感测头的组成及应用示意图

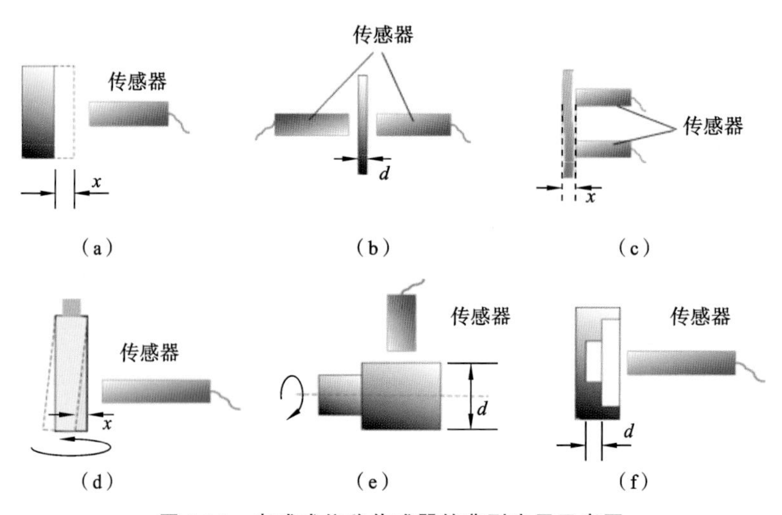

图 5-12　电感式位移传感器的典型应用示意图

(a) 测位置;(b) 测厚度;(c) 测变形;(d) 测跳动;(e) 测直径;(f) 测台阶

度、厚度、直径、锥度等)、振动、位移等参数,也可以安装在测试仪器(如表面粗糙度仪、圆度仪、齿轮测量仪等)上用于对被测工件的表面形状误差(圆度、直线度、平面度及台阶厚度等)进行测量与评定。

在制造过程中,电感式位移传感器主要应用于金属零件的尺寸、轴直径与轴跳动、管壁厚度、刀具安装偏差等参数的在线或离线检测。以下对典型应用做简要说明。

1）厚度测量

既可用于板材或垫圈的厚度测量，也可用于晶片、涂层、光学透镜等的厚度测量。图 5-13 为薄膜和垫片厚度测量示意图。图中采用两个相对传感器进行差动测量，换算出薄膜和垫片的厚度。

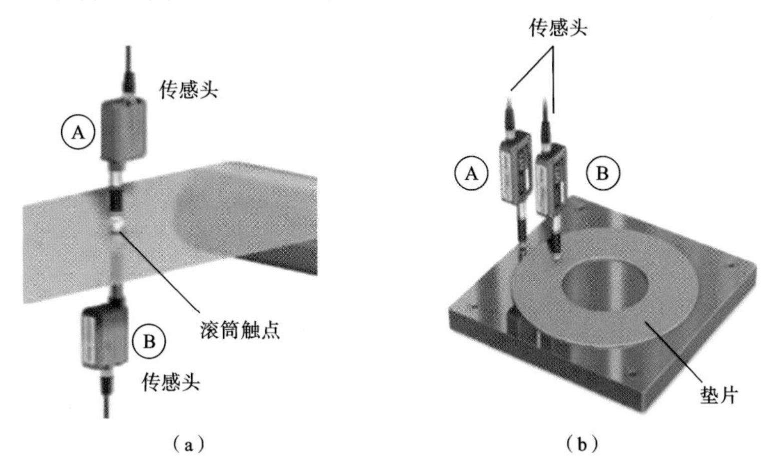

(a)　　(b)

图 5-13　厚度测量示意图

(a) 薄膜厚度测量；(b) 垫片厚度测量

2）高度测量

在加工过程中用于检查齿轮、轴承、缸体、垫圈、焊料等零部件的尺寸与高度。在装配过程中测量零部件安装是否处于标准公差内。图 5-14 为传感器进行零件高度测量的示意图。

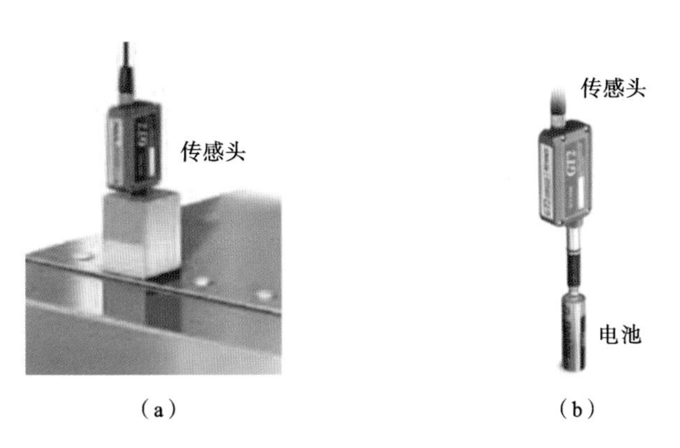

(a)　　(b)

图 5-14　零件高度测量示意图

(a) 铆钉安装高度测量；(b) 电池高度测量

3）主轴跳动和表面不平度测量

可测量机器回转轴的轴向和径向跳动，也可测量轮胎、汽缸体、活塞、车轴轴承、齿轮、紧压滚筒等表面的不平度。图 5-15 为表面不平度测量示意图。

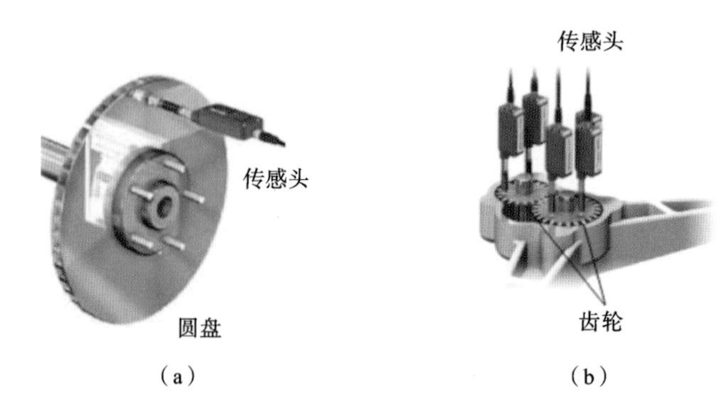

图 5-15　表面不平度测量示意图

(a) 圆盘的表面不平度测量；(b) 齿轮装配测量

4）行程距离测量

测量各种类型工件的运动行程和变形量，如测量热膨胀位移、测量压力机的行程、测量 *X-Y* 工作台的位置，通过接触工作台上的基准点间接测量位置。图 5-16 为位置/行程测量示意图。

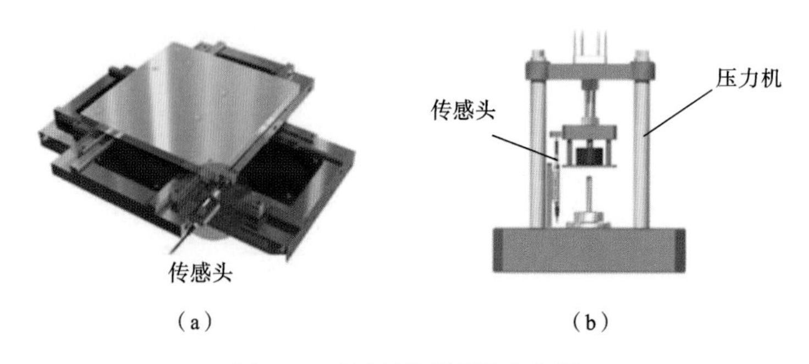

图 5-16　位置/行程测量示意图

(a) *X-Y* 工作台的位置测量；(b) 压力机行程检测

5.1.2　激光位移传感器

激光位移传感器是利用激光的高方向性、高单色性和高亮度等特性实现远距离测量的传感器。

激光位移传感器因其较高的测量精度和非接触测量优点，广泛应用于汽车工业、机械制造工业、航空与军事工业、冶金和材料工业的精密测量，主要应用于物体的位移、厚度、振动、距离、直径等几何量的测量，以及零件生产过程中的质量控制和尺寸检验，如偏移、间隙、厚度、弯曲、变形、尺寸、公差的测量。

1. 激光位移传感器的组成

典型激光位移传感器的内部构成原理框图如图 5-17 所示，主要由激光器、光学系统、线阵 CCD 传感器、激光光强智能控制模块、高速 FIFO、DSP 控制器、外围接口电路、比较电路及扫描驱动电路等组成。

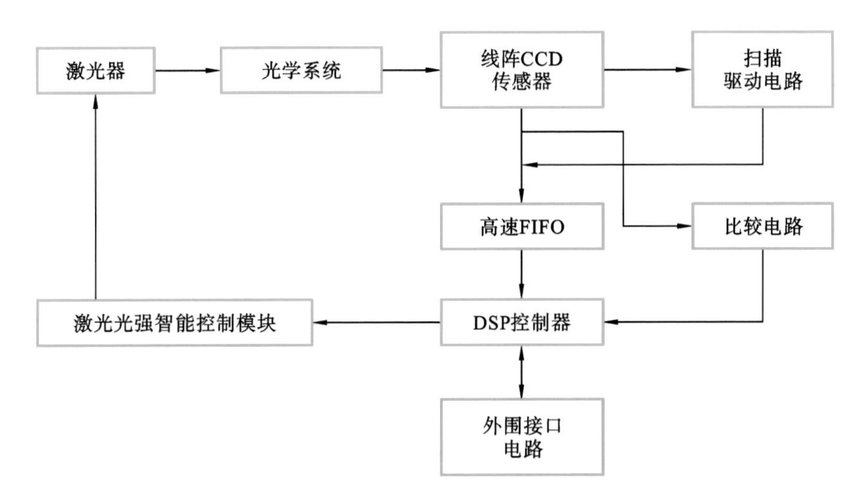

图 5-17　典型激光位移传感器的内部构成原理框图

1）激光器

激光位移传感器的光源一般选用半导体激光器。入射光光强信号越强，经被测物表面反射之后光强也越强，同时要保证入射光强的稳定。光束准直性好，光斑较小时，光强分布的能量密度较高，检测的灵敏度也较高。同时传感器结构尺寸设计要便于安装，方便使用。

2）光学系统

由于激光器发出的入射光达到被测表面上后，其散射光必须经过透镜后才能成像在光电探测器上，因此光学成像系统常选用平凸透镜，用来聚焦散射光。在测量系统中，透镜的选择要考虑系统的工作距离和测量范围。一般按照畸变像差小、成像倍数合理的原则选择会聚透镜和接收透镜。会聚透镜有准直和聚焦的作用，将激光二极管发出的光会聚成光斑尺寸较小、焦深一定的聚焦光束，其焦深与会聚透镜相对孔径、激光波长、光斑尺寸等有关。采用多片透镜组合方式可减小接收透镜像差，将不同方向的散射光聚焦到 CCD 接收平面上的一点，实现高精度测量。

3）感光元器件

位置敏感元件(position sensitive detector，PSD)是一种基于光电效应、具有特殊结构光敏面的光电二极管，又称为 PN 结光电传感器。入射光照射在感光面的不同位置上时，将产生不同的电信号，从输出的电信号中就可以确定入射光点在器件感光面上的位置。它利用半导体的横向光电效应来测量入射光点的位置，具有体积小、灵敏度高、噪声低、分辨率高、频谱响应宽、响应速度快、价格低等优点，目前在光学定位、跟踪、位移、距离及角度测量等方面获得了广泛的应用。

电荷耦合器件(CCD)是高度集成的半导体光电器件，可将其感光面上的光像转换为与光像成相应比例关系的电信号。在一个器件上可以完成光电信号转换、传输和处理。它具有体积小、质量轻、功耗低、分辨率高、寿命长、价格低、荧光屏上的图像残留现象少等特点。

互补金属氧化物半导体(CMOS)感光元器件与 CCD 感光元器件类似，其核心都是一个感光二极管。该二极管在接受光线照射之后能够产生输出电流，而电流的强度则与光照的强度对应。其组成包括：像敏感单元、驱动器、时序控制逻辑、模数转换器、数据总线输出接口、控制接口等几部分。这几部分通常都被集成在同一块硅片上。每一个 CMOS 感光元器件都直接整合了放大器和模数转换逻辑，当感光二极管接受光照、产生模拟的电信号之后，电信号首先被该感光元器件中的放大器放大，然后直接转换成对应的数字信号。

一般情况下，激光位移传感器都采用 CMOS 感光元器件。CMOS 感光元器件可以抑制漫反射光的影响，精确地识别出波峰的位置，进行稳定测量。

2. 激光位移传感器的测量原理

激光位移传感器的测量原理可分为激光三角法测量和分光干涉式测量等。

1）激光三角法测量原理

图 5-18 为激光三角法位移测量原理图。半导体激光器、线性 CCD 阵列、被测物体之间的位置构成一个三角形。半导体激光器发射一束光通过透镜聚焦到被测物体表面，物体表面反射光线通过接收透镜投射到线性 CCD 阵列上。当被测物体与传感器之间的距离发生变化时，光照射到物体表面的位置不同，使得反射光线的角度不同，线性 CCD 阵列感光的位置也跟着变化。根据线性

CCD 阵列感光位置的变化，信号处理器通过三角函数计算线性 CCD 阵列上的光点位置，再换算得到物体移动的距离。

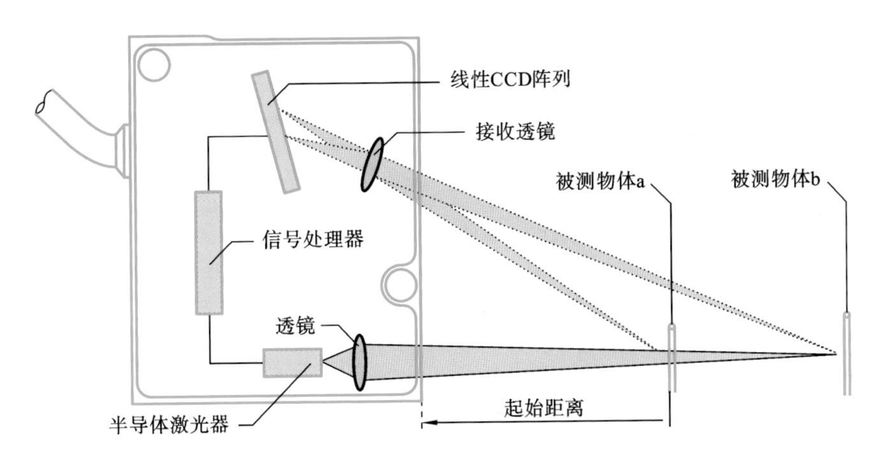

图 5-18　激光三角法位移测量原理图

利用该原理的传感器的量程可从数毫米到数十毫米，最高精度可达数十纳米量级。光探针的直径在几微米到数十微米量级，主要和量程范围的大小有关。测量行程越大，光探针的直径也相应越大。这类传感器工作时首先要调整好初始工作间距，以保证传感器能工作在有效的测量行程范围。

2）分光干涉式测量原理

图 5-19 为分光干涉式测量原理图。从光源发出的宽波长带宽的光，一部分在传感头内部的参照面产生反射，一部分透过的光则在目标物上产生镜面反射，返回到传感头内部。两种反射光相互干涉，各波长的干涉光强度与参照面到目标物间的距离相关，当距离为波长的整数倍时干涉程度最高。分光器将干涉光按不同的波长区分，即可得出特定波长的光强度分布，对该分布进行波形

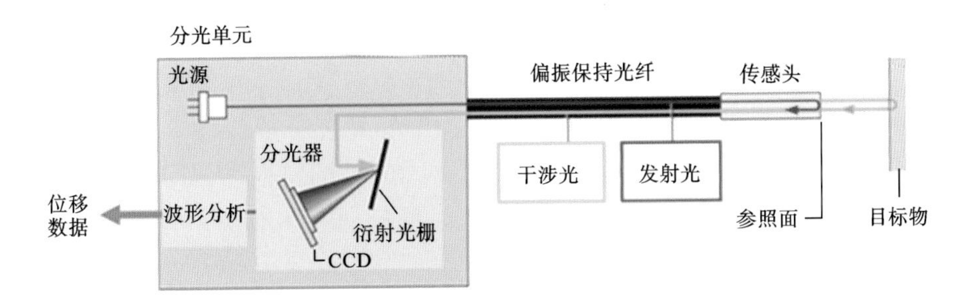

图 5-19　分光干涉式测量原理图

分析，即可计算目标物的位置变化量。

3. 激光位移传感器的应用

激光位移传感器可实现尺寸的测量，包括厚度、宽度、高度、外径和内径、角度、半径等；也可用于位移测量，如摆动和振动、偏心、行程、定位、弯曲和边缘、缝隙和间隙；还可用于轮廓测量，如变形、平面度、形状等参数。

1）微位移测量

图 5-20 为直线式激光三角法的微位移测量系统框图。测量系统以单片机为核心，包括 PSD、驱动电路、信号处理电路和显示单元。

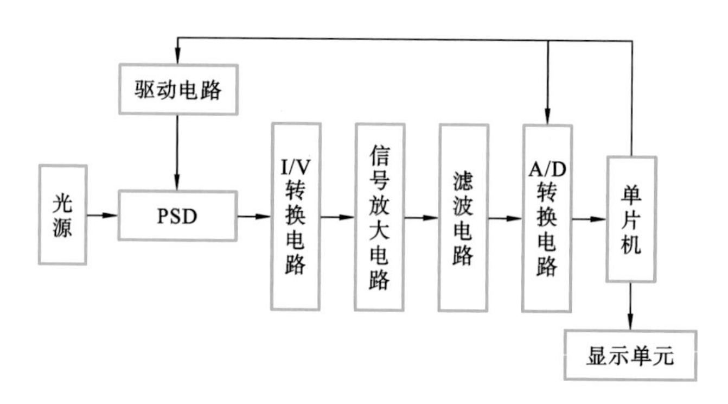

图 5-20　直线式激光三角法的微位移测量系统框图

PSD 接收装置接收的信号经过电流转电压电路（I/V 转换电路）、信号放大电路、滤波电路滤除干扰信号和低频部分，送入 A/D 转换电路再进入单片机，显示单元用于显示测量结果。信号放大电路常采用仪表放大器芯片，具有低漂移和高共模抑制比。

2）角度测量

激光位移传感器角度测量系统的组成如图 5-21 所示。步进电动机带动激光位移传感器向右移动，传感器每前进一步，激光位移传感器可以得出一个距离值 D，最终可以扫描出待测工件的角度。图 5-22 给出了激光位移传感器角度测量的原理。所求角度由直线 A_1 和 A_2 组成，激光位移传感器沿着 x 轴移动，可以测量出多个距离值，最终可以求出 A_1 和 A_2 的斜率，从而求出夹角 $\theta=\alpha_1+\alpha_2$。如果求出两条直线的斜率分别为 k_1 和 k_2，根据几何关系有

$$\tan\theta=\tan[90^\circ+\alpha_1-(90^\circ-\alpha_2)]=\frac{k_1-k_2}{1+k_1k_2} \tag{5-14}$$

根据式(5-14)即可求出角度 θ。

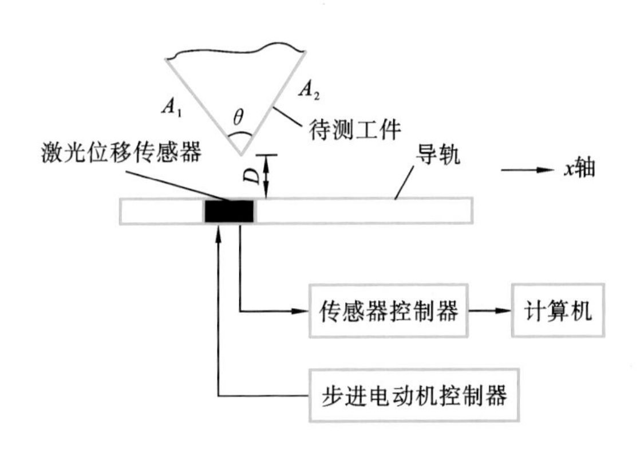

图 5-21　激光位移传感器角度测量系统的组成

3）厚度测量

采用两个传感器进行工件厚度测量，如图 5-23 所示。在工件的上方和下方各设置一个传感器，二者彼此相对。即使工件上下移动，值($A+B$) 也不会发生变化(A、B 分别为传感器到工件表面的距离)。两个传感器分别测量 A、B 的值，它们的安装距离 C 减去测量值 A 与 B 之和，即可得到厚度。

测量时，先调整传感器光轴，使两个传感器光轴轴线对齐，然后调整间距，使得距离 A 等于距离 B，这样上、下传感器的输出电压相等；再设置标准工件，将标准工件的尺寸输入控制器，由控制器自动计算工件的厚度。

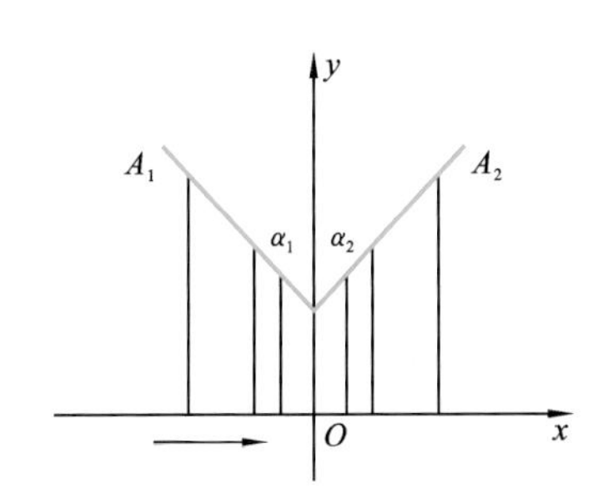

图 5-22　角度测量的基本原理图

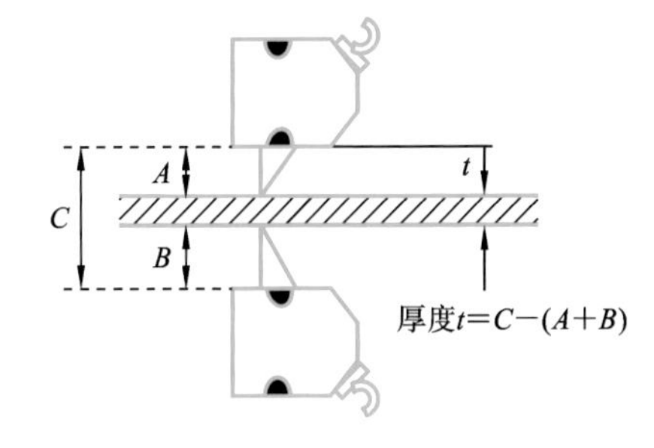

图 5-23　工件厚度的测量

4）长度/外径测量

工件长度测量如图 5-24(a)所示，使用两个反射型传感器进行测量。A、B 分别为传感器到工件距离的测量值，C 为两传感器的安装距离，安装距离 C 减去测量值 A 与 B 之和即可得到工件的长度 L。图 5-24(b)所示为透射型传感

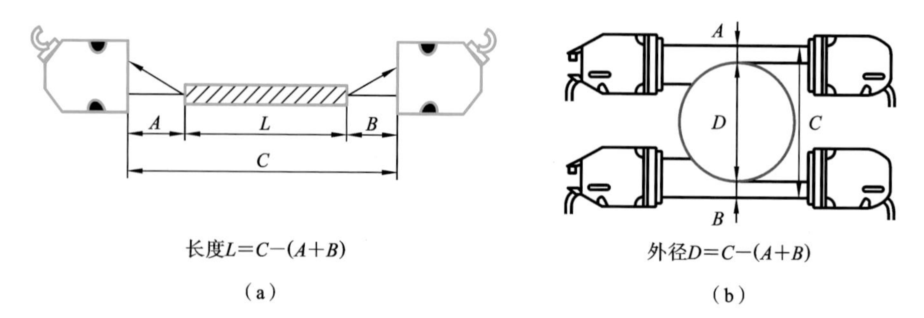

图 5-24　工件长度与外径测量示意图

(a) 工件长度测量;(b) 工件外径测量

器测量工件外径的原理。

5.1.3　电容式位移传感器

1. 电容式位移传感器原理

电容式位移传感器是一类得到广泛应用的高精度位置传感器,其工作基于平行板电容器的原理,其结构如图 5-25 所示。

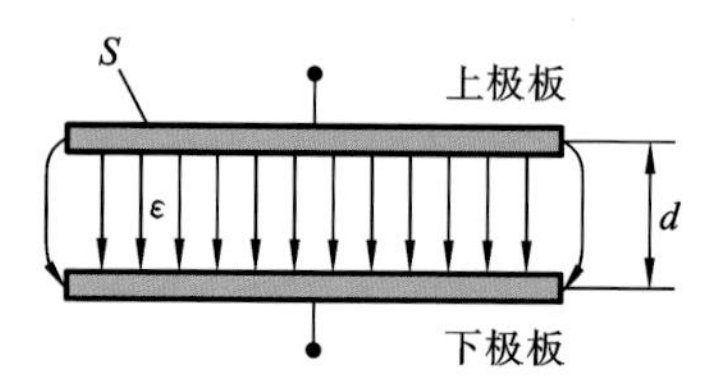

图 5-25　平行板电容式传感器

图中:S 为极板的有效面积;ε 为两平行极板间的电介质的介电常数;d 为上下两极板间的距离。忽略两极板之间的边缘效应,两极板间的电容量可以表示为

$$C=\frac{\varepsilon S}{d} \tag{5-15}$$

式中:C 为电容式传感器内两极板间的电容量大小,单位为 F。

由此可知,电容量 C 与极板面积、介电常数成正比,与极板间距成反比。当两极板间施加电压 V 时,极板之间产生电场,两个极板上分别累积正负电荷,电荷量 $Q=C\times V$,电荷量流向的变化反映两极板间距的方向变化,如图 5-26 所示。当 V 保持不变时，通过测量电荷量 Q 或电容量 C 的变化，可间接实现两极板间距 d、两极板重叠量、介电特性等参数的测量。位移、压力、温度、振动等多种应用类型的电容式传感器就是以该原理为基础进行设计的。

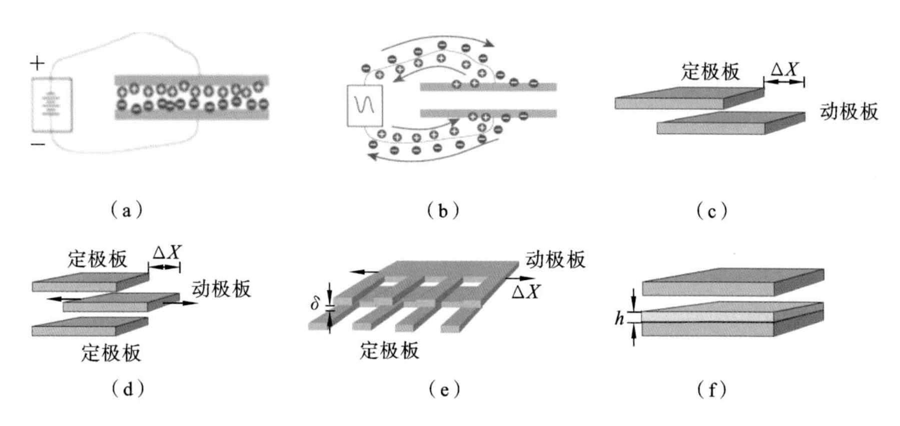

图 5-26　平行板电容式传感器测量原理示意图

(a) 直流供电；(b) 交流供电；(c) 单极板测位移；
(d) 三极板测位移；(e) 多极板测位移；(f) 测绝缘材料厚度

2. 边缘效应

边缘效应是影响平行板电容式传感器精度的重要因素。边缘效应的产生原因是电容器边缘的电荷分布无法与电容器极板中心的电荷分布保持同样均匀。与极板中心部分电场线几乎平行的情况不同，电容器边缘的电场线往往是发散的，不能保持平行的状态。这给电容器带来的影响相当于传感器额外并联了一个附加电容，且这个附加电容和原始电容一样，受到除了介质变化以外的其他因素的影响，如极板间距和极板间重叠面积的影响，这使得电容式位移传感器的非线性问题加剧，灵敏度降低。

电容式位移传感器极板边缘的电场线会发生畸变弯曲，且畸变弯曲程度随极板间距不同而改变。为实现极板高精度的测量，应尽可能保证传感器测头与被测对象测量区域内的电场线为直线。如何降低边缘效应对电容式位移传感器测量精度的影响是高精度电容式位移传感器测头设计的难点问题。

在测头内设置屏蔽电极是减少边缘效应影响的方法之一，其原理如图 5-27所示。这种测头内部设计有测量、屏蔽两个电极，测量电极安装在屏蔽电极内部。测头工作时，测量电极上施加电压 U_s，通过专用电路向屏蔽电极上施加与 U_s 相等的电压 U_g。由于测量电极与屏蔽电极等电势，两者之间没

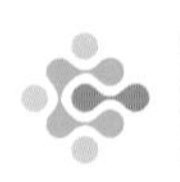

有电场，形成了对测量电场的主动有源屏蔽，测量电极的边缘效应得到减弱。屏蔽电极为高精度电容测量提供了高稳定性的测头电场环境，能够降低工作电磁环境对测头工作的影响，是电容式位移传感器达到亚纳米级超高精度测量的重要保证。

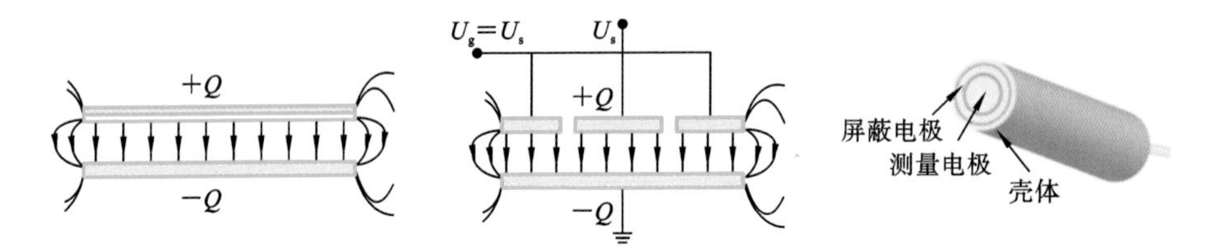

图 5-27　边缘效应及屏蔽保护原理

3. 电容式位移传感器信号调理与数据处理电路

信号调理与数据处理电路是电容式位移传感器的重要组成部分，其作用是将传感器测头的电容变化量转化为电压、频率、脉冲宽度调制等电信号，并通过模拟或数字接口实现传感器测量信号的输出。其内部组成框图如图 5-28 所示。图中振荡器用于产生测头工作需要的高频交流信号。信号预处理电路用于对测头输出的微弱信号进行放大，解调电路对放大后的信号进行解调分离，形成与测头位移变化成正比的模拟信号，微处理器用于对模拟信号进行

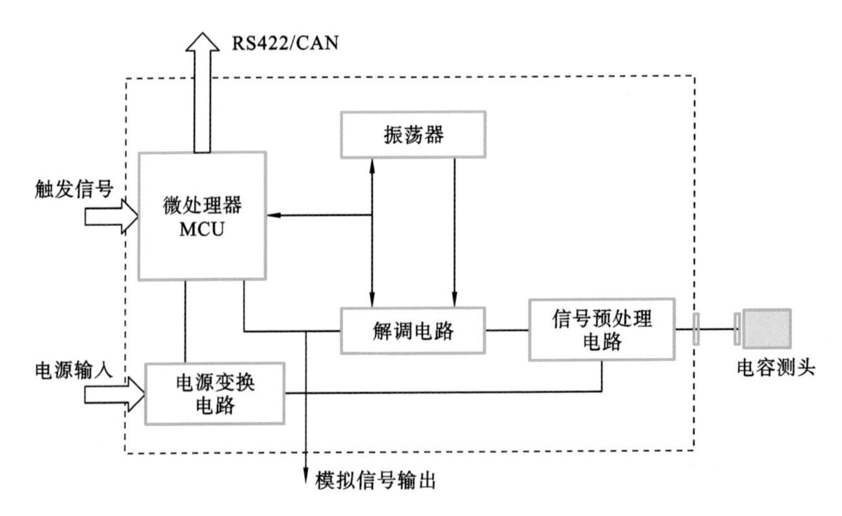

图 5-28　电容式位移传感器信号调理与数据处理电路内部组成框图

各种误差补偿和校正处理,并通过 RS422、CAN、EtherCAT 等类型的串行数据总线接口进行输出。随着近年来集成电路技术的发展,针对电容式位移传感器的应用已有多种类型的振荡、预处理、解调等专用 IC 芯片问世,大大简化了信号调理与数据处理电路的设计工作,使得电路的性能,以及模块化、小型化程度不断提升,正朝着测头多样化、电路小型化、使用多通道化、模块化、总线化方向发展。

4. 电容式位移传感器的应用

在电容式位移传感器应用过程中,为保证测量精度,必须对测头尺寸、测量范围、被测对象材质、被测对象形状、被测表面粗糙度、使用环境条件等因素进行综合分析。一般而言,电容式位移传感器主要用于导体对象间的位移测量。测量时首先根据被测对象的形状和测量精度的要求选择合适直径的测头,以保证测头测量电场的均匀性为原则,被测对象表面应具有较好的平面度、较低的表面粗糙度值、良好的导电性,测量区域的面积应大于测头的直径范围。小直径测头测量行程范围小,适于较大曲率表面的测量,大直径测头行程范围宽,适于较大面积的平面测量。安装时应保证测头平面与被测表面之间的平行性,并据测头行程范围确定合理的初始安装间隙。

由于测头内部的导电、绝缘材料以及信号调理电路的电子元件具有优良的温度稳定性,在电容式位移传感器有效工作温度范围内可保证其测量精度,此时应重点考虑环境温度变化对被测对象自身和测头安装夹具的影响,选择低膨胀系数的工件和夹具材料。

从测量原理上讲,测量环境的空气温度变化会改变测头电极间介质的介电特性,对传感器测量精度会有一定的影响,因此在进行纳米量级的超高精度测量时,应对测量环境温度进行控制,以保证测量精度。

电容式位移传感器的技术指标主要包括:测头有效面积、行程范围、分辨率、线性度误差、响应频率范围、温度漂移、工作温度范围等。当前高精度电容式位移传感器的测量分辨率优于 0.001%,线性度误差优于 0.01%,温度漂移低于 0.005%。

电容式位移传感器具有分辨率高、响应速度快、非接触测量等特点。测量分辨率可达到亚纳米量级,响应频率能到数千赫。适合于高分辨率、高动态精密测量和运动控制应用的场合,是多自由度压电运动平台、金刚石刀具快速伺服等精密或超精密驱动装置中应用最为普遍的位置反馈元件。其系统组成及应用如图 5-29 所示。

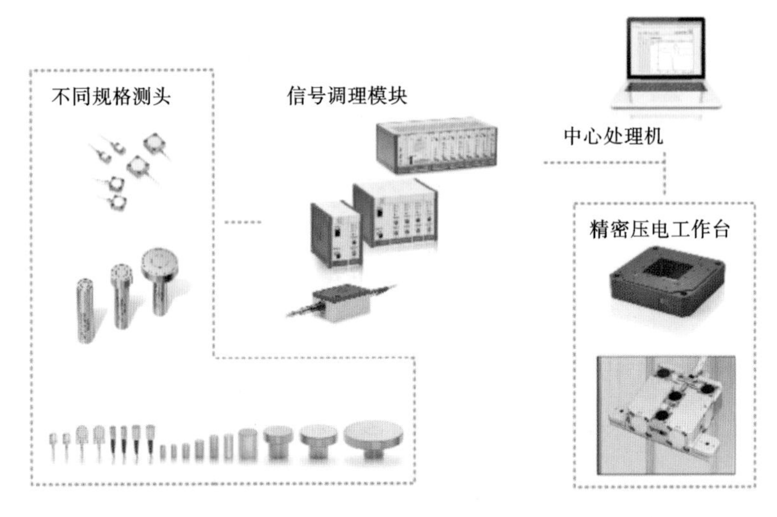

图 5-29　电容式位移传感器测量系统的组成及应用示意图

5.2　零件三维形状及表面轮廓测量

5.2.1　概述

由于刀具和加工过程的影响，机械加工后零件的实际表面轮廓不可能是一个理想几何轮廓，两者总会存在一定的轮廓偏差。轮廓偏差可进一步细分为形状误差、表面波纹度误差和表面粗糙度误差，这三种误差总是同时生成并存在于同一加工轮廓表面上，分别反映形成的表面轮廓在宏观、微观不同尺度下的形状误差。图 5-30 为典型加工工件表面轮廓图。

形状误差用于从表面整体形状观察分析表面的宏观状态，例如起伏不平、凹凸状态等。形状误差的形成受加工机床的几何精度、工件的安装误差、刀具的磨损、材料的内应力等的影响。常见的形状误差有直线度、平面度、圆度、圆柱度等。

表面波纹度是加工表面重复出现的具有一定周期性的几何形状误差，主要是由加工过程中系统的强迫振动、刀具进给的不规则、回转质量的不平衡而引起的。

表面粗糙度是加工过程中在零件表面留下的微观不平度，主要取决于刀尖几何形状、刀具与零件表面之间的摩擦、切屑分离时工件表面层的塑性变形以

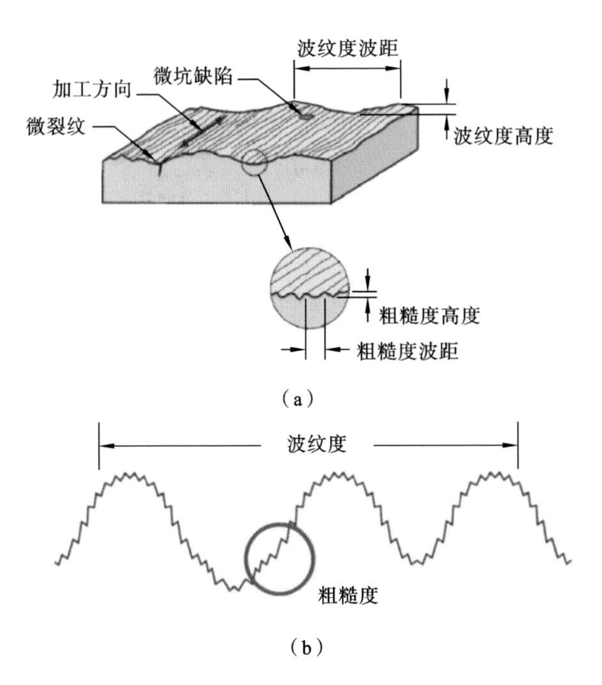

图 5-30 典型加工工件表面轮廓图

(a) 表面轮廓图;(b) 波纹度、粗糙度对照图

及工艺系统中的高频振动等因素。

形状误差、表面波纹度、表面粗糙度之间的划分与轮廓表面波峰或波谷之间的距离(波距)的大小相关,表面粗糙度通常用于对波距小于 1 mm,且大体上呈现出周期性变化的表面轮廓形状进行评价;表面波纹度则用于对波距为 1～10 mm并呈现周期性变化的表面轮廓形状进行评价;而对于波距在 10 mm 以上并且没有明显周期性变化的轮廓,则用形状误差进行评价。

零件三维形状及表面轮廓是反映零件宏微观几何尺寸特性的主要内容,也是评价各类零件加工质量的重要指标。在国内和国际标准中,形状误差、表面波纹度、表面粗糙度参数只是多种评价参数中常用的几种,对其测量和评价方法有严格的规定。

从本质上讲,形状误差、表面波纹度、表面粗糙度都属于对零件表面三维几何特征的度量。主要区别在于测量尺度的差异。三者分别反映了零件在不同尺度下的几何特征,如形状误差主要用来衡量零件在宏观尺度下的轮廓形状偏差,而表面波纹度、表面粗糙度则是对零件表面的微观三维形貌变化特性的评

价指标。正是由于测量尺度、测量精度、评价方式的差异，很难用统一的测量方式对这三类指标进行测量，因此不得不研制各种类型的测量仪器，以适应被测对象材料、测量行程、测量精度、测量条件等因素变化对这三类指标参数的测量需求。三坐标测量机、轮廓仪、表面粗糙度仪等仪器就是三维形状及表面轮廓测量仪器的典型代表，如图 5-31 所示。

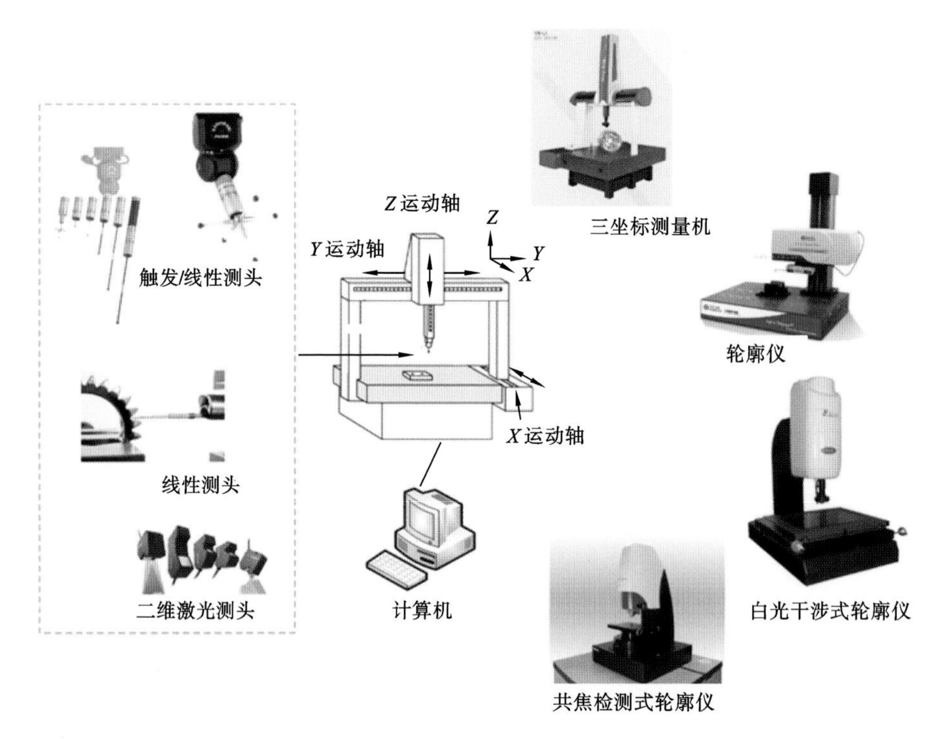

图 5-31　零件三维形状及表面轮廓测量仪器构成示意图

这些仪器类型繁多，用途范围广，可用于不同类型材料、不同测量指标、不同精度要求的零件三维形状和表面轮廓测量。但从组成上看，这些仪器都是由工作台、$X/Y/Z$ 三坐标直线运动机构，以及安装在运动机构上的传感器测头、计算机等构成的测量系统。其中测头安装在 Z 轴运动机构上，在计算机控制下测头可以沿工件表面做三维扫描运动，获取零件表面的轮廓信息。计算机对轮廓信息和 X、Y、Z 轴的运动信息进行处理后，可得到所需的三维形状、表面波纹度、表面粗糙度等测量数据。

测头是这些仪器的核心部件，它作为传感器向计算机提供被测工件的几何信息，直接影响着系统的测量精度、工作性能、柔性程度等特性。测头的精度和可靠性是衡量仪器技术水平的重要标志。在图 5-32 给出的三坐标测量机传感器测头示意图中，具有不同球头直径的系列化测头是扩展三坐标测量机使用范围的关键。当前三坐标测量机高精度球头的直径已能够小于 125 μm。

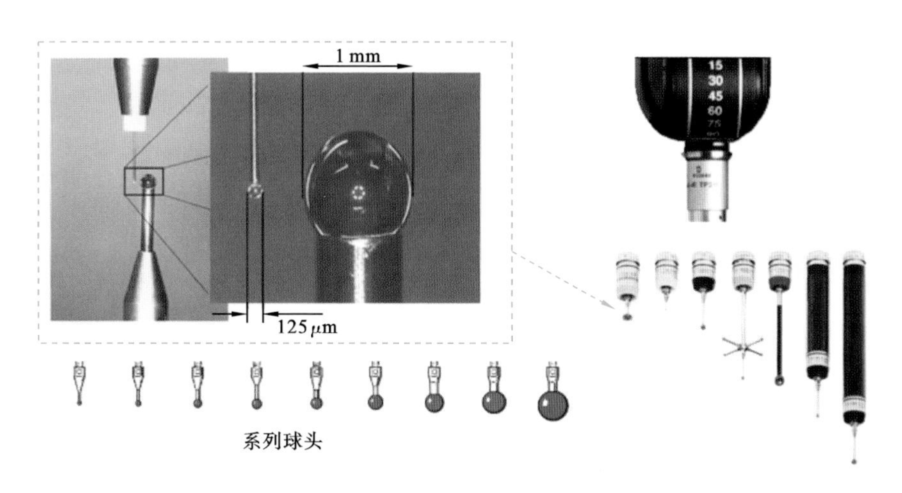

图 5-32　三坐标测量机传感器测头示意图

三维形状及表面轮廓测量用测头分为接触式测头和非接触式测头两大类型。

接触式测头在测量时球头与被测工件直接接触，主要基于电感、电容、压电等转换原理获取表面轮廓信息。根据可安装球头的数量，接触式测头也可分为一维、二维、三维测头。接触式测量的主要优点是精度高、操作简单、可靠性好。在对形状及表面轮廓测量评价的国际、国内标准中，大都是以接触式测量方法为基础制定的。所以，采用接触式测量方法，更易于获得与国际、国内标准评价方法一致的测量结果。不足之处一是其横向分辨率受球头半径影响大，难以用于高精度表面的测量；二是球头在工件表面运动时会施加一定的压力，易对软质材料表面造成损伤，且测量速度不能过高。

非接触式测头目前主要指基于光学测量原理的测头，它利用光束对被测工件表面的照射和反射特性来获取表面轮廓数据。非接触式测头可进一步分为基于离焦、干涉等测量原理的一维测头，基于光切法、干涉法、三角法、光学傅里叶变换等测量原理的二维测头，基于显微成像视觉测量原理的三维测头。在一些极高精度表面测量的场合，如微纳米三坐标测量机、分子原子级表面测量中还需要采用特殊原理的测头。非接触式测量的主要优点是测量效率高、测量时与被测工件表面不接触，不会因测量力对工件表面造成损伤，适合于软质材料表面的测量。非接触式测量的主要缺点是测量行程范围一般较小，对被测表面清洁度、光泽度等较为敏感等。随着光学测量技术的发展，非接触式测头的内涵不断丰富，已成为集精密光学、图像采集、数据处理为一体的集成化测量系统。

根据三维形状及表面轮廓测量用途的不同，传统的测量仪器分为三坐标测量机、轮廓仪、粗糙度仪、光切显微镜、干涉显微镜等多种类型，每种类型仪器的测量功能较为单一，可测量的参数有限。近年来随着精密加工和微机械技术的进步，对几何特征尺寸在数十微米到数毫米量级的微机械零部件及产品的测量应用需求十分迫切。加之大量程高精度光学传感、精密运动控制、图像处理与显示等技术的进步，使得具有形状、轮廓、粗糙度、微观三维形貌等复合测量功能的仪器发展非常迅速。具有集成测量功能、能对零件表面形状轮廓特性进行更全面评价的仪器不断问世，如激光扫描成像轮廓仪、光学显微成像仪等。由于一台这样的新型仪器可以实现数台传统仪器的测量功能，因此这种新型仪器得到了越来越广泛的应用。

5.2.2 测量仪器的构成原理

从宏观的技术组成上看，各种三维形状及表面轮廓测量仪器均是由 $X/Y/Z$ 直线运动平台、精密传感测头、数据处理计算机等构成的自动测量系统。为更深入地掌握其构成和工作原理，下面分别以三坐标测量机和轮廓仪为例，对三维形状和轮廓测量仪器的构成、工作过程、使用方式做简要的说明。

1. 三坐标测量机

三坐标测量机(three-coordinate measuring machine)是基于坐标测量原理设计的、能对复杂零件的形状、尺寸及其相对位置进行高精度测量的仪器。它有三个相互垂直布局的 $X/Y/Z$ 直线运动机构，其运动范围构成了测量机的三维测量空间。传感测头安装在运动机构上，能随机构在测量空间范围内运动。工作时，计算机通过控制运动机构使传感测头沿被测工件表面做扫描运动，得到被测工件表面上各个测点在 X、Y、Z 三个方向上的精确坐标位置数据，构成能反映形状几何特征的点云数据。再用测量软件对点云数据进行处理，可以计算出被测工件表面三维形状、几何尺寸、相对位置等参数。

三坐标测量机的传感测头对坐标测量精度、速度有直接的影响，主要有接触式和非接触式两种类型。其中接触式测头在制造系统中的应用最为广泛，安装在传感测头前部的球头是与工件直接接触的关键部件，球头的直径、圆球度、耐磨性是衡量其技术水平的主要指标。球头直径大，只能用于较小曲率形状表面的测量，球头直径越小，越适合于曲率变化较大的复杂形状表面的测量。当球头的直径小到一定程度(数十微米)时，球头可以看作"触针"，可以用于更细致的微观轮廓测量。

三坐标测量机测量精度较高、量程大，测量结果稳定可靠、重复性好，用于精密测量时分辨率一般为 0.5～2 μm，用于一般生产过程检测时分辨率一般为 5 μm 或 10 μm。

三坐标测量机有多种分类方式：按结构形式与运动关系可分为移动桥臂式、固定桥臂式、龙门式、水平悬臂式，以及近年来迅速发展的关节臂式等；按测量行程范围可分为小型、中型与大型；按测量精度可分为低精度、中等精度和高精度三类；按应用场合可分为车间型和计量型；按操作方式可分为手动式和自动式。图 5-33 所示为部分三坐标测量机实物图。

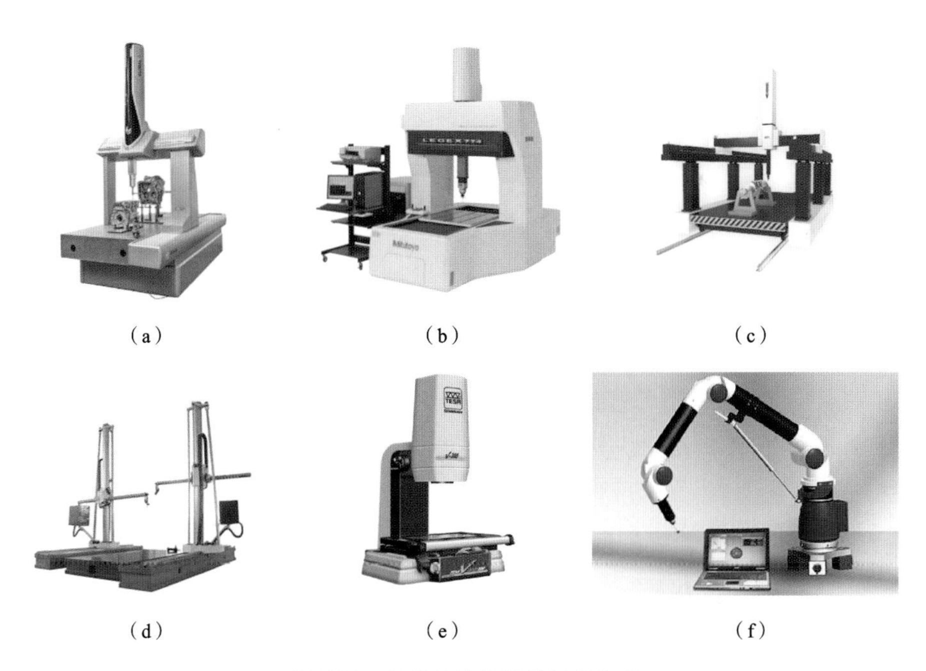

(a)　　(b)　　(c)

(d)　　(e)　　(f)

图 5-33　典型三坐标测量机实物图

(a) 移动桥臂式；(b) 固定桥臂式；(c) 龙门式；(d) 悬臂式；(e) 桌面视觉测量式；(f) 关节臂式

三坐标测量机由主体机械结构、$X/Y/Z$ 运动控制与位移测量单元、传感测头单元、计算机等组成。其组成示意图如图 5-34 所示。

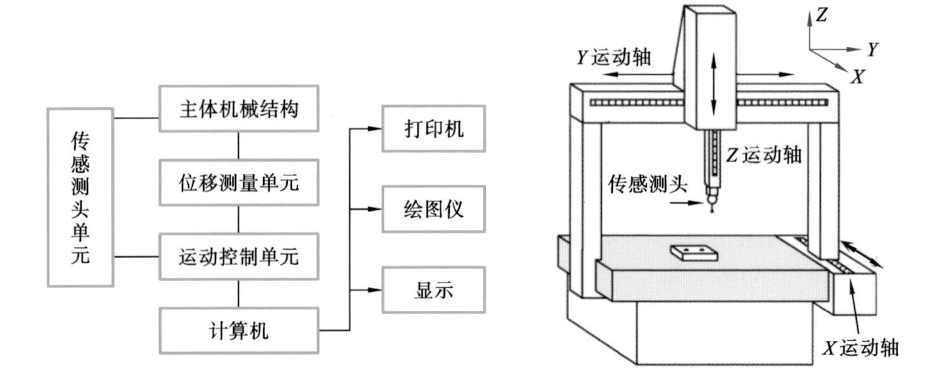

图 5-34　三坐标测量机组成示意图

主体机械结构包括工作台、立柱、桥框、运动机构、壳体等。运动机构由三个正交的直线运动轴构成，实现在同一个直角坐标系下的运动。Y 向导轨系统装在工作台上，移动桥架横梁是 X 向导轨系统，Z 向导轨系统在中央滑架内。三个方向轴上均装有光栅，用以对各轴的位移进行测量。传感单元安装在 Z 轴末端，随 X、Y、Z 三个坐标轴运动，在计算机控制下实现三维形状的测量。

三坐标测量机主要应用在零件的尺寸和形位误差测量方面，如对直线长度、轴孔直径、平面度、垂直度、圆度、同轴度等参数的测量。

2. 触针式轮廓仪

触针式轮廓仪主要应用于平面、球面、非球面等形状表面的波纹度、粗糙度测量。轮廓仪主要由工作台、Z 向立柱、X 向运动机构、传感测头等构成，如图 5-35 所示。

测量时，测头内部的弹性元件产生弹力并通过杠杆系统传递至触针针尖，计算机控制测头触针在被测表面上横向移动，轮廓几何形状的变化使触针上下运动；测量杆和劈尖支点的杠杆作用使传感器内部铁芯同步运动，从而使铁芯的电感线圈的电感量发生变化，经信号调理电路处理后得到样品表面轮廓的标准电压信号；此信号经 A/D 转换和计算机处理，即可得到表面轮廓的波纹度和表面粗糙度参数。

单从构成上看，轮廓仪的组成并不复杂，但是对运动机构、传感测头的制造精度要求极高，如高精度轮廓仪的红宝石触针半径已达到 2 μm，测头内部传感器的分辨率可达到 0.2 nm。目前国际上只有少数企业掌握高精度轮廓仪的制造技术。

若将测头由触针式的替换为共焦测量、双目视觉、白光干涉等光学测量传

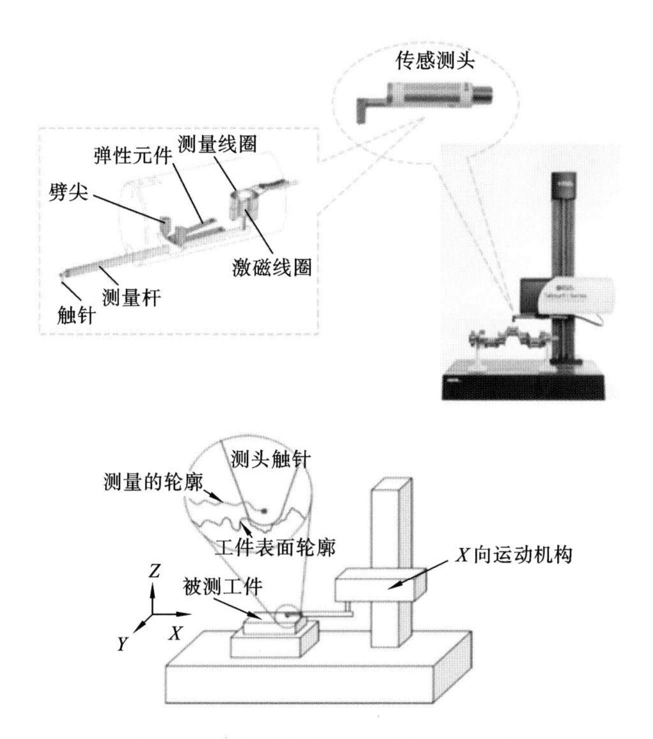

图 5-35　触针式轮廓仪的组成与测量原理

感器，对工件表面形状轮廓信息的获取采用图像检测原理，则上述的三坐标测量机、轮廓仪就成了非接触式的三坐标、轮廓测量仪器。

5.2.3　接触式形状测量传感器

接触式形状测量传感器是在三坐标测量机、轮廓仪、粗糙度仪中应用较为普遍的一类。这类传感器首先通过精密球头感应被测表面的形状和轮廓变化，再将其经由杠杆和位移敏感元件转换为电信号。通常来讲，精密球头的结构样式变化不大，技术难点在于如何保证球头形状精度和尺寸稳定性，以及微小直径触针的制造。因此不同类型接触式形状测量传感器的区别主要体现在所用的高精度位移敏感元件的选择方面，主要有应变式、电感式、压电式、干涉光栅式、干涉仪式等不同原理的位移传感器。这些传感器在形状测量传感测头中应用的难点是如何解决微小型化、集成化、高精度、温度稳定性等问题。

1. 常用形状测量传感器

应变式、电感式、压电式位移传感器是形状和轮廓测量仪器测头中应用的基本类型。这些传感器以不同方式安装在测头内部弹性元件或杠杆机构的末端，用于感受测头的运动变化。这里以英国 Renishaw 公司的三坐标测量机用 SP80 型高精度测头为例，说明这些传感器在测头中的应用方式，如图 5-36 所示。

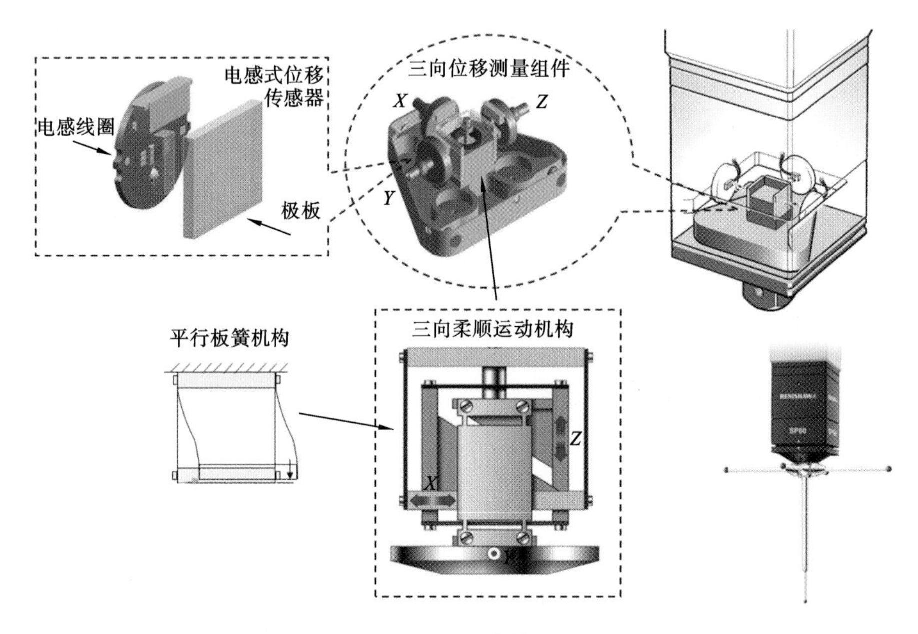

图 5-36　三坐标测量机高精度测头构成图

SP80 型测头是一种采用电感式位移传感器的三向测头，它可以对球头在 X、Y、Z 三个方向的运动进行精密测量。三向运动的测量行程范围均为 ±2.5 mm，测量分辨率为 0.02 μm。该型测头内部主要包括三向柔顺运动机构和三向位移测量组件两个部分。其中三向柔顺运动机构由三组平行板簧串联构成。每个平行板簧具有一定的柔性，通过三组平行板簧的弹性变形可以实现 X、Y、Z 三个方向的精密直线运动。三向位移测量组件包括三个线性电感式位移传感器，能对柔顺运动机构末端 X、Y、Z 向的位移进行精密检测。工作时，球头顺着工件表面形状的起伏运动通过测量杆，三向柔顺运动机构带动安装在运动机构末端上的极板运动，再通过电感测量电路转化为电信号，最后由计算机处理后获得球头在 X、Y、Z 三个方向的运动位移量。

同理，如果采用应变式、电容式、压电式、光电式等类型的传感器来代替电感式传感器，那么也能进行球头运动的测量。这时测头的名称也相应地成为应变式、电容式、压电式、光电式等测头。选用的位移传感器不同，测头的精度、技术复杂度、制造工艺难度、制造成本等有很大的差异。

根据测头内部的运动机构自由度数和传感器数量的不同，测头也可分为单向测头、双向测头、三向测头等类型。

2. 光学干涉式传感器

近年来，在微电子、光学、生物产业的需求牵引下，电子制造、光学制造、生物制造技术迅速发展。对不同类型材料的零件表面形貌轮廓的测量精度也提出了亚微米乃至纳米（0.1～100 nm）量级分辨率的测量要求。传统的电感式、电容式、压电式等传感器测量行程范围窄，分辨率难以进一步提高，已不能满足半导体制造、超精密光学加工、生物分子操纵等领域高端产品表面测量的需求。

在进行形状轮廓测量的接触式传感测头中，也可以采用光学测量方法来实现更大行程、更高精度的球头运动位移的检测。从光学测量原理的角度看，主要有激光干涉和光栅衍射两种位移检测方法。

激光干涉是以稳频的激光波长作为基准的测量方法。激光干涉仪以其特有的大量程、高分辨率和高精度等优点，在精密和超精密位移测量领域获得了较多的应用。其在接触式轮廓仪中的应用原理如图5-37所示。

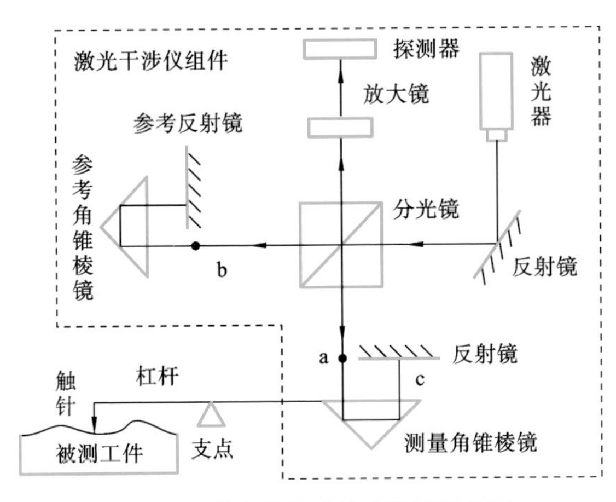

图5-37　激光干涉式轮廓仪测量原理

图5-37中，激光器发射的光束经过反射镜入射到分光镜的分光面上，分光面将入射激光束分成两束光a与b。测量光a入射到杠杆一端的测量角锥棱镜上，在测量角锥棱镜里做了两次反射后，反射光c按照原路返回，回到分光镜的分光面上。参考光b同样也经过参考角锥棱镜、参考反射镜，然后原路返回，在

分光镜的分光面处与测量光汇合产生干涉条纹。当触针在被测工件表面上扫描时，表面形貌变化会使杠杆带动测量角锥棱镜上下移动，测量光路的光程就会发生变化，从而使干涉条纹移动。干涉条纹由光电接收器转换为电信号，经过电路分析和处理，得出表面轮廓变化值。

激光干涉仪的工作易受环境影响，测量环境的某些参数如温度、压力、相对湿度、CO_2 浓度等发生变化都会导致波长的不稳定，加之外界振动和电子学噪声，都会给测量带来误差。这无疑加大了技术和成本上的投入。因此，激光干涉仪主要用于在实验环境下的高精度位移测量，在一般的工业制造环境中很难达到高精度测量要求。激光干涉测量技术复杂、部件数量多、产品制造成本昂贵，尤其是轮廓仪测头空间狭小、集成困难，使其在形状轮廓测量仪器中应用受限。

光栅衍射位移测量是一种以光栅栅距作为基准的高精度测量方法，光栅衍射位移测量系统基于光栅衍射、光的干涉测量原理设计。在轮廓仪中可用于杠杆运动的高精度测量。测量原理如图 5-38 所示。图中，反射式圆柱面衍射光栅安装在测量杠杆末端，这个光栅是该系统测量的基准，它的圆柱面中心与杠杆的支点重合，以保证衍射光栅绕支点回转时对入射光的衍射角始终不变。工作时激光器发出的激光光束入射到光栅表面，造成激光光束的衍射，产生±1 级衍射光。两束衍射光分别经反射镜反射后在分光棱镜处发生干涉，并产生干涉条纹。干涉条纹通过放大镜放大到一定宽度后，可以被光电探测器检测。对干涉条纹计数可得出光栅栅距的变化量，最后再据光栅半径 r 推算出触针上下运动的位移量。

在光栅衍射位移测量系统中，由于以光栅栅距为测量基准，系统结构紧凑，光路对称且光程短，外界环境对其影响微乎其微。相对于基于几何莫尔条纹原理的光栅位移测量系统而言，其分辨率和精度更高，结构更加灵活，更加适合高精度的位移测量。

上述激光干涉测量、光栅衍射测量两种位移检测方法均可实现数毫米至数十毫米量程、纳米级分辨率的位移测量。激光干涉测量法以稳频的激光波长作为测量基准，对光源的频率稳定性要求苛刻，同时需要对空气折射率等环境影响因素做相应补偿，使用环境条件要求高。光栅衍射测量以光栅栅距作为基准，在测量过程中光程不变，因此测量结果与激光波长无关，对光源的相干性要求不高，可选用成本较低的激光器。当激光照射光栅时，由于光点尺寸远大于光栅栅距，所以刻线误差也因平均效应而影响甚小。影响光栅衍射测量精度的

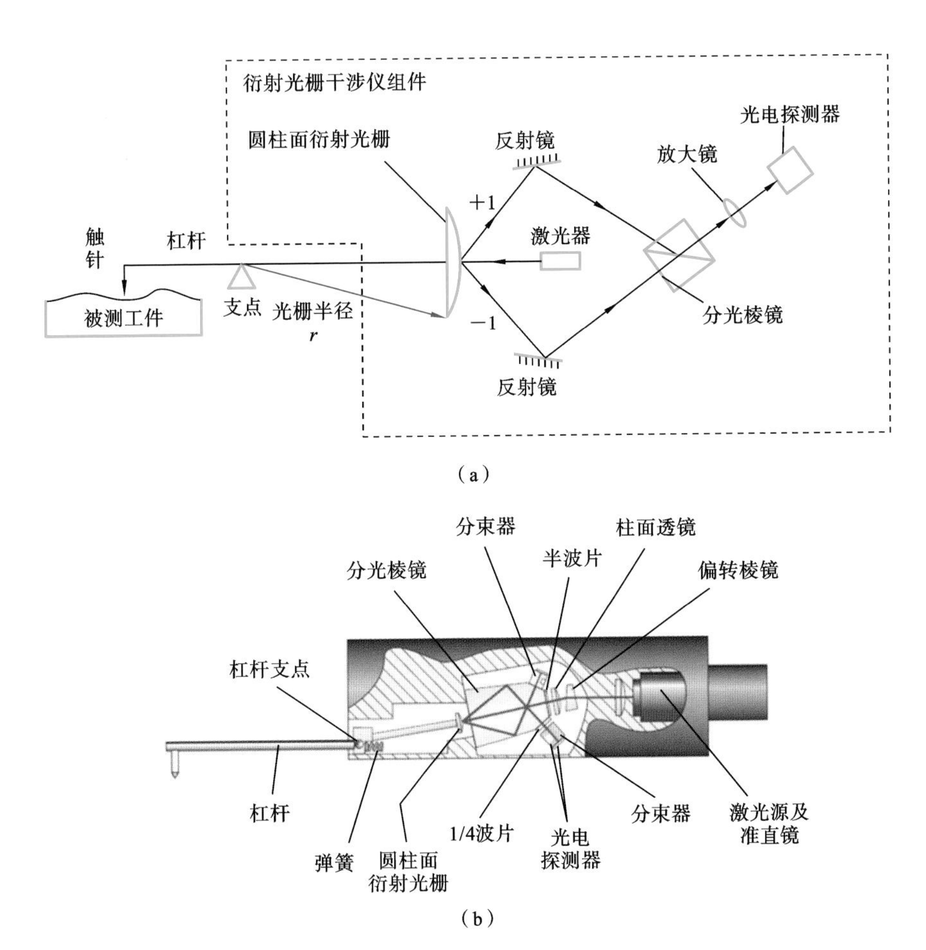

图 5-38　衍射光栅干涉式轮廓仪原理及测头构成图

(a) 轮廓仪原理图;(b) 测头构成图

主要是温度对光栅栅距的影响。因此衍射光栅一般采用热膨胀系数极低的石英或者玻璃材料作为基体材料,其尺寸稳定性好,对测量环境要求相对较低。由于采取对放大后的条纹进行计数,因此其抗干扰能力也相对较强。但是光栅衍射式测头对衍射光栅、杠杆、支点等光机部件的制造精度和温度稳定性要求极高,如衍射光栅刻线密度已达 1000 线/mm 以上。国际上只有少数公司掌握高精度光栅衍射式测头的制造技术。

英国 Taylor-Hobson 公司 20 世纪 90 年代推出 Form Talysurf PGI 系列大量程表面轮廓仪,其采用的就是光栅衍射式位移传感器。最新的 NOVUS 型轮廓仪在量程为 20 mm 时的测量分辨率达 0.2 nm,可进行双向测量。一台轮

廓仪可完成角度、半径、高度等形状参数和表面波纹度、表面粗糙度等多种轮廓参数的测量，并配有三维形貌分析软件 Metrology 4.0，能进行形状、三维形貌、表面粗糙度的全面分析。该轮廓仪在一定程度上代表了衍射光栅干涉式表面轮廓仪的最高水平。图 5-39 为 PGI NOVUS 轮廓仪的构成及典型应用示意图。

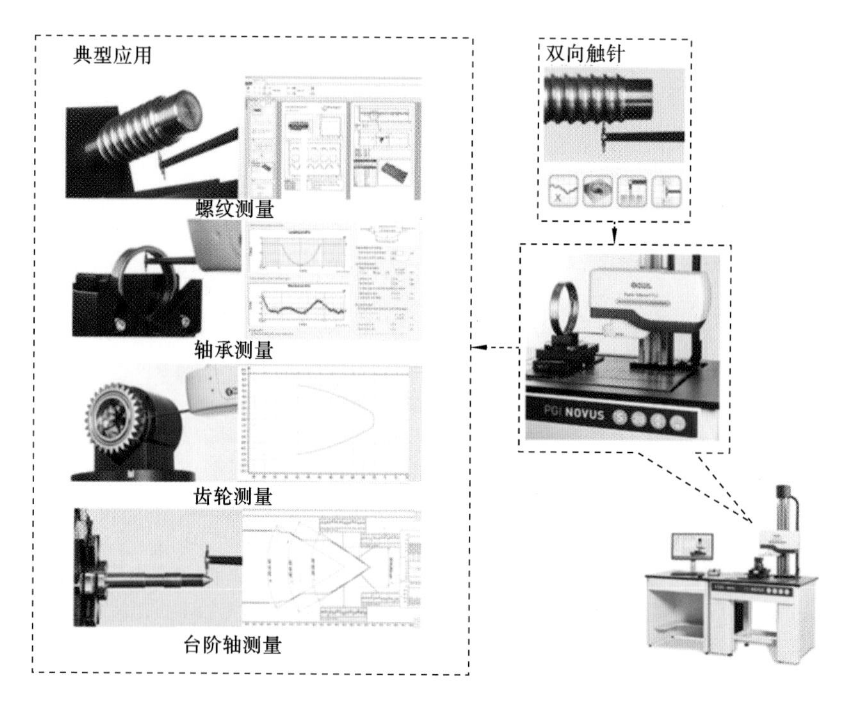

图 5-39 PGI NOVUS 轮廓仪的构成及典型应用示意图

5.2.4 非接触式形状测量传感器

20 世纪 50 年代，光学技术已经被引入表面测量，但一直到 20 世纪 80 年代才进入实用阶段。各种类型的非接触式光学轮廓仪被研制出来。轮廓光学测量的基本思路是用特定的光束照射被测表面，通过对反射光束的物理特性或几何位置特性的检测分析和理论计算，换算出被测表面轮廓的点、线、面高度信息，主要包括光学探针法、几何投影法、干涉测量法、扫描近场显微镜法等。其中尤以光学探针法和干涉测量法发展最快，其主要优点是非接触、不损坏表面、数据点数多、测量速度快等。但光学测量方法所采集到的光学信号受被测表面材料、反射或散射特性、表面沟槽斜度等因素影响较大，适用范围受到限制。同时光学测量方法都会受到瑞利衍射极限限制，其横向测量分辨率的极限值只能为 0.2～0.3 μm。

尽管根据不同的光学特性检测原理进行形状轮廓测量的方法很多，但从测量目标的角度看无非是实现被测表面上点、线、面的轮廓高度信息的测量。下面按点、线、面的测量用途不同，对常用的一维单点光探针式、二维线扫式、三维干涉式光学传感器的原理进行简要说明。

1. 一维单点光探针式形貌测量传感器

在 5.2.3 节中，我们知道机械触针的测量半径对轮廓形状的测量精度有直接的影响。受机械加工的局限，触针的半径很难达到微米量级，无法进行表面变化尺度小于触针直径的微观轮廓测量。但通过光学聚焦的方式可以使光束聚焦的光点直径达到亚微米量级，形成类似机械触针样式的光探针，可以更精细地感受光点部位被测表面的轮廓高度变化。再通过光探针反射光的几何或物理特性的测量就能够得到被测点的轮廓变化量数值。图 5-40 为机械触针和光探针的轮廓测量示意图。

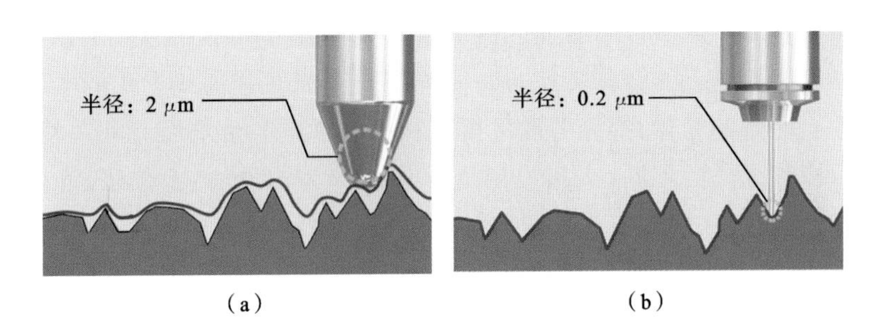

图 5-40　机械触针和光探针的轮廓测量示意图

(a) 机械触针式轮廓测量；(b) 光探针式轮廓测量

三角测距法是光探针位置测量的最常用方法，图 5-41 为其轮廓测量示意图。其测量原理参见 5.1.2 节。

三角测距法工作原理比较简单，但是要保证分辨率、线性度和扫描分辨率等测量精度要求，必须在光学设计、光亮度稳定性方面给予充分考虑。为了克服测量距离变化引起的感光元件上的光点直径的变化，需要采用极低像差的接收镜头，以使得在测量全行程内感光元件上的光点直径保持不变；为保证光亮度的稳定性，需采用高灵敏度感光元件和优化的激光发射功率控制及光亮度采集方法。

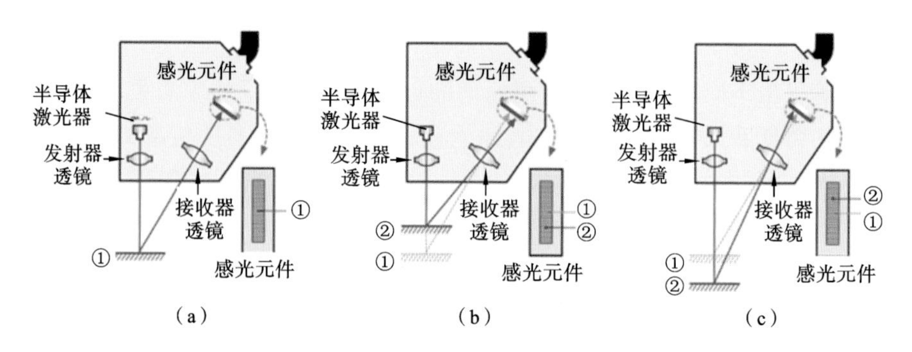

图 5-41　三角测距法光探针测量示意图

(a) 初始位置;(b) 靠近测头;(c) 远离测头

当光探针沿被测表面测量时,由于被测表面轮廓高度的变化,反射光的反射位置在光探针焦点前后变化,相应地也会引起反射光强度特性的变化,这种光强变化信息中包含了被测点轮廓的高度信息。检测这种光强变化的方法主要包括直接的离焦检测法和间接的共焦检测法。其中离焦检测的基本原理是直接用光电检测器测量被测表面的微观起伏偏离光探针焦点的微小偏移量,并通过焦点偏差检测元件将其转换为光电探测器上光斑强度或大小的变化,进而转换为输出电量的变化,换算后就可得到被测表面的轮廓高度变化。根据焦点偏差信号检测方式的不同,离焦检测进一步可分为像散法、差分法、光强法、临界角法、傅科刀口法和偏心光束法等。而共焦检测的原理是将检测的光斑强度或大小作为一个反馈量,用于控制光探针发射末级透镜上下移动,使光探针焦点能实时跟踪表面轮廓的变化。这样,由安装在末级透镜的位移传感器就可检测其运动量的大小,获取被测轮廓的高度变化值。图 5-42 为离焦检测、共焦检测原理示意图。

干涉测量法是一类可对光探针反射光物理特性进行精细测量的方法,可分为多光束干涉和双光束干涉两种。多光束干涉测量范围小,易受环境干扰。双光束干涉可分为分光路和共光路两种类型。根据分光方案的不同,分光路干涉测量可分为 Michelson、Mirau 和 Linnik 等类型。共光路干涉按原理可分为微分相衬干涉(Nomarski)、外差干涉和差动干涉等方法。

分光路干涉测量方法的典型布局结构如图 5-43 所示。这些方法的主要思路是利用标准参考面和被测面的反射光产生干涉,被测表面的微观起伏转换为干涉条纹,通过测量干涉条纹的相对变形来间接完成表面轮廓的测量。

Michelson 型干涉显微镜结构中测量光路和参考光路为分光路,如图 5-43

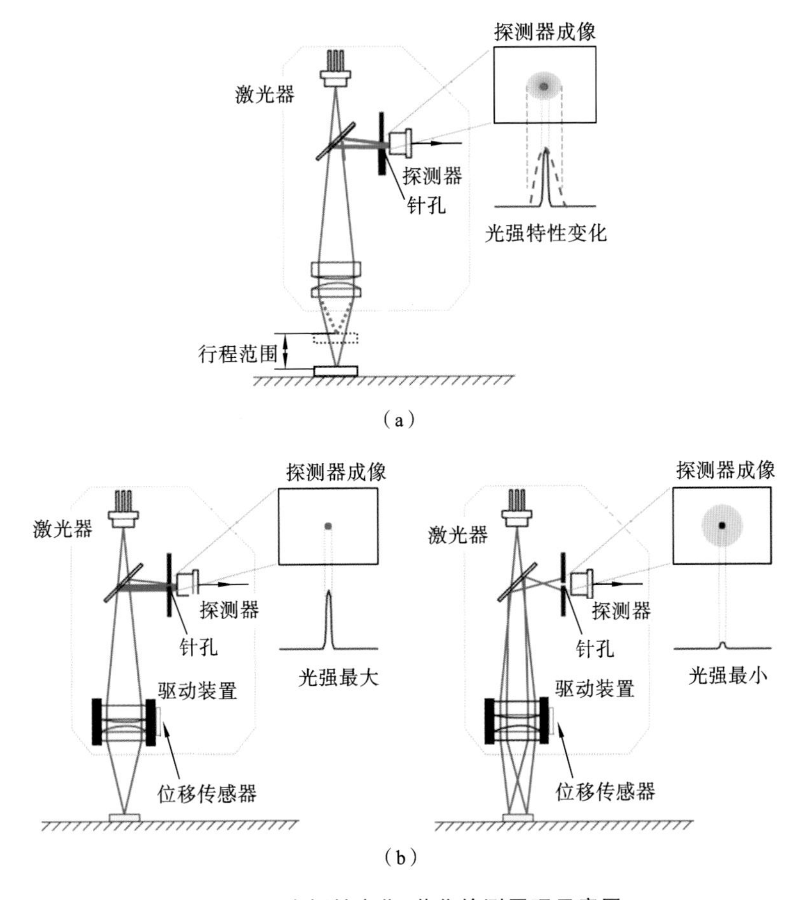

图 5-42　光探针离焦、共焦检测原理示意图

(a) 离焦检测原理;(b) 共焦检测原理

(a)所示。光束从显微物镜出来后,经分光镜分成两束,分别照射到参考镜和被测表面,反射后再次经过分光镜、显微物镜汇合后发生干涉。由于分光镜处于显微物镜和被测表面之间,因此显微物镜的放大倍数不能太大,这种结构限制了显微物镜的工作距离。

Mirau 型干涉显微镜结构属于部分共光路结构,如图 5-43(b)所示。光束经显微物镜透过参考镜,由分光镜分成两束,一束透过分光镜照射在被测表面上,另一束被分光镜反射到参考镜上的小镜面,从被测表面和参考镜反射的两束光再次回到分光镜交汇,经过显微物镜发生干涉。这种结构与 Michelson 干涉显微镜结构类似,参考镜和分光镜的位置限制了显微物镜的放大倍数。

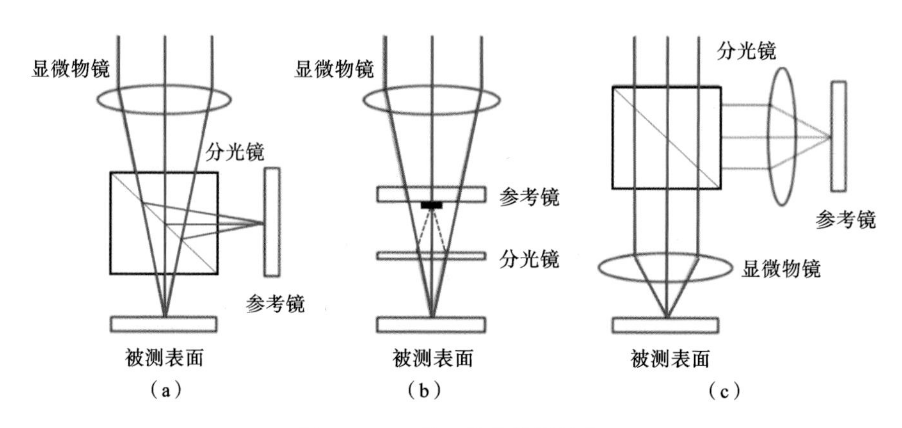

图 5-43　三种干涉显微镜结构

(a) Michelson 型;(b) Mirau 型;(c) Linnik 型

Linnik 干涉显微镜结构的光路与 Michelson 型的类似,都属于分光路结构,如图 5-43(c)所示。这种结构可以在参考光路和测量光路中放入相同倍数的显微物镜,所以显微物镜的放大倍数可以达到 100 倍,甚至更大。并且分光镜的位置不会限制物镜的工作距离。要注意的是参考光路和测量光路上的光学透镜要匹配,否则会影响光程差。Linnik 结构的数值孔径和横向分辨率最高,数值孔径可达到 0.95,横向分辨率可达到 0.5 μm。一般情况下,Linnik 型分光路结构抗干扰能力较差,但在使用激光作为光源时,由于激光的相干性好,可以简化光路的结构,并且不会影响干涉效果。

由于以上方法只是利用了干涉图像中的条纹强度信息进行换算测量,未能充分利用干涉条纹的相位信息,因此测量精度长期停留在数十到数百纳米之间,难以达到纳米级的测量分辨率。

与上述方法中测量光、参考光光路分别布置的结构不同,在共光路干涉测量方法中,参考光不是由光源直接分光产生,而是将光源光束通过特殊的分光棱镜分成两束光。两束光之间具有一定微小夹角,并且各自具有不同的偏振特性,经显微物镜聚焦后形成光探针照射到被测表面上。由被测表面反射的两束光经原光光路返回,经过波片和检偏器后形成干涉条纹,对干涉条纹图像进行采集,提取两束光之间的相位信息可获取表面轮廓高度信息。该方法的特点:一是不再需要标准参考反射镜,测量精度不受参考反射镜面误差的限制;二是两路相干光束经过相同的光路,外界环境干扰如机械振动、空气扰动等对它们的影响相同,不会引起附加光程误差,受测量环境影响小。因此共光路干涉测量可以达到纳米级的测量精度。

尽管上述干涉测量法能够用于对光探针反射光的处理，但由于其内部构成光路复杂、光电部件较多，因此光探针传感测头体积较大，难以实现小型化。采用这些方法构成的形状轮廓测量系统大都以计量室桌面干涉显微镜的形式出现，制约了这类仪器在制造设备、制造过程中的拓展应用。

为了实现光探针测头的小型化，日本基恩士公司提出了采用分光干涉原理对干涉条纹进行处理的方法，并开发了微型化分光测头。其工作原理如图 5-44 所示。工作时，光源发出的宽波长光带的红外光经过分光镜反射并通过保偏光纤传输到传感测头，其中一部分光线作为参考光照射到测头内部的反射面后沿光纤返回，另一部分光作为测量光透过光学镜头照射到被测表面，测量光经被测表面反射后也沿原光纤返回。这两束反射光重新复合共线后产生的干涉光由衍射光栅分光后透射到光电探测器 CCD 上，通过计算机对不同波长的光强度进行傅里叶分析计算，可以得出被测表面轮廓高度的变化量。所研制测头的最小直径为 2 mm，质量仅为 24 g，测量精度达 0.25 μm，具有尺寸小、质量轻、耐高温、不发热、不受电磁干扰影响等特点。

2. 二维形状轮廓测量传感器

上述的机械触针式和光探针式传感器尽管结构简单、测量精度高、稳定性好，在多种轮廓形状测量仪器中得到了广泛应用，但也存在灵活性不强、测量效率低、不符合制造现场快速测量要求的缺点。随着光学零件和集成电路制造技术的进步，各种类型的线阵、面阵光电探测器件不断出现，给传统的激光三角测量方法应用带来了新的机遇。

为克服单点激光三角法测量速度慢的缺点，提高测量速度，二维形状轮廓测量传感器采用线状激光三角法进行形貌测量。基本原理是用线状光束代替点光束投射至被测表面，在被测表面形成一条光刀；受表面形貌调制后的光刀反射光经光学系统放大后投影到光学探测器的接收阵面上，形成与被测表面线轮廓共轭的测量轮廓图像；根据线激光投射角度、被测表面、反射光入射角、光学探测器轮廓图像之间的三角几何关系，利用图像去噪、分隔、光条中心提取等方法可以计算出图像条纹与参考光线间的偏移量，换算出被测表面的二维轮廓高度数据。这种二维形状轮廓传感器测量视场大，量程大，一次测量能得到整条激光投射线范围内的被测表面高度信息。图 5-45 是二维激光三角法传感器原理及构成示意图。

通过二维形状轮廓传感器或被测物体的横向移动，可以得到一组轮廓曲

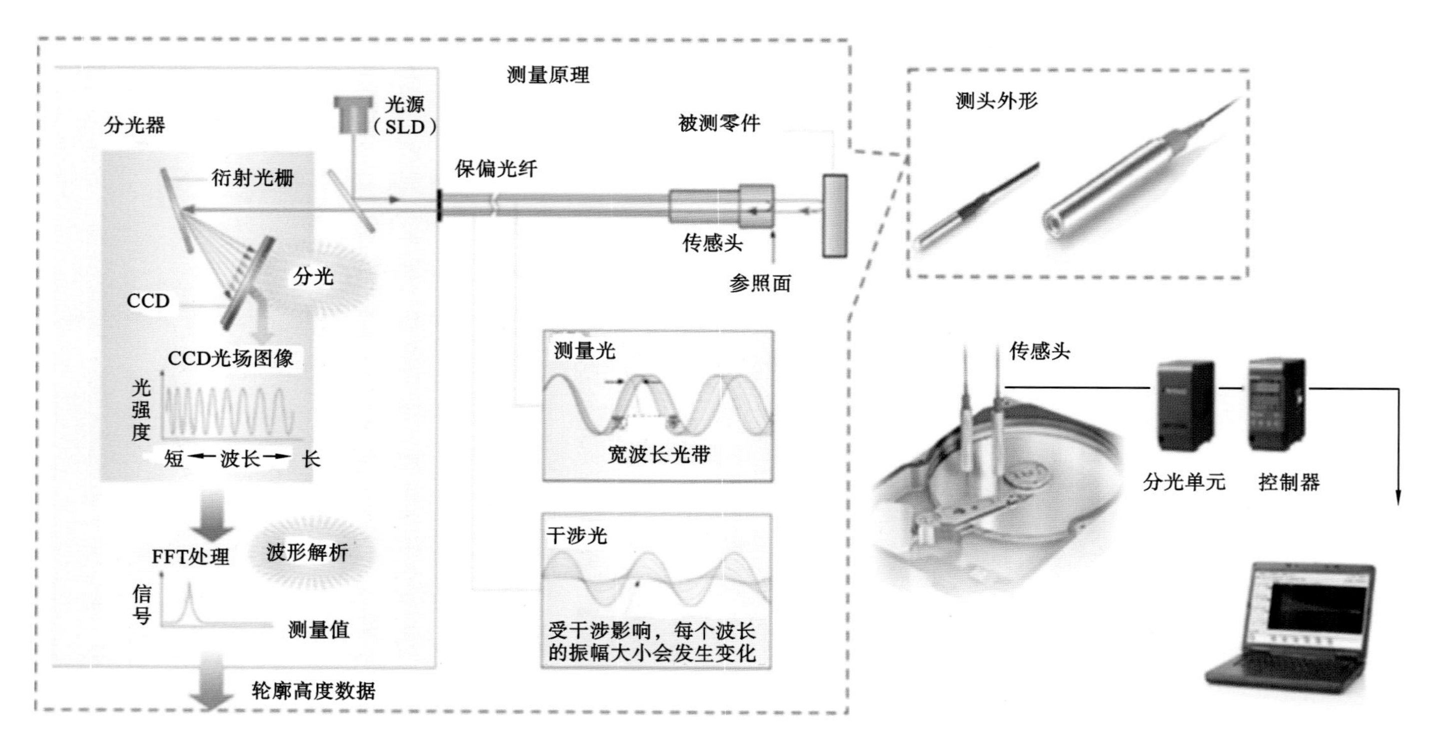

图5-44 分光干涉式测头原理及应用示意图

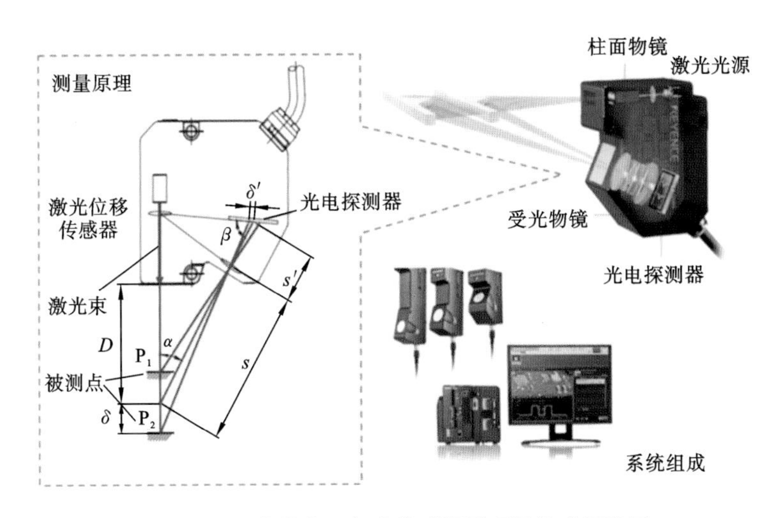

图 5-45　二维激光三角法传感器原理及构成示意图

线，将这些轮廓曲线合成就可以得到三维形貌。该种传感器适用于多种测量任务，如零部件台阶、角度、焊缝和凹槽等形状的测量。

日本基恩士公司是制造三角法激光位移传感器的著名企业，LJ-X8020 系列是该公司最新推出的超高速、高精度的二维 CMOS 激光线位移传感器，其线激光测量宽度为 7.5 mm，扫描宽度每次测量点数为 3200 个，具有 0.3 μm 的重复精度、±0.05%的线性度以及 1 kHz 的采样频率。同时，它采用了多种先进的算法，可以针对不同材质表面选择不同的测量算法，激光器可以调节发射时间、功率等，而且采用了先进的柱面物镜和大口径受光物镜设计技术，可以优化光点在被测表面上的变形量。

作为传统光切断法进行表面形状轮廓测量的延续，线状激光三角法传感器在小型零件、大型结构件、汽车车身等制造过程中得到了广泛的应用。但是其也存在固有局限性，如传感器深度方向的测量精度和横向测量视场受传感器本身几何结构尺寸限制而相互制约，测量结果易受被测表面纹理、光泽度的影响等问题。

以二维激光传感器为基础，如果配上能使扫描线横向或回转运动的驱动机构，实现扫描线在整个被测对象形状范围内的扫描运动，并通过相应的坐标转换和三维重构算法，则可实现被测对象的三维形状测量。这方面的技术已比较成熟，并有多种类型的产品问世。

3. 三维形状轮廓测量仪器

前述的一维单点、二维线扫式传感器只能进行点和线的测量。在三坐标测量机、形状轮廓测量仪器中应用时，还必须通过各种直线和回转运动工作台才能实现三维形貌的间接测量，存在着不能直接获取表面整体轮廓信息、测量速度较低的问题。而三维形状轮廓直接测量是指通过主动或被动方式获取被测表面的形貌信息。主动方式是指用人为构造光照条件进行测量，通过投射出不同形状的结构光于被测物体上，物体表面形貌对结构光场在空间或时间上进行调制，使光场发生变化，其变形的光场中含有被测物体表面的三维形貌信息，通过光场采集、图像分析、重构算法，可以解调出被测物体三维形貌数据。被动方式是指在自然光照明条件下，由一个或多个摄像机同时拍摄被测物体表面的二维图像，通过多个摄像机图像的交汇解算获取深度信息进而得到物体的三维形貌数据。相比而言，主动方式的测量精度较高，但测量范围较小，主要用于精密测量应用场合。被动方式的测量范围大，主要用于大型零部件外形的测量。

1）主动测量方式

作为主动测量方式的一种，面结构光投射测量法在本质上仍与三角测距法的原理一样。面结构光一般由光源照射正弦、合成编码等二元编码光栅产生。光源透过光栅后形成的结构光投射到被测物体表面会形成多个光条，光条的变形量与被测轮廓高度变化量有关。在光源与光电探测器的相对位置确定的条件下，对光条图像进行采集和分析便可重构被测物体的表面轮廓。

根据被测物体形状、轮廓尺度的不同，基于面结构光的测量仪器可进一步细分为用于形状测量的三维形状测量仪、用于三维表面轮廓粗糙度测量的轮廓仪等不同类型。主要区别在于测量范围和测量精度的差异。从目前的技术水平看，用于形状测量的三维扫描仪的面结构光投影范围约为 ϕ300 mm×200 mm，测量精度在±10 μm 量级。用于表面轮廓粗糙度测量的轮廓仪的面结构光投影范围据光学倍率不同只能在数十毫米量级，测量精度可优于 1 μm。图 5-46所示为基恩士三维形状测量仪的外形及应用。

白光干涉法是一种具有更高测量精度的主动测量方法，与单色光光源不同，白光光源包含了整个可见光谱区域的光谱成分，其光谱波长范围在 400～760 nm。由于光谱范围较宽，白光的相干长度很短，为 1～3 μm。只有光程差很小时，两束白光才能发生干涉，白光中不同波长的光将产生各自的一组干涉条纹。因为干涉条纹的间距与光的波长有关，当光程差为零时，各个干涉条纹会同时出现光强峰值，随着光程差逐步变大，干涉条纹的峰值逐渐变小。根据

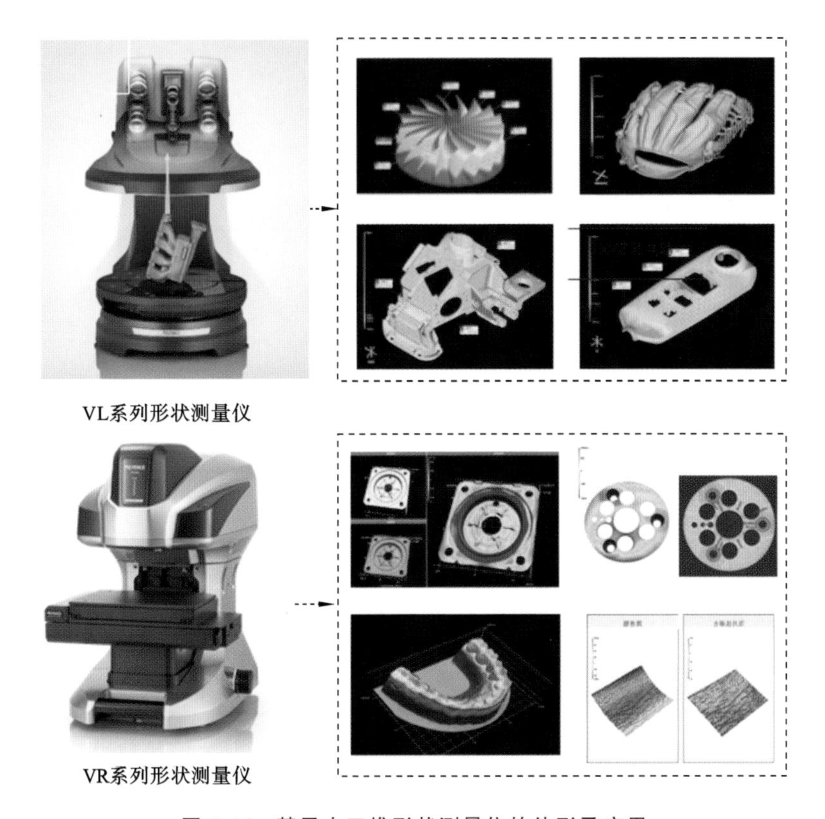

图 5-46 基恩士三维形状测量仪的外形及应用

这一特性，通过计算确定干涉条纹中光强峰值位置，就可以得到被测表面上每个点的相对高度信息。

垂直扫描白光干涉传感器的构成及原理如图 5-47 所示，其由光源、分光镜、光电探测器、参考镜、压电单元等构成，压电单元用于驱动参考镜做横向振动。工作时来自光源的白光穿过分光镜后被分为两束，一束射向待测样品表面 N_1 并被反射，一束射向参考镜 N_2 同样被反射。这两束反射光再次穿过分光镜后在光电探测器表面汇合，当参考镜横向振动的幅值满足干涉条件时，光电探测器会感受到干涉条纹的变化，干涉条纹光强峰值位置与零光程差位置一一对应。当压电单元在其全行程范围内做高速横向振动时，就可以记录多组零光程差光强峰值图像，每组零光程差的波长与压电单元的位移量相对应。对这些光强峰值图像和相应位移量进行重构计算，得到被测表面上每个点的轮廓高度数据，从而实现被测对象上三维形状轮廓的面检测。

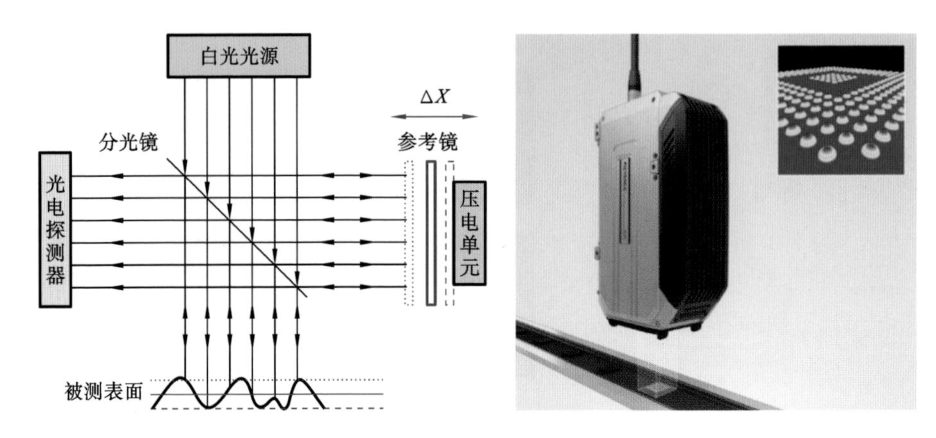

图 5-47　垂直扫描白光干涉传感器的构成及原理

当前三维干涉式形状传感器的最小横向测量范围为 4 μm×4 μm，纵向测量范围可达 1 mm。可以用于平面度、高度差等各种尺寸的快速测量，具有不受表面材质、光泽、纹路影响，无测量死角的显著特点。

2）被动测量方式

被动测量法是以机器视觉为基础，融光学、光电子学、计算机、图形处理等技术于一体的物体三维形状测量方法。基于被动测量法有单目视觉、双目视觉、多目视觉等测量系统。单目视觉测量系统结构最为简单，采用单个摄像机拍摄，成本也比较低，但由于不能获取深度信息，因此只能作为投影式轮廓仪，用于平面类零件的测量。双目视觉测量系统根据仿生学原理，类比人类的双眼视觉识别系统构造而成，通过两个相对位置固定的摄像机，从不同的视觉方向对同一目标拍摄两幅图像，由计算机对两幅图像中的像点进行匹配和检测，从而获得被测物体表面的空间坐标信息。双目视觉测量系统具有原理简单、架设方便、适应性强、对测量环境要求不高等特点，不足之处是摄像机的标定过程比较烦琐，定点匹配算法复杂，测量精度不高。多目视觉测量系统是指采用三个以上摄像机构造的被动测量系统。使用多个摄像机可以减少视觉拍摄盲区，同时通过冗余图像处理也可提高匹配与测量精度。

双目视觉测量系统主要应用于较大型零部件及整机的快速测量，如汽车、飞机、船舶等的结构件、外壳等的装配。

4. 扫描探针显微镜法

纳米材料、纳米制造科学的发展，对高精度表面的测量分析仪器提出了更高的要求。受制造精度和衍射极限的制约，机械触针和光探针的直径难以达到纳米量级，这使得传统的轮廓测量仪器不能进行亚纳米级表面的微观形貌测量。而扫描探针显微镜(scanning probe microscope，SPM)是一类可用于物质表面微观形态测量的科学仪器，近40年来得到了迅速的发展。这类仪器主要包括扫描隧道显微镜STM、原子力显微镜AFM、激光力显微镜LFM、磁力显微镜MFM等类型。

这类仪器的构成与前述的触针式轮廓仪相同，也是通过触针在被测表面上移动来进行轮廓测量的。与传统轮廓仪的机械触针、光学探针不同，扫描探针显微镜中的探针是基于量子隧道效应的电流型探针。图5-48为扫描隧道显微镜的测量原理示意图。

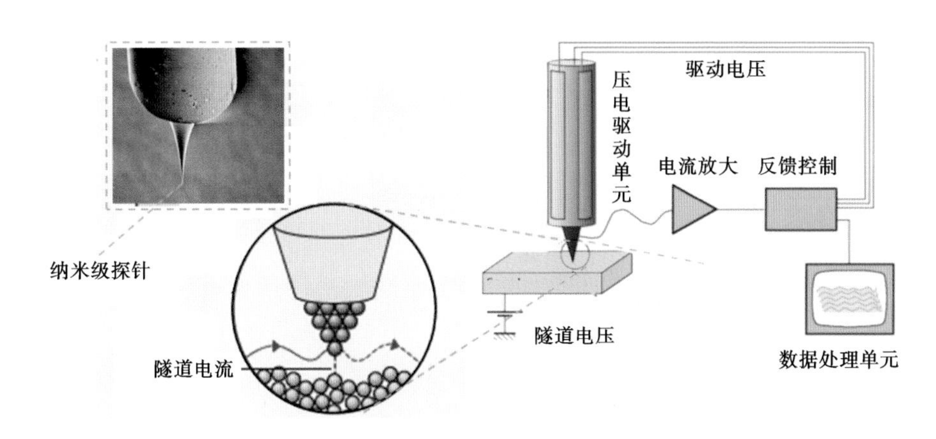

图5-48 扫描隧道显微镜的测量原理示意图

所谓量子隧道效应是指当扫描探针与导体材料或半导体材料的距离逼近到几纳米范围时，虽然此时的针尖依然没有与导体或半导体材料接触，但二者的电子云将发生重叠，电子将以一定的概率跨越势垒，从而产生隧道电流，并且隧道电流对针尖与被测表面材料的间距十分敏感，隧道电流的大小在很大程度上可以反映间距的变化。当针尖和被测表面材料的距离减小至一埃米以内时，隧道电流的大小将会增大一个数量级。正是基于隧道电流的高度敏感性，扫描隧道显微镜在垂直方向上可以识别0.01 nm量级的微小位移变化，达到原子级的测量分辨率，横向分辨率可达0.1 nm。它不仅能够显示物质表面原子排列的状况，并且可用于对原子进行搬移操作，对表面科学、生命科学、材料科学和微电子技术的发展产生了重要的推进作用。

扫描探针的针尖直径越小，其测量分辨率越高。一般采用机械剪针法、电化学刻蚀、电子或离子束轰击等方法进行制备。如何制备超尖锐的针尖是扫描探针显微镜领域的重要研究内容。

扫描隧道显微镜也有自己的不足之处。一是由于其工作原理是控制具有一定质量的探针进行扫描成像，因此扫描速度受到限制，测量效率较低；二是由于扫描探针靠压电材料驱动，纵向移动测量范围只能在数十微米量级，故不易做到大范围连续变焦，定位和寻找特征结构比较困难；三是由于扫描探针极细，扫描工作时随被测表面起伏而上下运动，如果控制不当会损坏探针，因此，扫描探针显微镜对被测表面的粗糙度有较高的要求。

5.2.5 大尺寸三维形貌测量方法

通常而言，大型复杂曲面是指尺寸大于 500 mm 的被测物体表面，因为大型复杂曲面空间尺度大、结构复杂，所以对其进行测量和检测相对比较困难。然而在制造业加工装配过程中对大型复杂曲面的测量又非常普遍，如在汽车车身、飞机机身机翼等装配中大型结构件、蒙皮的几何尺寸与形状等，都需要使用大行程的曲面形状扫描测量仪器进行测量。针对大型自由曲面的结构特点，国内外基于三维形貌测量原理研制了多种测量设备，这些测量设备主要包括：全站仪测量系统、关节臂式形状测量系统、激光跟踪仪、激光雷达等。

与常用的三坐标测量机、形状测量仪、轮廓仪相比，用于大尺寸形状测量的仪器的主要特点是测量行程范围大，从几米到数十米不等，测量精度在数百微米量级。为达到较高的测量效率，这些仪器大都以光学非接触式传感器来获取被测大型零部件表面上各测量点、线、面的三维相对坐标信息，再通过不同的扫描方式来扩大测量范围，得到大量的测量点云数据。最后由计算机对点云数据进行拼接和曲面重构，实现对表面形状的测量。

1. 全站仪测量系统

全站仪是一种能对目标进行距离、角度测量的精密仪器。它既可以测量与目标的距离，又可以测量高低角、水平角等信息，通过对这些距离、角度信息的换算，可以得出被测点的三维坐标数据。其外形如图 5-49 所示，主要应用于大型工装设备检测过程，测量距离可以达到 200～500 m，测角精度能达到 0.5″，测距精度能达到 0.6 mm±1 μm。但由于人工瞄准的不确定性，测量效率不高，且受操作者技术水平影响，难以保证很高的测量精度。

2. 关节臂式形状测量系统

常见的三坐标测量机采用直角坐标系下的直线运动机构实现对被测表面

图 5-49　全站仪

的扫描运动，主要用于计量室、车间等固定位置使用的场合，不便于移动携带。而关节臂式形状测量系统采用非正交坐标系下的关节回转运动机构实现对被测表面的扫描运动，主要由数个测量臂、回转关节、码盘和测头组成。传感器测头安装在关节臂末端，如图 5-50 所示。在各测量臂长度确定的条件下，通过各关节回转角度的测量，可以换算出末端测头的空间坐标数据，结合测头的测量数据，可以得出被测表面的三维坐标变化信息。这类系统是用关节回转角度基准代替三坐标测量机的长度基准来实现测量的。根据测量范围和精度的要求不同，可选用接触式或非接触式的形状轮廓测量传感器。其主要特点是使用灵活、质量轻、机构可折叠。不足之处一是需要人工移动测量臂使测头沿工件表面移动，测量速度相对较慢；二是由于关节臂采用的是串联运动结构，末端测头误差会在关节臂运动过程中不断累积，导致测量精度不高。目前市场上应用较多的关节式测量臂的测量精度一般在数十微米量级。

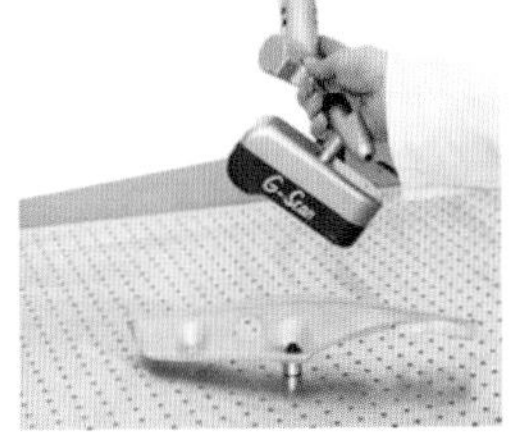

图 5-50　关节臂式形状测量系统

随着机器人技术的发展和多元化延伸,使用机器人代替关节臂实现三维形状的自动测量成为了可能。机器人作为执行机构进行测量时具有效率高、稳定性好、易于控制、伸展性好等特点,故对零件的测量更具柔性。图 5-51 所示的是用于汽车车身装配质量检测的机器人测量系统,测量传感器可选用机械触发式测头、光学线扫测头、视觉测头等类型。通过对带有测量传感器的多个机器人的综合控制,还能够进行整个车身覆盖件形状的快速测量,实现车身装配质量监控,提高车身装配质量和装配效率。

图 5-51　用于汽车车身装配质量检测的机器人测量系统

3. 激光跟踪仪

激光跟踪仪是一种集高精度激光测距、精密测角、目标跟踪等技术于一体的大尺度空间三维坐标测量系统。其原理主要基于球坐标系下的坐标计算方法。内部主要由激光干涉仪、方位与俯仰两轴旋转机构、光电位置探测器(PSD)等构成,如图 5-52 所示。激光光轴线与两个回转轴线相互垂直,三条轴线的交点为测量极坐标系的原点。目标点在空间球坐标系下用距离 l、方位角 α 和俯仰角 β 三个参数表示,目标点的三维极坐标为 $P(l,\alpha,\beta)$。距离变化信息可通过激光干涉仪测量,方位角 α 和俯仰角 β 可以通过两轴旋转机构上的高精度光电编码器获得。与目标点极坐标 $P(l,\alpha,\beta)$ 对应的直角坐标系坐标 (x,y,z) 为

$$\begin{cases} x=l\cdot\cos\beta\cdot\cos\alpha \\ y=l\cdot\cos\beta\cdot\sin\alpha \\ z=l\cdot\sin\beta \end{cases} \tag{5-16}$$

工作时,激光光束经过跟踪仪基站底部的反射镜,将光束转向到竖直方向,入射到方位俯仰跟踪机构的反射转镜上,光束被反射转镜转向后,入射到目标靶球上的反射棱镜中心。由于靶球反射棱镜的光束逆反作用,反射光束原路返回,并经过分光镜作用后照射在 PSD 的光敏面中心位置。此时 PSD 探测到的

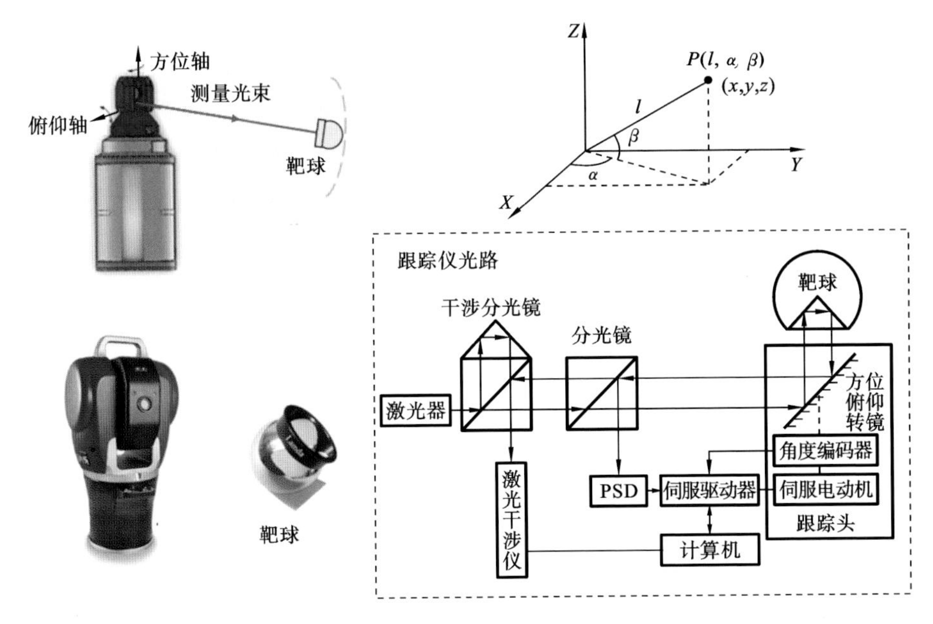

图 5-52　激光跟踪仪原理与构成图

光斑坐标可以作为 PSD 的原点坐标。

当目标靶球沿工件表面产生相对运动时，入射到靶球的光束会偏离靶球反射棱镜的中心，导致靶球的出射激光光束与入射光束之间产生一定的平移偏差量。此光束按照平行光路经方位俯仰转镜转向后进入分光镜，分光镜反射后的部分光垂直入射到 PSD 光敏面上，此时 PSD 上的光斑会偏离其原点坐标位置，偏差大小反映了目标靶镜的位置偏差信息。PSD 检测到的偏差量经计算机进行解耦计算后对跟踪头内的方位电动机、俯仰轴电动机进行控制，带动方位俯仰转镜旋转，使光束方向持续对准目标靶镜中心，实现对靶球的跟踪。

在跟踪靶球的同时，计算机不断从激光干涉仪中读取靶球的距离变化信息和方位、俯仰角度信息，对这些信息进行换算，得到靶球中心的三维坐标信息。

激光跟踪仪在数十米甚至数百米测量范围内的测距精度在 10～20 μm，分辨率能达到亚微米级。其在目标距离不太远的测量中，测量精度会更高，测量的速度也很快。

随着激光跟踪仪各单项技术的不断发展，激光跟踪仪已经从对简单的空间点、线、面的测量，发展到了能够对复杂表面的形貌特征进行测量。从起初用于机器人的分析和校准，发展到了被广泛应用于产品逆向工程设计和汽车、飞机制造装配等领域。例如在大飞机零部件加工完毕后，采用激光跟踪仪对零部件进行质量检测和数字化装配；在大型风电叶片的面型检测中，激光跟踪仪也可用于对叶片面型参数进行逆向测量。激光跟踪仪已成为大型复杂曲面形状测量的主要手段。

除上述测量方法以外，激光雷达、室内定位测量(IGPS)、机器视觉测量等方法也在大尺寸构件三维形状测量中得到了应用，表 5-1 为测量设备的主要性能对比表。

表 5-1　大尺寸三维形状测量设备主要性能对比表

测量设备	测量方式	精度等级	测量精度	测量过程	测量速度	便携性	测量范围
三坐标测量机	接触	最高	1～5 μm/m	逐点	慢	差	3 m×10 m×2 m
全站仪	非接触	高	1 mm+1 μm	逐点	慢	好	0～150 m
关节臂式测量系统	接触	最高	1～5 μm/m	逐点	慢	好	0～4 m
机器人测量系统	非接触	高	0.05 mm/m	非逐点	快	差	0～5 m
激光跟踪仪	非接触	高	5～10 μm/m	逐点	慢	好	0～80 m
激光雷达	非接触	高	5～10 μm/m	逐点	慢	好	0～60 m
IGPS	非接触	高	0.1 mm/m	逐点	慢	好	0～20 m
摄影测量系统	非接触	高	±0.025 mm/m	非逐点	快	好	0.1～10 m

大尺寸三维形状的测量方式可分为接触式测量与非接触式测量。接触式测量利用探针与被测物体接触或者利用反射球进行补偿来获取数据，因此会对材料造成损伤且对柔软物体不能保证精度。非接触式测量的扫描速度比较快，还可以得到大量点云数据，提高工作效率，但精度较接触式测量的略低。逐点测量方式时间长、效率低、强度大，而采用线、面等非逐点测量传感器则效率较高。因此，高速、非接触、高精度是大尺寸三维形状测量的发展方向。

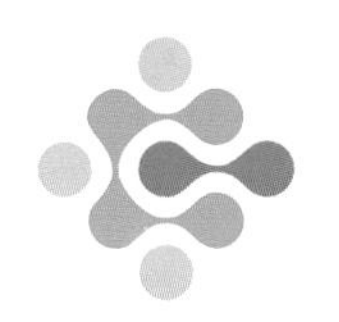

第6章 加工表层质量检测传感器

现代机械加工中为了保证零件表面的加工完整性，不仅要控制零件的形状、表面波纹度、表面粗糙度等表面质量特性，也要考虑到表层加工变质层的机械、物理、力学性能的变化，即表层质量特性。

表层质量特性反映了零件表层以及表层深处微观结构与物理性能，不仅会影响零件的装配精度，而且会影响零件的疲劳特性、耐磨性、耐腐蚀性，对零件的使用性能，尤其是对高精、高速、高温、高压条件下零件的可靠性有很大的影响。

表面波纹度、表面粗糙度是衡量零件表面质量的重要参数。对零件表层质量而言，评价特性指标主要表现在残余应力、加工硬化、微观组织、微观裂纹等方面。因此，树立表层质量意识，了解表层质量成因，掌握表层质量常用检测方法，对保证零件加工质量，延长零件服役时间具有重要的意义。

6.1 表层残余应力及其检测

生产制造过程中，被加工零件均会因机械加工对材料的去除过程而产生残余应力。残余应力是指零件加工后在没有外力和温度作用的情况下，存在于零件材料内部的，为保持内部相变应力、热应力、塑变应力的平衡而存留的应力。

作为表层质量特性的重要评价指标之一，残余应力按作用尺度范围进一步分为宏观残余应力和微观残余应力。宏观残余应力存在于材料内部的较大范围内，一般在毫米量级以上，其大小和状态可以通过物理和机械方法进行测量。宏观残余应力所处的内部力平衡或力矩平衡一旦被打破，会导致材料的宏观尺寸或形状发生变化。而微观残余应力一般存在于材料内部从毫米量级、微米量级延伸至原子量级的尺度范围内，微观残余应力内部的微观应力平衡如被破坏，不会引起材料宏观的尺寸或形状的变化。两类应力同时并存，在外力作用下产生宏观残余应力的同时，也总是伴随有微观残余应力的产生。

图 6-1 所示为残余应力的基本分类。切削加工造成的残余应力属于宏观残余

应力，主要分成残余压应力和残余拉应力两种形式，其大小随表层的深度而变化。

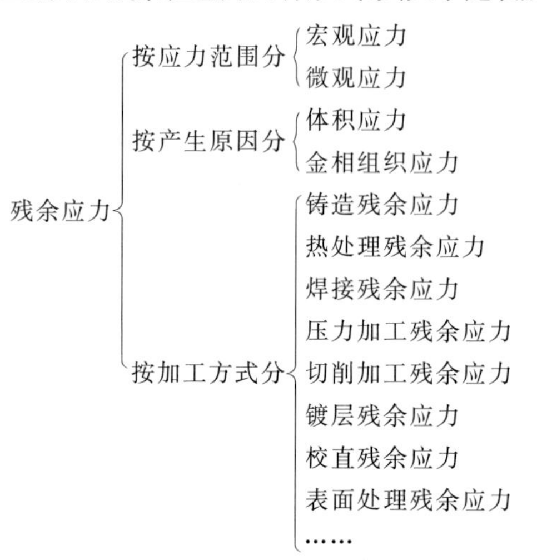

图 6-1　残余应力的基本分类

6.1.1　表层残余应力产生的原因及影响

在从毛坯到零件的制造过程中，各种机械加工工艺方法如铸造、焊接、切削、热处理、装配等都会使工件表层出现不同程度的残余应力。零件表层残余应力的产生，不外乎加工过程作用的外在原因和工件材料内部组织结构不均匀的内在原因两个方面。

对金属材料而言，残余应力产生的总体原因是加工后表层金属材料相对于里层金属材料发生了不均匀的弹塑性收缩或伸张变形，因而在邻近金属层材料间产生性质相反的拉应力和压应力。下面以切削过程为例，简要说明影响残余应力的主要因素。

(1) 机械应力塑性变形效应。切削过程中刀具前刀面对工件表面的挤压、剪切作用，后刀面对已切削表面的挤压与摩擦力作用，使加工表层发生塑性变形后形成残余应力。残余应力的性质取决于刀具前刀面压缩塑性变形和后刀面拉伸塑性变形的程度。前者大时，表层产生残余拉应力；后者大时，产生残余压应力。

(2) 热应力塑性变形效应。切削时，由于强烈的塑性变形与摩擦，已加工表层的温度很高，里层温度较低，受里层材料阻碍，表层材料会因体积膨胀而产生热应力。当热应力超过材料屈服极限后，表层材料产生塑性变形。工件冷却至常温后，表层材料因体积收缩和里层材料牵制，内部产生拉应力，里层材料内部则产生压应力。

(3) 相变引起的表层体积变化效应。切削时,若表层温度大于相变温度,则表层材料金相组织发生相变。由于金相组织、相变温度的差异,加工前后的表层材料金相体积发生膨胀或收缩,从而产生残余应力,其拉、压力性质取决于金相组织的相变温度特性。

已加工零件表层的残余应力,是上述诸因素综合作用的结果,而最后已加工表层的残余应力大小和拉、压力性质,则由其中起主导作用的因素所决定。因此,已加工表层最终可能存在残余拉应力,也可能存在残余压应力。

残余应力的存在既会降低工件的强度,导致工件尺寸变形和表面裂纹,又会在残余应力自然释放过程中使工件的疲劳强度和应力腐蚀等力学性能下降。一般认为残余拉应力会使工件表层产生微裂纹,削弱零件表面的疲劳强度和耐腐蚀性。而残余压应力则有助于抑制表层微裂纹的产生和扩展,可以改善零件的疲劳、蠕变特性等。因此在高性能零件制造过程中,对残余应力的大小和分布进行检测,进而通过刀具、材料、切削条件等参数的综合优化,实现残余应力的预测和控制,已成为实现高性能、绿色制造的重要手段。

6.1.2 残余应力的测量方法

传统的残余应力测量方法主要分为机械法和无损检测法两大类。

1. 机械法

机械法的理论完善,技术相对成熟,是应用较为广泛的残余应力测试方法。其原理是将有残余应力的试件用钻孔、切槽等方法进行局部的分离,使残余应力局部释放,测量其应力释放后的相应变形大小,然后用弹性力学有关公式计算残余应力值。以此依次分离和测量,便可求得残余应力在不同深度上的分布情况。由于机械法测量残余应力需要对工件进行钻孔、切槽等加工,因此它会对工件造成一定的损伤和破坏。

2. 无损检测法

这类方法基于材料晶格对电、磁、声波的物理效应原理,主要包括 X 射线法、磁性法和超声波法等。残余应力作用会使材料内部晶格的组织结构发生变化,在电、磁、声波作用下,晶格组织结构的变化会产生相应的衍射、磁性、超声效应,通过对这些效应的测量可以得到表层残余应力的大小和分布特性。

在这些无损检测方法中,X 射线法是技术成熟、精度较高、应用较广的测量方法。X 射线法是利用晶体对 X 射线的衍射现象进行测量的。工作时,用一定波长的 X 射线按照一定的入射角照射内部存在残余应力的材料表面,材料内部晶体组织变形所引起的晶面间距变化会使其布拉格衍射角度发生改变，通过测量布拉格衍射角度的偏移量，可以计算出与入射角对应方向的残余应力。若改变 X 射线的入射角度，还可以实现其他方向的残余应力测量。

X 射线法主要用于 10～35 μm 厚度范围内的残余应力测量，既可测定局部小区域的应力，也可测定材料复相合金中各个相的应力。测量结果较为精确。但其价格昂贵，对被测物体表面处理及仪器操作的要求较高。

无损检测的测试设备复杂、昂贵、精度不高，特别是应用于现场实时检测时，都有一定的局限性和困难。表 6-1 所示为各种测定方法的比较。

表 6-1　表层残余应力主要测量方法及其特点

<table>
<tr><th>所属类别</th><th>测定方法</th><th>特点</th><th>适宜范围</th><th>局限性</th></tr>
<tr><td rowspan="4">机械法</td><td>钻孔、切槽、分层</td><td>简单、精度高、破坏小</td><td rowspan="3">三维</td><td>贴片、孔深、
中心偏差影响误差</td></tr>
<tr><td>裂纹柔度法</td><td>简单、灵敏度高</td><td>需专门设备、
试件为平面或圆筒</td></tr>
<tr><td>剥层法</td><td>测试全面、破坏性大</td><td>费时</td></tr>
<tr><td>电化学腐蚀法</td><td>精度高</td><td>二维</td><td>每层剥层在 1 mm 以下</td></tr>
<tr><td rowspan="5">无损
检测法</td><td>X 射线衍射法</td><td>简单、快捷、不损伤试件</td><td rowspan="3">二维</td><td>不适合微观残余应力测试</td></tr>
<tr><td>磁性法</td><td>方便、适用于特大型工件</td><td>测量材料必须
是铁磁性材料</td></tr>
<tr><td>光弹贴片法</td><td>方便、直观、测试范围大</td><td>误差较大</td></tr>
<tr><td>中子法</td><td>穿透深度大、
对钢材可达 50 mm</td><td rowspan="2">三维</td><td>有辐射</td></tr>
<tr><td>超声法</td><td>穿透工件任意深度</td><td>无成熟的仪器</td></tr>
</table>

6.2　加工硬化及其检测

加工硬化是机械加工中非常普遍的一种现象。工件在加工过程中表层金属受到各种载荷的作用，导致工件表面发生多次挤压或剪切变形，使表层金属的晶格出现扭曲、晶粒伸长和破碎，阻碍了表层金属的变形而使之强化，使得表层硬度增高、强度增大、塑性和韧性降低，这一现象称为加工硬化或冷作硬化。

加工硬化是塑性变形与加工过程产生的热量共同作用的结果。强烈的塑性变形会造成表面微裂纹，而适当的加工硬化可以强化表面金属，抑制疲劳裂纹的扩展，提高零件的疲劳强度。但过度的加工硬化会产生脆性裂纹，使工件损坏失效。因此，要进行加工硬化的测量以及评定，为优化加工条件提供参考，保证加工零件的表面质量。

6.2.1 表面加工硬化产生的原因

与残余应力的产生原因类似，表面加工硬化也是加工过程中塑性变形与热应力共同作用的结果。其产生原因也可归结为以下三个方面。

(1) 切削过程中剧烈的塑性变形引起加工硬化。

在切削加工过程中，刀具与工件之间力与载荷的相互作用，使表层材料塑性变形，晶体组织的拉伸、扭曲、破碎导致硬化。

(2) 切削过程中切削热引起加工硬化。

塑性变形中变形能大多转化为切削热，切削过程中，刀-屑、刀-工件之间的剧烈摩擦也会引起切削热量的增加，使得切削区域的温度显著升高，之后切削热量大部分由切屑带走和冷却液冷却，造成已加工表面的表层温度迅速降低，形成自激淬火，造成表层硬化。

(3) 金相组织的变化。

某些金属在进行切削加工时，很容易受切削过程产生的切削热的影响。切削产生的高温会使金属材料发生相变而引起组织变化，最终形成硬度高于基体组织的材料而产生加工硬化。

6.2.2 表面加工硬化评价指标

作为某一物体抵抗另一物体侵入能力的度量参量，硬度与表层材料的弹性、塑性、蠕变、韧度等多种力学特性有关，是表层材料综合力学性能的整体体现，也是衡量表面加工硬化特性的主要指标。在零件加工过程中，通常以表层显微硬度、硬化层的深度 h_d 以及加工硬化程度 N_H 等参数来表示硬度的高低。

表层显微硬度可利用显微硬度计的测试直接获得。采用显微硬度计测量，最常用的是维氏硬度(HV)。

硬化层深度 h_d 是指已加工表面到工件材料基体未硬化处的垂直距离，单位：μm。

加工硬化程度 N_H 是已加工表面的显微硬度值占原始显微硬度值的百分数，通常表示为

$$N_H = \frac{HV}{HV_0} \times 100\% \tag{6-1}$$

式中：HV 为已加工表面的显微硬度；HV_0 为基体材料的显微硬度。一般情况下，硬化层深度 h_d 的范围可达几十至数百微米，而硬化程度可达 120%～200%。对于同种材料来讲，加工硬化深度越大，加工硬化程度也就越大。

6.2.3 硬度的测量方法

通过与物体表面的直接接触，人们可以对物体表面的"软硬"程度给出定性的评价，但对硬度的定量测试评价方法的研究历史只有一百余年。由于硬度对评价零件加工质量和使用性能的重要性，硬度测量已成为人们研究材料及其加工特性的一种重要手段。目前已形成了数百种硬度测量方法，其测量目的、原理、应用范围差异大，类型繁多，易于混淆。硬度测量方法的分类如图 6-2 所示。

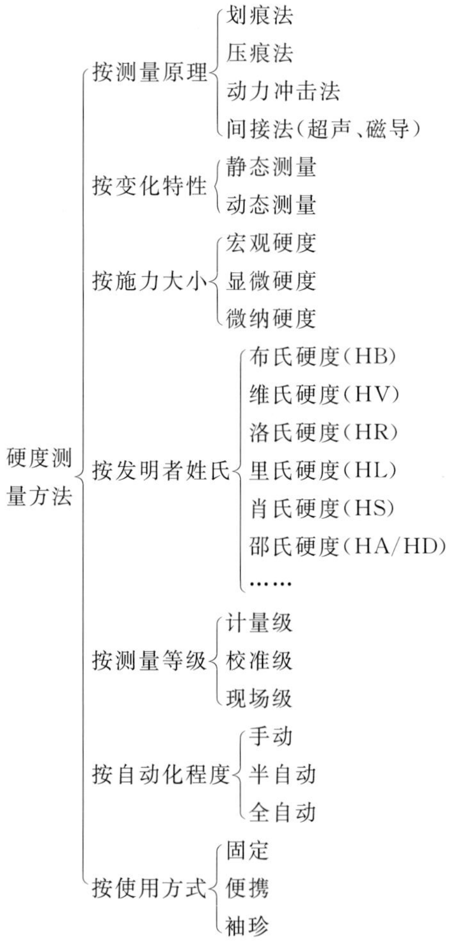

图 6-2 硬度测量方法的分类

划痕法、压痕法是最常用的硬度测量方法。其中划痕法是一种最传统的硬度试验法，它是在具有小曲率半径的硬质压头上施加一定的法向力，并使压头沿试样表面刻划，以刻划线的宽度作为衡量硬度的依据。划痕法是一种半定量的方法，所测硬度称为莫氏硬度。

压痕法是通过一定形状的压头（球体、金刚石圆锥体或其他形体等）将力施加在被测材料上，使材料产生压痕（即发生塑性变形），再根据载荷与压痕面积、载荷与压痕对角线长度、载荷与压痕深度等关系计算出硬度值。压痕法主要用于表征材料的抗塑性变形能力和应变硬化能力。

根据施加载荷的大小，压痕法又分为宏观硬度测试法、显微硬度测试法和微纳硬度测试法三类。宏观硬度是指压入载荷大于 10 N 时所测的硬度值，据压头形状、压痕几何参数的不同可分为洛氏硬度、布氏硬度等；显微硬度是指压入载荷在 10 mN～10 N 范围时所测的硬度值，可用努氏硬度计、显微维氏硬度计来测量；微纳硬度测试的载荷在数百微牛以下，需用纳米压痕测试仪、低载荷原位纳米力学测试系统等现代仪器进行测量。

在宏观硬度、显微硬度测量中，由于施加载荷的精度不高、压痕形状几何参数显微测量误差较大，这些传统硬度测量仪器的精度、效率较低，已不能适应 IC 制造、微纳制造、生物制造等领域对微纳米尺度结构表面硬度及力学性能测量的要求。

纳米压痕测试法，又称深度压痕测试法，主要测量微纳米尺度的硬度。它是在传统压痕硬度测试方法的基础上发展起来的。试验原理主要基于 Hertz 接触理论，接触过程中压头与试件间的接触面积相较于试件本身来说很小，因此，可认为应力仅集中在接触区域附近。压痕试验过程可分为加载阶段和卸载阶段。在加载阶段，压头压入试件材料表面，此时材料经历弹性和塑性变形，随着载荷增大，压入材料表面的深度逐渐增加，一直到最大载荷为止；在卸载过程中，压头从材料表面逐渐退出，卸载结束后仅发生弹性位移的材料表面恢复。通过记录加载、卸载过程中压头的载荷与位移量数据，可以精确得到载荷-压深曲线。图 6-3 为纳米压痕测量仪构成、压头形状、典型载荷-压深曲线示意图。

在载荷-压深曲线中，当压深达到设定最大值 h_{max} 后，开始卸载，完全卸载后，压深回到一固定值，即最终深度 h_p，也就是压头在试件上留下的永久塑性变形。最大压深 h_{max} 与塑性变形深度 h_p 之差为加载过程的弹性变形部分，卸载初始段斜率延长线与位移轴的交点处深度 h_r 称为接触深度。对于完全弹性材料，加载曲线与卸载曲线完全重合，塑性变形为零；对于完全塑性材料，卸载曲线垂

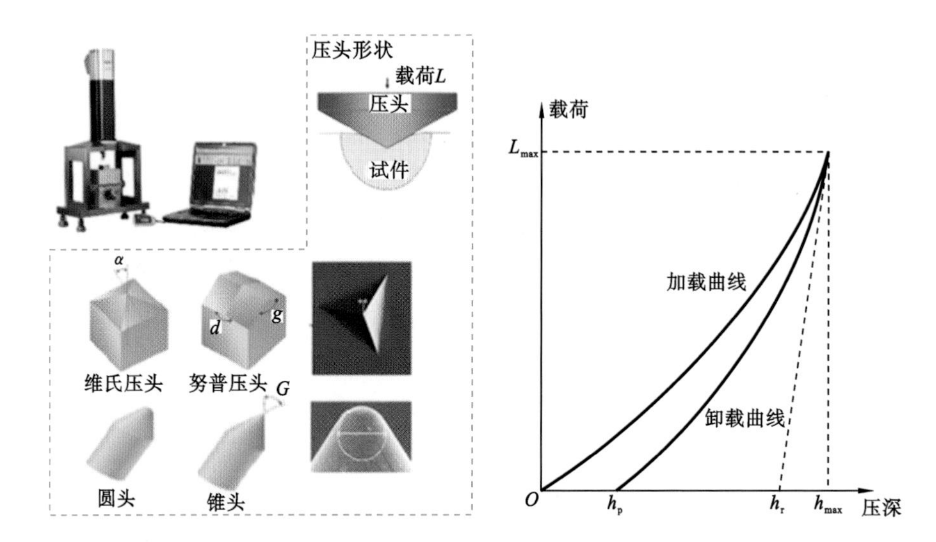

图 6-3　纳米压痕测量仪构成、压头形状、典型载荷-压深曲线示意图

直于位移轴,弹性变形为零。由卸载曲线和位移轴的交点可得到塑性变形量的大小;由加载曲线和卸载曲线及位移轴所包围的面积可得到材料变形所吸收的能量;由卸载曲线初始阶段作一切线,其斜率即为待检测材料的弹性接触刚度。同理,通过不同类型压头、静动态加载方式的组合及相应载荷-压深曲线的分析,还可以测量弹性模量、屈服强度、蠕变、残余应力等多种力学特性参数。

纳米压痕测试法的发展得益于微位移测试、扫描探针等技术的进步。其主要特点在于极高的力分辨率(μN 级)和位移分辨率(nm 级),可对加载与卸载期间载荷与位移变化进行精确的控制和测量,获得静动态多种类型的载荷-位移曲线。该方法有效地克服了传统压痕法定量化程度不高、硬度参数测量可比性不强等问题,拓宽了传统压痕法在半导体微构件、薄膜涂层、特殊功能材料制备等新兴领域的应用范围,为加工后工件材料宏观力学性能与材料内在微观特征、材料加工工艺参数之间关系等的研究提供了更有效的手段。

6.3　微观组织特征及其检测

在制造过程中刀具工件间复杂的热-力耦合作用,会使工件表层出现变质层。变质层中常常会形成微裂纹、位错、空穴等微观组织缺陷,正是这些缺陷导致已加工表面的机械性能得不到本质上的改善。因此,对已加工表层进行微观组织特征分析，对改善零件的机械性能有重要作用。

6.3.1 微观组织特征

在加工过程中，工件表层受刀具挤压，当挤压强度超出基体材料的屈服极限时，结晶组织会被拉长，产生塑性变形；另外切削热会引起金相组织的变化，包括再结晶、合金消耗、化学反应、再凝固、再沉积和再铸等。塑性变形和表层金相组织的变化使得微观组织的特征也发生了变化。影响零件性能的微观组织特征主要包括微观裂纹、塑性变形、相变、熔融和再沉积、切屑瘤，以及凹痕、撕裂、褶皱和凸起等。

6.3.2 已加工表层的微观检测方法

在 5.2 节已介绍了微观轮廓测量方法。对于加工表层微观组织缺陷，可以采用超景深金相显微镜、扫描电子显微镜（SEM）、透射电子显微镜（TEM）、电子背散射衍射（EBSD）、X 射线能谱分析（EDS）等进行测量。

对于表面微观裂纹及金属塑性变形、晶间腐蚀、凹痕、切屑瘤、熔融和再沉积等特征，可用超景深金相显微镜或扫描电子显微镜进行测量；对于位错、材料物相组成及物相比例等特征，可用透射电子显微镜进行测量；而电子背散射衍射测量方法则主要用于检测微观区域晶体取向、对称性、完整性等信息；X 射线能谱分析可以对表层不同深度下材料的化学成分进行分析。

超景深三维显微镜集体视显微镜、工具显微镜和金相显微镜的功能于一体，可以观察传统光学显微镜由于景深不够而不能看到的显微世界。它具有独特的环形照明技术，并配有斜照明、透射光和偏振光，能满足一般的金相照片拍摄、宏观的立体拍摄和非金属材料的拍摄要求，还可以拍摄动态的显微图像。放大倍率能达到数千倍，处于光学显微镜和扫描电子显微镜之间。

与光学显微镜利用各种波长的光成像不同，扫描电子显微镜使用电子成像。由于电子的波长比光波长小很多，因此电子显微镜的分辨率明显优于光学显微镜。扫描电子显微镜是利用聚焦电子束在样品表面扫描时激发出来的散射电子信号进行表面三维成像的，其放大倍数在百万量级；而透视电子显微镜则是对透过极薄样品的电子束进行二维成像，放大倍率在千万量级。

图 6-4 所示为扫描电子显微镜的测量原理及内部构成。扫描电子显微镜内部由灯丝、阳极、电磁聚焦透镜、偏转扫描线圈、探测器等构成。工作时，灯丝发热产生的热电子先受阳极吸引加速。为提高电子束的横向扫描分辨率，加速后的电子束还要经电磁透镜聚焦，缩小成直径约几十埃米的狭窄电子束。聚焦后

的电子束可由偏转扫描线圈控制，沿样品表面做纵横向光栅状扫描。电子束轰击样品表面后，其中一些电子被反射出样品表面，大部分电子与样品材料中各元素的原子核、外层电子发生不同形式的弹性和非弹性碰撞，激发出多种电子、光子、衍射信号，这些信号主要包括二次电子、背散射电子、吸收电子、透射电子、俄歇电子、电子电动势、阴极发光、X 射线等。对这些信号用不同类型的探测器成像后，可以得到反映材料微观组织结构及其物理化学特性的放大图像。

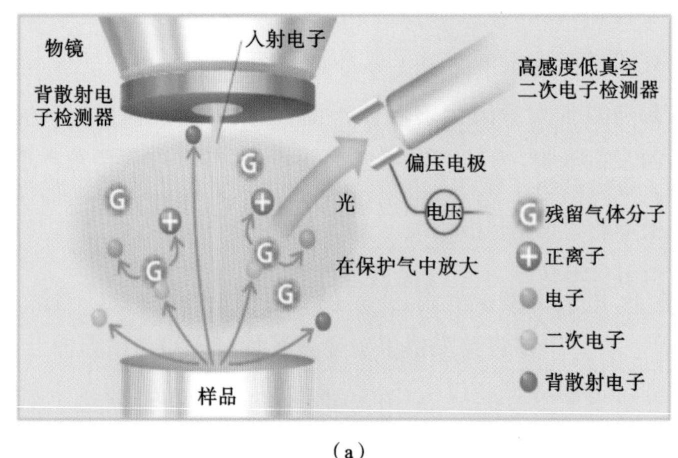

(a)

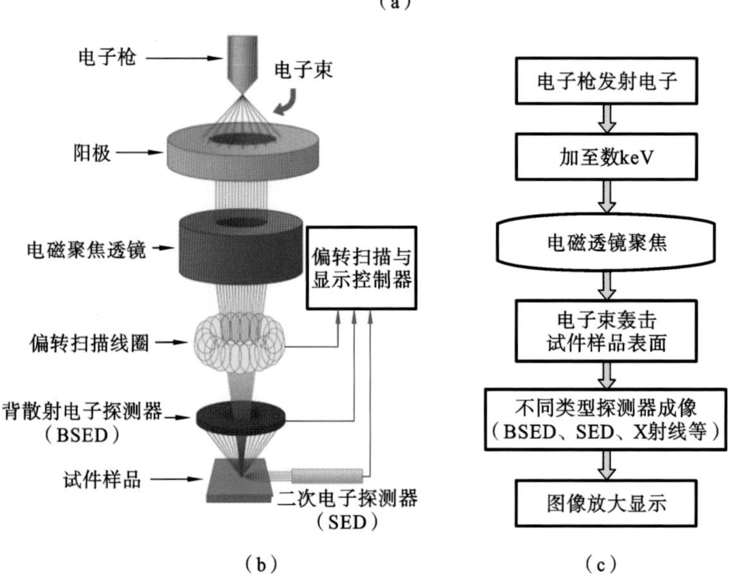

(b)　　(c)

图 6-4　扫描电子显微镜的测量原理及内部构成

(a) 电子束轰击样品表面激发的信号类型；(b) SEM 内部构成；(c) SEM 工作过程

6.4 磁探伤检测

磁探伤检测是利用金属材料在电磁作用下呈现出来的电学和磁学性质,在不破坏、不损伤被检测对象的前提下,对金属材料内部或表面的物理和力学性能进行测定和评价的方法,主要包括应力、硬度、损伤缺陷等参数的检测。磁探伤检测是无损检测领域中的一类重要检测手段,在制造过程中主要用于产品零部件表层加工质量的监测和控制。

特别需要说明的是,尽管磁探伤检测的主要目的也是对工件材料表层的应力、硬度、缺陷等参数的检测,但与前述表层残余应力、加工硬化、微观组织特征等的检测方法相比,在测量范围、测量精度、应用场合等方面有一定差异:在参数测量范围方面尺度更宏观一些;在绝对测量精度方面会稍低一些;从使用性能角度更易于在制造过程现场或在制造设备中集成应用。

磁探伤检测方法主要分为涡流检测、漏磁检测、磁弹法检测三种类型,下面对其原理和应用特点进行简要的说明。

6.4.1 涡流检测方法

涡流检测是利用金属材料的涡流效应进行表层内部缺陷检测的方法。涡流检测仪器结构简单、使用方便,常作为工件表层质量检测仪器在生产线上使用。

1. 涡流检测原理

涡流检测的方法是将通有交流电的线圈接近导体,线圈产生的交变磁场与导体之间会产生电磁感应作用,在导体内部形成电涡流;导体中的电涡流也会产生自己的磁场;当导体表面或表层出现缺陷时,将影响涡流强度、相位和分布特性的变化;这些变化通过涡流反作用于磁场又使检测线圈阻抗发生变化,根据阻抗变化特性的分析,就可以间接地判断导体内部的缺陷。涡流检测原理如图 6-5 所示。

涡流检测具有非接触、不需耦合剂、操作简单、无污染以及易于实现自动化等特点。但也存在较大的局限性,易受到电磁特性干扰因素的影响,如温度、检测位置、工件速度、边缘效应、工件形状、环境磁场电场等的影响。正是这些局限性,使涡流检测的灵敏度和空间分辨率不高,难以进行工件的微观尺度裂纹缺陷检测。因此,涡流检测大多应用于工件热处理、高速磨削、高速切削等加工温度变化剧烈场合的宏观尺度裂纹缺陷检测。

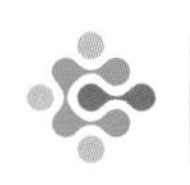

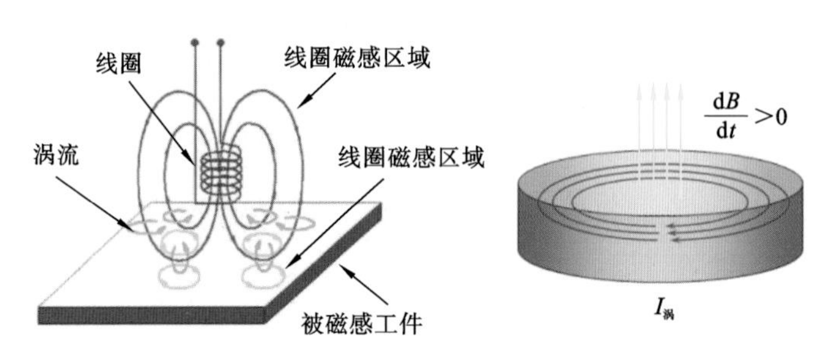

图 6-5　涡流检测原理

2. 涡流传感器

传感器的性能是保证涡流检测性能的基础，涡流传感器可分为多种类型。按内部结构可分为粘贴式、开槽式；按线圈类型可分为参量式和变压器式，其中参量式线圈输出的信号是线圈阻抗的变化，而变压器式输出的是线圈上的感应电压信号；按检测线圈和工件的相对位置分为穿过式、内通式和放置式；按线圈绕制方式可分为绝对式、比较式和自比较式；按构成排列方式还可分为单点式、阵列式；等等。使用过程中，需根据被测工件形状与结构的差异，选择不同结构样式的涡流传感器。图 6-6 是典型涡流传感器的样式和应用示意图。

近年来，随着涡流传感器制备、集成电路、信号处理等技术的发展，涡流检测逐步向定量化、成像化、智能化方向发展，主要表现在涡流传感器阵列和多维信号驱动处理两个方面。其中涡流传感器阵列是将多个涡流线圈布置成阵列形式，不需运动装置即可实现更大面积、更复杂形状、更高信噪比的表面缺陷涡流特性检测，显著提高了检测精度和可靠性。多维信号驱动处理是指对涡流传感器阵列的多频激励样式、多通道采集处理方式进行灵活配置。正是这两个方面的进步促生了多种新型的涡流检测技术和仪器，如多频驱动检测、远程涡流检测、脉冲涡流检测、涡流成像等技术，极大地提升了涡流检测的精度和效率。

在高硬度材料磨削加工中，由于工件与砂轮的接触区会产生瞬时高温，大部分热量会直接传导至工件表面，很容易使工件表层金相组织、表层硬度发生改变，产生残余(拉)应力，造成工件表面的磨削烧伤，给使用性能带来严重影响。涡流检测作为磨削烧伤的主要监测手段，技术发展已较为成熟，并形成了国际和国内的涡流无损检测标准。采用激光烧蚀对曲轴表面进行处理来模拟磨削退火和硬化损伤，分别用绝对式和差动式涡流传感器对损伤区域进行检测，从而得出涡流变化曲线及分布特性，如图 6-7 所示。从图中可以看出，涡流

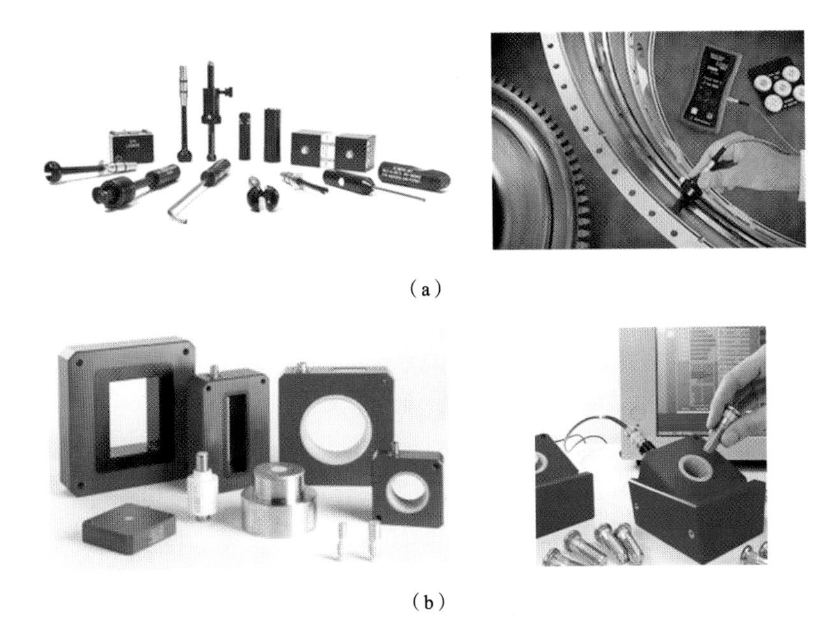

图 6-6　涡流传感器的样式及应用示意图

(a) 笔式涡流测头;(b) 线圈式涡流测头

变化曲线分布特征与损伤区域具有较好的对应关系。

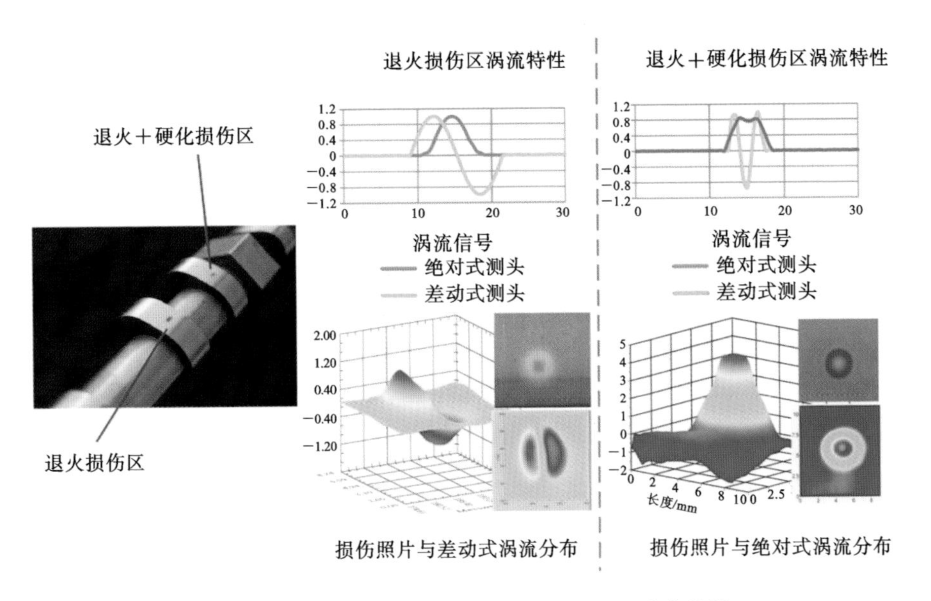

图 6-7　磨削烧伤监测中的涡流变化曲线及分布特性

6.4.2 漏磁检测方法

漏磁检测原理如图 6-8 所示。漏磁检测的应用对象为铁磁性材料，主要是基于磁阻最小原理进行检测。当用外加磁场磁化待测工件材料时，如果材料内部材质是连续、均匀的，则磁力线会被束缚在材料中并沿与表面平行的方向传播，基本上没有磁力线从表面穿出，待测表面无磁通。但当材料内部存在缺陷时，由于缺陷的磁导率很小，磁阻很大，磁路中的磁通则会发生畸变，导致磁力线的途径发生改变。除去一部分磁通直接穿过缺陷或在材料内部绕过缺陷外，还有一些磁通会离开材料表面，通过空气绕过缺陷再进入材料，在材料缺陷处外表面形成漏磁场。通过对漏磁场特性的测量可间接评估缺陷的位置、形状和大小。采用磁粉进行漏磁场直观目测的方法称为磁粉法，其工艺简单，操作方便，成本低，但难以对缺陷参数进行定量化评估。采用磁性传感器对漏磁场进行检测的方法称为漏磁检测法，该方法采用永磁或电磁方式进行磁化，通过霍尔元件、磁二极管或检测线圈等磁性传感器进行漏磁场的定量检测，具有使用方便、不易受油污影响的特点。

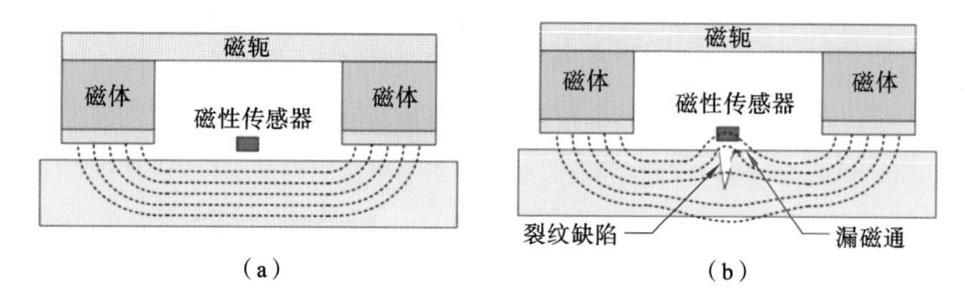

图 6-8　漏磁检测原理

(a) 无缺陷时的磁力线；(b) 有缺陷时的磁力线

6.4.3 磁弹法

铁磁性材料在磁化过程中会产生电磁波和弹性波效应，磁弹法主要是基于这两种效应进行工件表层缺陷检测的方法。其中电磁波效应又称巴克豪森效应，由德国物理学家巴克豪森于 1919 年首次发现。当铁磁性材料受到外部磁场的作用时，材料内部可发出可测的磁噪声信号，这些磁噪声信号又称巴克豪森噪声(BN)，其与材料晶粒度、表层应力和硬度有较紧密的关联关系。弹性波效应是指铁磁性材料在磁化过程中会发出一定的声信号，又称磁声发射

(MAE)信号,且材料的材质、显微组织、外加应力以及热处理状态对磁声发射信号特性有较大的影响。这两种效应的本质是在外部磁场作用下铁磁性材料内部磁畴壁运动和磁畴磁矩翻转所引起的磁噪声和弹性波噪声。磁弹法的测量原理及应用如图 6-9 所示。

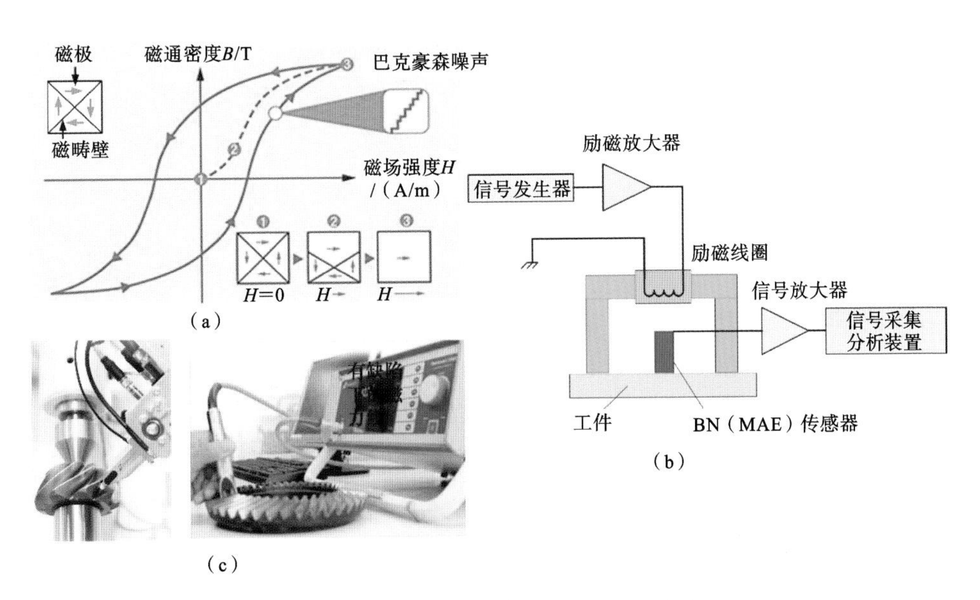

图 6-9 磁弹法的测量原理及应用示意图

(a) 巴克豪森噪声的产生;(b) 巴克豪森噪声和磁声发射检测原理图;(c) 巴克豪森噪声检测应用

由于巴克豪森噪声主要是磁化过程中铁磁性材料表层畴壁的移动造成的,因此材料的晶粒尺寸、应力、硬度、外部磁场强度、磁化频率以及材料温度都会给噪声带来影响。对大多数铁磁性材料而言,巴克豪森噪声的频率范围一般在 100 kHz～2 MHz 之间,渗透深度与磁化频率有关,大致在 0.01～1 mm 范围内。频率越高,磁场的渗透深度越趋于表面,频率越低,磁场渗透深度越大。渗透深度的计算方法为

$$\delta=\sqrt{\frac{1}{\pi f\mu_{r}\mu_{0}\sigma}} \tag{6-2}$$

式中:f 为激励频率;μ_r 为材料相对磁导率;μ_0 为真空磁导率;σ 为被测材料电导率。

在制造过程中,对巴克豪森噪声进行分析,可以用于切削、铣削、磨削等冷加工和锻压、铸造、电镀等热加工中工件表层应力、硬度、缺陷、蠕变、疲劳等参

数的检测。

与巴克豪森噪声检测方法不同，磁声发射检测是基于铁磁性材料磁化过程中声发射信号特性的检测。声发射源头主要是畴壁移动和局域磁化矢量的转动，频率在 20～500 kHz 之间。两种检测方法的差别主要在传感器类型和信号处理算法方面。

磁弹法适合于对铁磁性材料表面和近表面缺陷的无损检测，具有操作方便、精确度高的特点。配备传感器探头夹持工装还可以实现自动化检测操作，可在大批量生产现场使用。

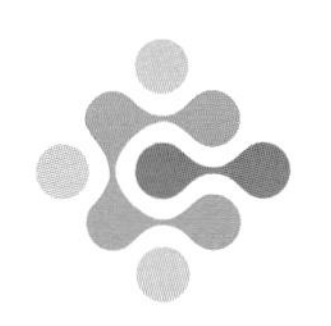

第7章 装配力学性能检测传感器

装配是指将零件按规定的技术要求组装起来，并经过调试、检验使之成为合格产品。装配通常占用的手工劳动量大、人工费用高。据统计，在现代制造过程中装配工作量占产品加工、装配总工作量的20%～70%，平均为45%，因此装配是产品制造过程中需耗费大量时间和精力的关键环节，也是产品获得整体性能的最后环节，直接关系到生产效率和产品质量。

长期以来机械加工与装配技术的发展并不平衡，仍存在重视零件加工精度、轻视装配质量的问题。随着产品向轻量化、精密化和光机电一体化等方向发展，以及服役环境条件的恶劣化和极限化，现代制造对装配的填充密度和性能要求不断提高，依赖人工经验的装调难度越来越大。装配环节对产品最终使用性能的决定作用日益凸显，已成为当前保障产品质量的薄弱环节和关键环节。

传统的装配工艺设计主要以保证产品的几何精度为目标，尽管也能够实现产品结构件的装配，但对于含有轴承、齿轮、密封件、电机等的精密光机电产品而言，片面地提高装配的几何精度或运动精度并不能达到保证产品整体性能的目的，还必须从零部件结构、安装特点、服役性能等方面进一步考虑整体装调工艺，对装调的静、动力学指标提出定量化的要求，并明确能对这些静、动力学性能参数进行检测的仪器设备手段。

在先进光机电产品中，不同形式的导轨、轴承等直线或回转运动部件得到了广泛的应用。由于这些运动部件的润滑、预紧、密封性能直接关系到产品的动态定位精度和服役环境适应性，因此它们也一直是精密装配工艺关注的重点和难点。

以轴承部件与结构件的连接装配为例，装配不但要保证轴承外环与结构件上安装孔座之间的轴心线一致性以及所受径向力的合理性，而且还应对轴承内环进行一定的预紧，以保证其承受一定的轴向预载荷。只有对外环压紧力、内环预压力进行定量监测和控制，才能有效地保证轴承部件的旋转精度和摩擦润滑特性。

因此，对装配过程中力的监测，是保障装配质量的关键。许多加工过程都与力有关，加工力的变化影响产品的质量。测量加工力在加工过程中的变化，找出加工力与产品质量的关系，再根据产品质量与加工力变化的关系，能对产品的加工过程进行监控。

7.1 装配过程力测量原理

常用的装配连接过程包括卷边连接、螺纹连接、铆接、点焊、挤压连接、压装连接等。在这些装配过程中均不同程度地涉及过程力，如卷边成型力、螺栓连接力、铆接力、点焊力、挤压力、压装力、摩擦力、接触力、磁力、弹簧力、支承力等。对这些装配过程力的检测和精确控制已成为保证精密机械产品装配质量的关键，正得到越来越多的应用。

在装配过程中，为实现所期望的过程力的精确测量，根据设计和应用不同，传感器需要一定的预紧以便获得压缩力和拉伸力对称的测量范围。因此，传感器的实际测量范围是其总测量范围减去预紧力，如图 7-1 所示。

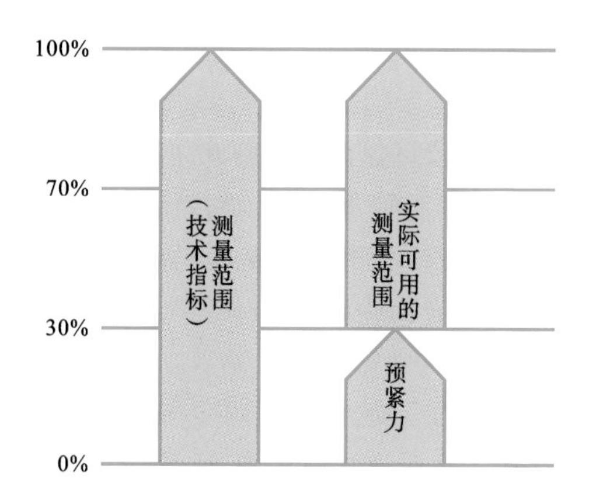

图 7-1 测量范围

根据传感器安装方式的不同，过程力的测量主要分为直接测力、部分测力和间接测力三种类型。

7.1.1 直接测力

直接测力示意图如图 7-2 所示。传感器完全安装在过程力 F 的传递路径上，传感到的是全部的过程力，且测量值与力的作用点无关。传感器量程应大于被测力的变化范围，具有安装方便、易于预紧及校准、测量精度高等特点。

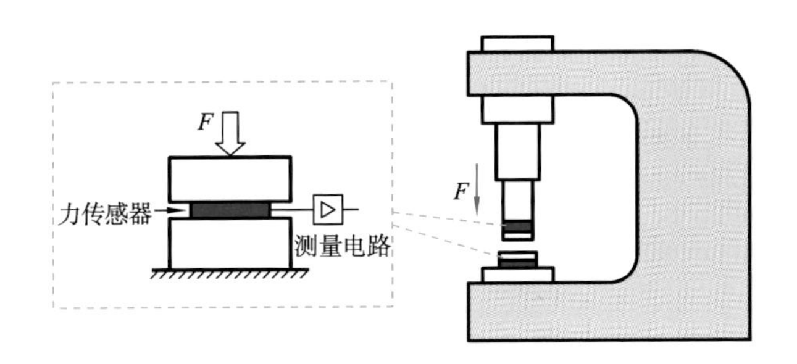

图7-2 直接测力示意图

7.1.2 部分测力

如果由于量程原因，传感器不能直接安装在力的传递路径中，则只能测量部分力。如图7-3所示，传感器安装在机械结构中，部分过程力通过力分流传递，部分过程力通过传感器传递。传感器的量程可以比需要测量的力的范围小，且测量信号与力的作用点的位置有关。部分测力具有抗过载能力强、成本低、恒力状态测量精度较高的优点。

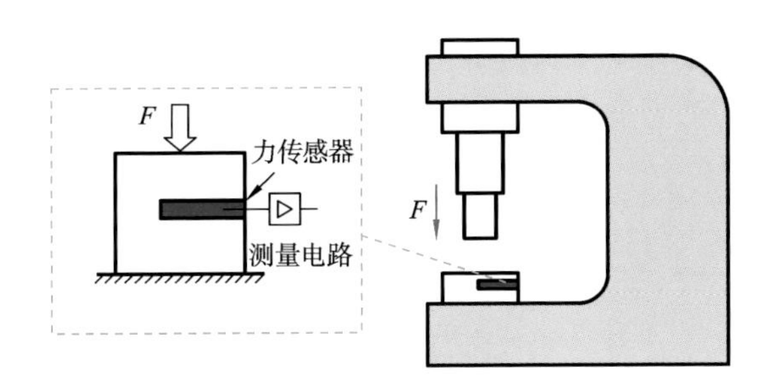

图7-3 部分测力示意图

7.1.3 间接测力

结构受力时会在相关敏感部位产生与力成比例的应变，间接测力通过测量结构的应变来获得过程力，如图7-4所示。过程力 F 的变化使传感器安装部位的结构处发生应变。由于结构的刚度较大，应变量较小，因此可用量程较小的应变式传感器进行过程力的间接测量。间接测力具有仪器安装简便、抗过载能力强、成本较低等优点，但测量灵敏度相对较低，一般在被测过程力较大的场合应用。

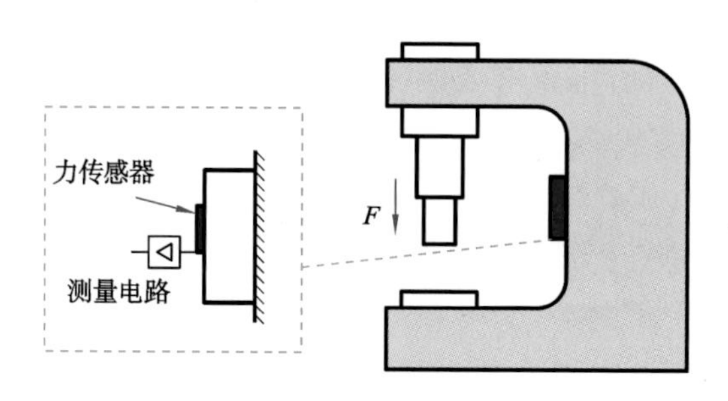

图 7-4　间接测力示意图

7.2　典型装配力的测量

7.2.1　螺栓预紧力测量

螺栓（或螺钉）组连接是机电产品装配中最常用的连接方法之一。螺栓连接的预紧力对整个产品的装配质量及可靠性有直接的影响。预紧力太大容易造成螺栓失效，预紧力不足则容易造成螺栓的松动。

垫圈式力传感器可直接测量螺栓组中各螺栓在拧紧过程中及拧紧之后的预紧力变化。图 7-5 为垫圈式力传感器的结构、外形与应用示意图。

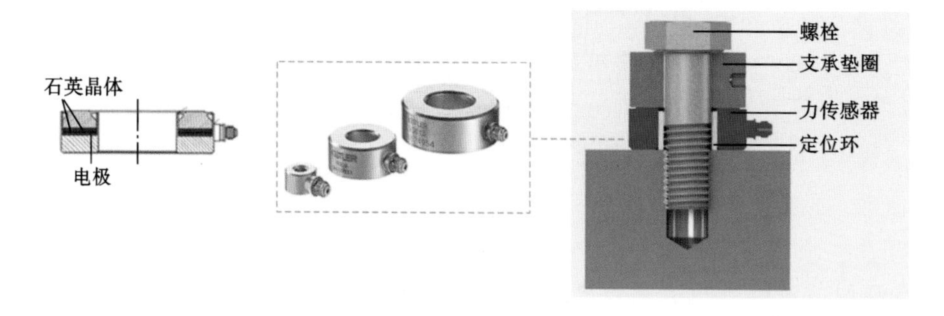

图 7-5　垫圈式力传感器的结构、外形与应用

测量时，先将所有的垫圈、传感器等按顺序穿在螺杆上，并按传感器的量程进行一定的预紧。为了使传感器在测试过程中不被磨损，避免传感器承受偏

载，一般应在传感器两侧安装高硬度的抗磨支承垫圈和定位环，以保证在拧紧过程中支承面接触状态基本不变。

垫圈式力传感器具有安装简单、自身谐振频率高的特点，便于现场装配过程和高振动环境下的螺栓预紧力监测使用。

7.2.2 压装力测量

压力装配是一种十分常见的装配方法，它通过在特定方向上加压来实现两零部件间的过盈连接。压力装配简单快捷，但是也存在装配结合面拉伤、零部件变形、应力集中等装配质量问题。因此在精密装配的场合必须对压装力进行精确的控制。特别是对轴承等含有运动副的零部件装配要求更高。由于轴承和壳体孔装配多采用过盈连接，这种连接方式利用过盈量使得轴承外圈与壳体相互挤压而产生径向接触面压力，并依靠面压力产生的摩擦力来传递扭矩和轴向力。工程上多使用压力机对轴承进行压装，压装力对压装质量具有重要的影响。压装力的大小受多种因素影响，使得压装力难以准确测定。如果压装力不足，将导致零件压装不到位，需退卸后重新压装，影响生产效率。反之，如果压装力过大，则会使轴承外环和壳体局部产生塑性变形，影响轴承的工作性能。

图 7-6 所示为轴承压装示意图。压装过程中，压力机产生的轴向压力 F 通过压头轴、压力传感器、压头作用到轴承外圈，通过检测轴向压力 F 和轴向位移 D 可以对压力-位移曲线进行优化和精确控制，实现压装过程的自动化，从而保证轴承的压装质量。

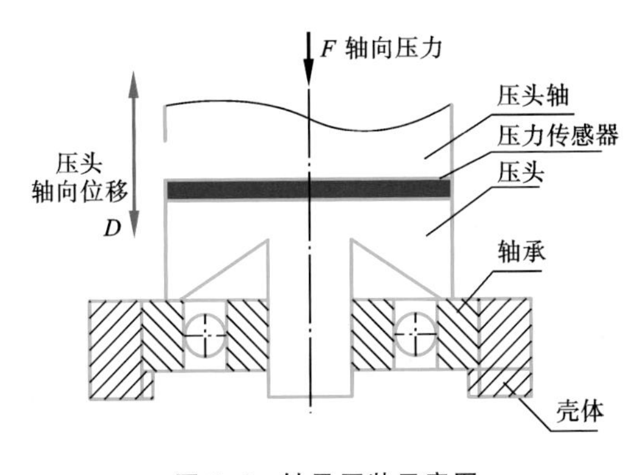

图 7-6　轴承压装示意图

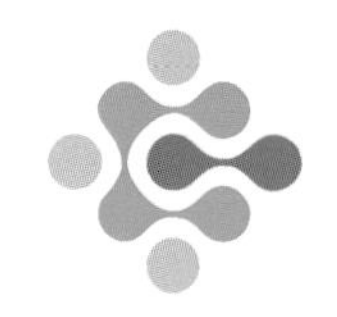

第8章 车间智能物流传感器

自动化物流设备用于实现仓储、装卸、搬运等物流作业，是实现车间物流自动化的基础，物流设备的自动化程度很大程度上决定了物流系统的自动化水平。“智能物流”是指将人工智能、物联网、大数据等技术应用于物流系统中，通过物联网感知、计算机数据处理、辅助决策等技术进行有效融合，建立可共享的物流信息平台，从而实现智能、高效和友好的物流作业处理流程，提高物流效率，降低物流成本。

本章主要介绍常用车间物流传感器的原理和应用方法。

8.1 车间物流概述

制造业的主要生产活动都围绕产品进行，这些活动包括产品设计、加工、装配、检验、管理和物流等。其中物流是指原材料、零部件、半成品、工装夹具等生产物料在生产过程中的流动，物流成本占据企业生产成本很大一部分。据统计，大批量产品制造过程中，加工和装配时间只占总生产时间的5%～10%，而生产过程物料流通、等待等所需的辅助时间却占总生产时间的90%～95%。由此可见，企业内部生产物流和企业的生产过程密切相关，通过有效的自动化设备物流信息管理手段对物流过程进行优化，能够缩短生产物流辅助时间，有效提升企业生产效率，降低生产成本。

车间物流系统是企业物流的基础，通过车间物流信息收集和动态规划管理，实现物流设备与生产流程节拍的合理匹配，提升物流的准确性和效率，是车间物流自动化、智能化的主要内容。

8.1.1 制造车间物流系统架构

制造车间物流系统是一个自上而下高度集成的，具有物流信息采集、分析决策、设备控制等功能的自动化系统，能够实现对车间物流整体的管理和控制。

车间物流系统按层次划分可分为生产物流管理层、集成控制层和设备执行层三个层次。其系统架构如图 8-1 所示。

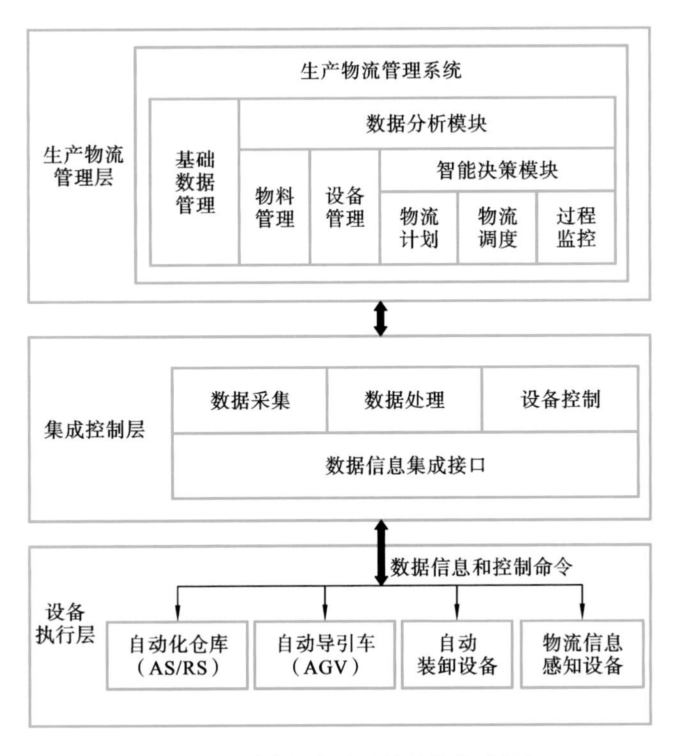

图 8-1　制造车间物流系统总体构成框架

生产物流管理层的核心为车间级生产物流管理系统。主要包括基础数据管理、物料管理、设备管理等基础功能模块，以及数据分析和智能决策模块，具有数据分析、制订物流计划、实施物流调度、监控生产过程、进行物料和设备管理等功能。

集成控制层是基于工业互联网的信息传输控制平台，起到连接软件系统和底层硬件设备的作用。既可为每种自动化设备单独设置数据接口，通过统一的数据接口进行信息交互和设备控制，也可接收上层生产物流管理系统指令，通过统一的数据接口对设备状态信息进行采集和控制。

设备执行层包含生产物流运作所需要的自动化硬件设备，如物流信息感知设备、自动化仓库、自动导引车（AGV）、自动装卸设备等。设备执行层在物流过程中负责现场设备信息的采集和传输，实现设备的本地自动化控制，保证物流和信息流的同步运行。设备执行层可由集成控制平台进行统一的控制和信息传输。

车间物流系统的顶层和底层分别为车间管理软件系统和硬件设备群,软件系统负责管理和指挥,硬件设备群则据命令执行相应的采集和控制动作。

8.1.2 自动化物流设备

根据在物流系统中所起作用的不同,自动化物流设备有多种类型。针对车间的生产物流特点和需求,常用的自动化物流设备主要有以下几类。

1. 物流电子信息设备

物流电子信息设备用于获取相应的物流数据,实现物料的自动识别和监控,主要包括条码识别设备、射频识别设备。条码识别设备是利用扫描装置对特定条码进行扫描从而读取信息的设备,根据编码形式分为一维码识别设备和二维码识别设备,其作用是通过记录特定的编码来反映物料的各种状态参数。射频识别设备包括无线电射频识别(RFID)、近场通信(NFC)等类型。RFID 类设备识别距离较远,能够同时识别多个标签,但只能被动识别数据。NFC 类设备识别范围近,主要进行一对一的数据交换,但具有主被动相互通信及一定的运算能力。由于 RFID、NFC 两者的传输及数据读写特性不同,其应用场景也有所不同,RFID 系统主要用于对物流的跟踪,NFC 系统则主要用于物料信息读写操作。

2. 自动装卸设备

自动装卸设备主要有桥式起重机和装卸机器人两种。桥式起重机俗称行车,常用于车间内大型、重型物料的搬运和装卸,具有载荷大、活动范围广的特点;装卸机器人是一种多关节工业机械手,一般以加工、装配工位为中心进行布置,可以实现物料的装夹、卸载以及小范围的搬运活动。相比行车这种大型装卸设备,装卸机器人虽然载荷相对较小,但能够适应多品种、小批量的生产模式,具有占地面积小、使用灵活性好的特点,是当前车间物流主要的上下料装卸设备。图 8-2 为典型物料装卸设备的外观图。

3. 自动导引车

AGV 是一种装有特定导航系统的移动机器人,通常用于生产物流中的物料运输环节。在控制系统的指引下,AGV 可以通过特定的路径将物料运送到指定的位置。图 8-3 为 AGV 在车间物流中的典型应用示意图。

AGV 的工作需要依赖相应的控制系统完成,其控制系统主要包括:

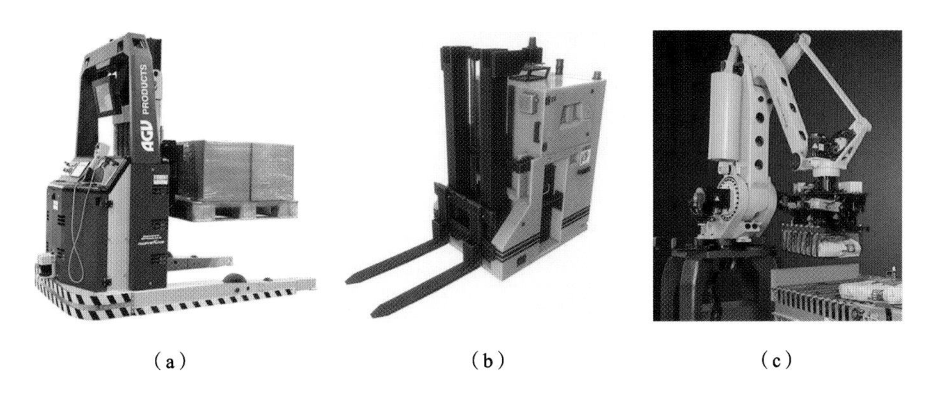

(a) (b) (c)

图 8-2 典型物料装卸设备的外观图

(a) 移动式 AGV 叉车;(b) 移动式堆高叉车;(c) 物料装卸机器人

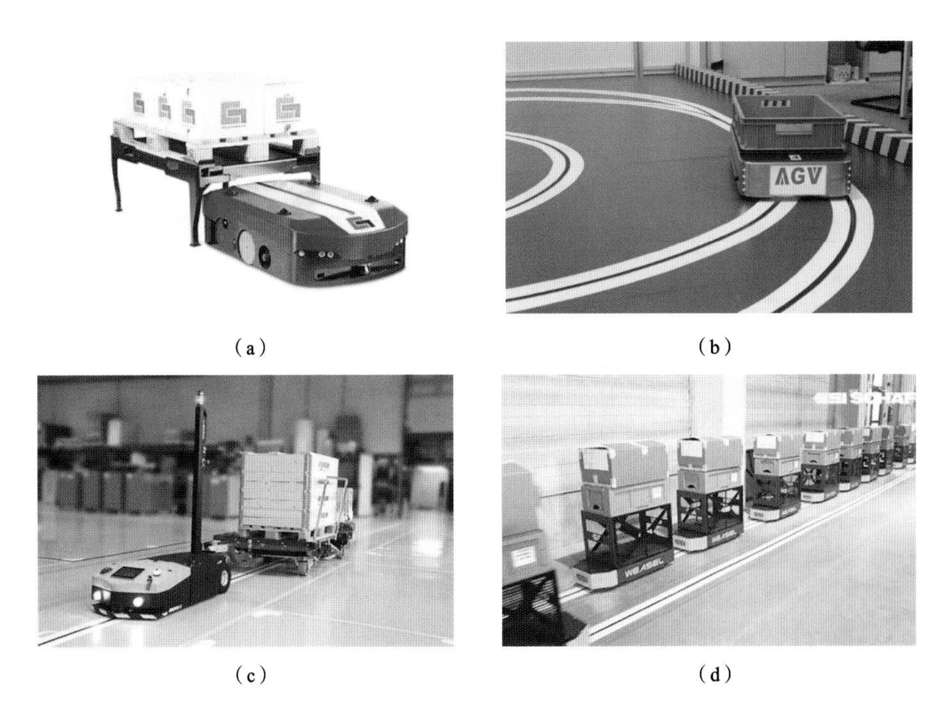

(a) (b) (c) (d)

图 8-3 AGV 在车间物流中的典型应用示意图

(a) AGV 小车;(b) AGV 自动导引;(c) AGV 导引工作;(d) AGV 物料配送

(1) 地面中心控制台。地面中心控制台是 AGV 系统的中枢,负责对车间多个 AGV 进行管理。具体功能有任务管理、车辆管理、交通管理和通信管理。

任务管理负责管理物流任务的启动、停止等操作，并根据任务优先级对物流任务进行调度；车辆管理负责对 AGV 进行管理，包括分配物流任务给指定 AGV、发送装卸指令、发送停靠充电指令等；交通管理负责管理各 AGV 间的交通状态，防止碰撞、无限期互相等待等情况的发生；通信管理负责系统与各 AGV 之间的信息交互，收集 AGV 的运行状态等信息并提供给系统中的其他功能模块。

(2) 车辆本地控制台。车辆本地控制台安装在单个 AGV 平台上，完成对单台 AGV 的控制和管理，在收到地面中心控制台的指令后，可进行自动导航、路径选择、车辆控制等操作。AGV 导航功能依据原理不同，可分为车外标记、车内自主两种导航类型；路径选择功能是根据地面中心控制台命令和信息选择合适的行走路径，主要分为预定和非预定两种路径选择类型；车辆控制功能可以依据指令对车辆运行实施路径控制，包括行进速度、转向、停止等基本操作。

AGV 作为自动化搬运设备，有着自动化程度高、运输路径灵活、便于信息化管理等特点。相比其他自动化搬运设备，AGV 尤其适合机械制造车间这种物流路径复杂、多变的生产环境。

4. 立体仓库

立体仓库用于实现物料的接收、存储、取出、发送和信息查询等功能。主要由以下几部分组成：

(1) 立体货架。立体货架是储存物料的集装单元化设备，一座立体仓库可能有多个货架，每个货架具有相应的编码，且每个货架的每个单元格根据其列数和层数也具有唯一固定的编码。在进行出入库操作时，控制系统据这些编码对物料进行管理。

(2) 自动堆垛机。自动堆垛机是在立体仓库内进行货物存取作业的自动化设备，根据控制系统的指令执行货物存取操作，具有自动寻址的功能，可以根据指令自动寻找立体仓库内的单元格货位。

(3) 搬运系统。搬运系统用于配合堆垛机完成货物的存取，是连接自动化仓库和库外物流的设备。

(4) 立体仓库控制系统。通过控制系统可以对立体仓库进行操作和管理。仓库管理人员只需要发出相应指令即可执行出入库操作，且通过管理系统就能实现对立体仓库的管理和监控。

图 8-4 为立体仓库应用示意图。

（a）

（b）

（c）

图 8-4　立体仓库应用示意图

（a）立体仓库堆垛机；（b）立体仓库 AGV 及机器人上下料；（c）立式堆垛机

8.1.3　智能物流常用传感器

在智能物流中，物流信息采集主要通过安装在物流设备上的传感器和数据采集模块实现，如安装在自动化仓库、AGV、自动装卸机器人等设备上的光电条码读数传感器、电磁接近开关、条码识别设备、RFID 设备等。根据这些设备原理的不同，物流信息的采集分为固定物流信息采集和变化物流信息采集两大类型。

固定物流信息指在整个物流过程中不会因其他因素变化而变化的物流信息。对于固定物流信息的采集，通常使用条码识别、RFID 等物流信息采集设备。在物流运行过程中，物料的固定物流信息会以特定形式储存或记录在与物料绑定的条码或 RFID 标签上，当物料通过相应的条码读取或 RFID 设备时，信息就会被系统读取并记录，实现固定物流信息的采集。

变化物流信息指在物流过程中某些物流信息会因物流、加工、质检等操作而变化的物流信息，这类信息一般为特定物流信息。变化物流信息的采集与物流设备有关。由于信息时常发生变化，因此一般采用各种传感器或设备集成的传感模块对这类信息进行获取。常用传感器包括：

（1）距离传感器，用于物流设备的距离判断。制造车间生产环境复杂，距离传感器可以让物流设备在运行过程中避让障碍物，防止发生生产事故。

（2）速度传感器，用于确定物流设备的速度。物流系统通过获取物流设备的速度，可以更精确地制订物流计划。

（3）物料位置识别传感器，用于对物料和设备运行位置的检测。通过检测实现对物流过程的准确监控和追踪，是物流自动化的基础。

(4) 压力传感器，用于记录物料的重量。物料在生产过程中重量常常会发生变化，对重量信息的采集有助于实现运输设备的负载均衡。

8.2 激光测量传感器

8.2.1 激光传感原理

在车间物流系统中，激光传感器主要用于各种物料尺寸、形状、位置的测量，如测量钢板、中板、橡胶板、塑料板等的长度、宽度、厚度和位置；测量各种容器或大型罐体中散装固体、液体、防腐材料、辐射物体的准确位置；测量 AGV、自动装卸设备、立体仓库升降机构等运动装置的位置、距离等。

1. 激光测量基础

1）激光的特性

激光为人工光源，具有与自然光不同的特性。激光可沿直线传播到很远，并且可聚集在较小范围内。激光的特性主要表现在如下方面：

(1) 单色性。

自然光包含从紫外线到红外线等多种波长的光。相对而言，激光为单一波长的光，该特性称为单色性。单色性的优点在于可提高光学设计的灵活性。光的折射率因波长不同而产生变化，自然光穿过镜头时，会因其内含不同波长的光而产生扩散现象。这种现象称为色差。而激光为单一波长的光，只会朝着相同方向折射。因此激光仅需考虑一种波长即可，光束可长距离传送，实现小光斑聚光的精密设计。

(2) 指向性。

指向性是指光线在空间传播时不易扩散的程度。指向性较高表示扩散小。自然光包含着各种方向扩散的光，为提高指向性，需要复杂的光学系统去除所需传播方向以外的光。相对而言，激光为指向性较高的光，光束束散角小，便于进行远距离传输。

(3) 相干性。

相干性表示光容易相互干扰的程度。光是一种电磁波，两束光的波长越相近则相干性越高。例如，水面上不同的波相互碰撞时，可能相互增强或相互抵消，与这一现象相同，激光的相位、波长、方向一致，是相干性较高的光，通过镜头聚集可使光束直径达到很小的程度。

(4) 高能量密度。

激光具有优异的单色性、指向性、相干性,可聚集成非常小的光斑,形成高能量密度的光,可缩小至自然光达不到的绕射极限附近。通过将激光缩到更小,可将光强度(功率密度)提高至可用于切断金属的程度。

2) 激光器的分类

工业用激光器大致分为固体激光器、气体激光器、半导体激光器、光纤激光器四种。对测量应用而言,半导体激光器和光纤激光器应用较为广泛。

(1) 半导体激光器。

半导体激光器的构成示意图如图 8-5 所示。重叠材质不同的半导体结晶以构成活性层(发光层),从而产生光。让光在构成两端的一对镜面间往返而放大,最终产生激光。

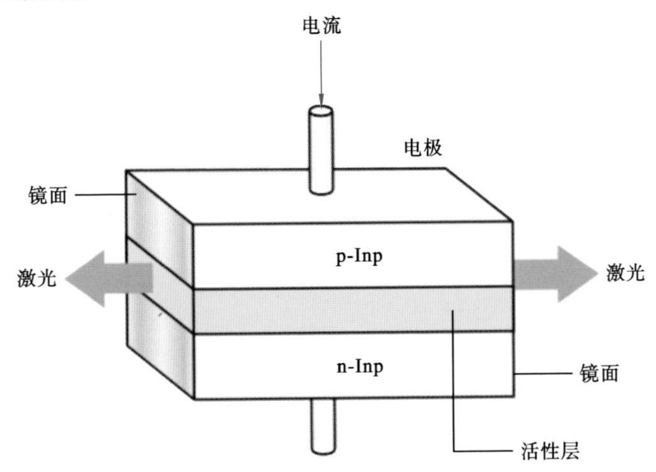

图 8-5 半导体激光器的构成示意图

(2) 光纤激光器。

光纤激光器使用光纤为媒质,可实现高功率输出激光。光纤由中心传输光的纤芯和以同心圆状包覆纤芯的金属包层构成。光纤激光器的构成示意图如图 8-6 所示。一般是通过激发用 LD(激光二极管)产生脉冲光,然后通过两个以上的光纤放大器进行放大。激发用 LD 的数量越多,越可实现高功率的激光输出。

2. 激光传感器的主要类型

激光传感器由发射器与接收器组成,发射器用于发射光束,接收器用于接收光束。接收器所感应的光强或光束位置变化反映了被测目标的尺寸、形状、

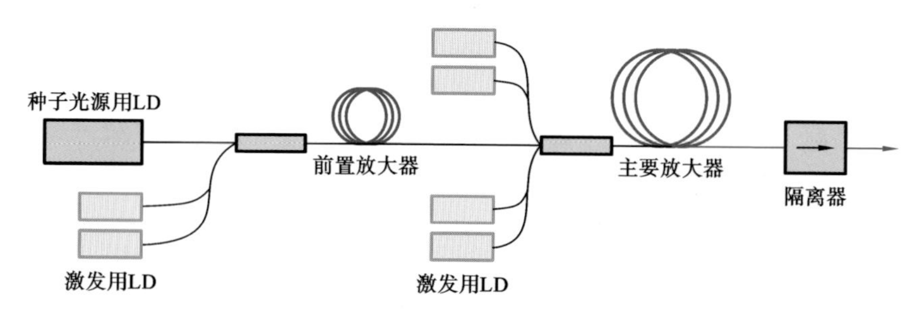

图 8-6　光纤激光器的构成示意图

位置变化等特性。

激光传感器可大致分为反射式和透过式两种类型，图 8-7 为其工作原理图。

图 8-7(a)为反射式原理图。激光发射器与接收器都安装在同一传感器外壳中，传感器利用从被测物体表面上反射回来的光线进行检测。反射式传感器具有节省空间、无须进行光轴校准、安装使用方便等优点。反射式传感器可根据被测物体所反射光的角度差异进行检测，可检测透明体、辨别颜色、检测标

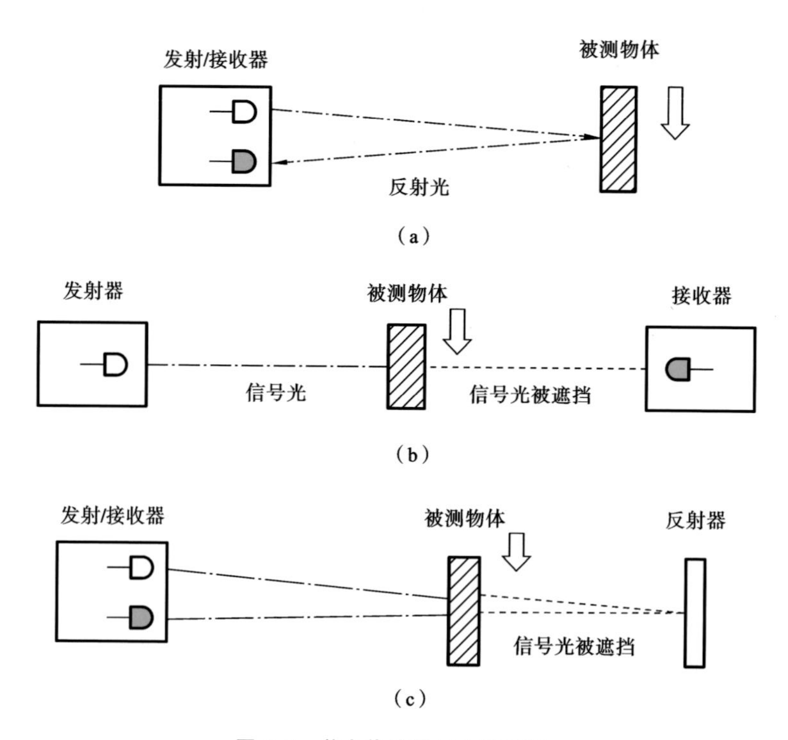

图 8-7　激光传感器工作原理图

(a) 反射式原理图；(b) 透过式原理图；(c) 回归反射式原理图

记、检测微小凹凸。

图 8-7(b)为透过式原理图。采用光透过技术,发射器与接收器分别安装在不同的外壳中,使用时面对面安装。发射器与接收器间光束遮挡特性的变化反映被测物体的形状变化,可用于测量目标长度、外径、孔径等参数。透过式传感器具有探测距离远、精度高等特点。

图 8-7(c)为回归反射式原理图。发射器和接收器内置于传感器放大器内,接收来自被测物体的反射光。由反射器反射来自发射器的光,并由接收器接收光。如果有被测物体到来,则光被遮挡。回归反射式传感器具有可安装在狭小空间、布线简单、与反射式相比检测距离更远等特点。

3. 反射式激光测距传感器

1）脉冲式激光测距原理

脉冲式激光测距原理是向目标发射一束激光脉冲,经过目标反射返回,通过测量从发射到接收激光脉冲的时间来间接计算出距离。

脉冲式激光测距传感器一般由激光器、发射望远镜、接收望远镜、转换放大模块、测距模块、电源以及距离显示器等组成。如图 8-8 所示,其工作原理是通过发射望远镜,将激光器发出的激光射向目标,经过目标反射后,返回的信号被接收望远镜所捕获。信号经光电转换模块后进入放大处理模块,再通过测距逻辑模块的计算,将距离直接显示出来。测距逻辑模块可以测量激光脉冲到达待测目标并由待测目标返回接收望远镜的往返时间。

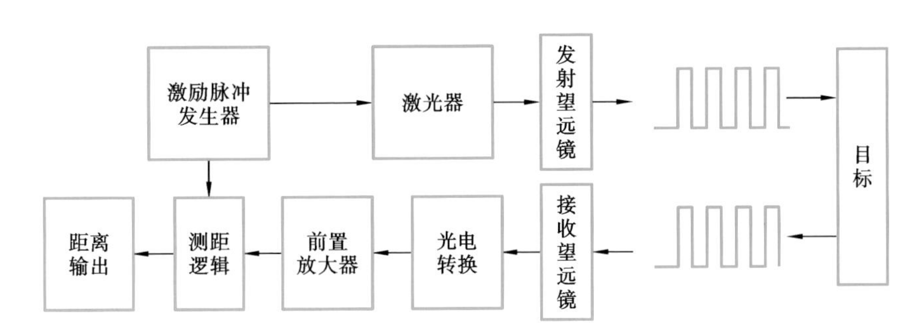

图 8-8　脉冲式激光测距原理图

脉冲法测距主要应用于中远距离测距,具有峰值功率高、可以测量动态物体、检测速度快、重复频率高等优点。但脉冲法测距的精度较低。

2）相位式激光测距原理

相位式激光测距原理是先对激光束进行幅度调制,测定激光从发射到返回过程中出现的相位延迟，根据波长计算出激光传感器与被测物体间的距离。该测距方法的量程可以达到 3 km ，分辨率可达毫米级。图 8-9 为其原理图。

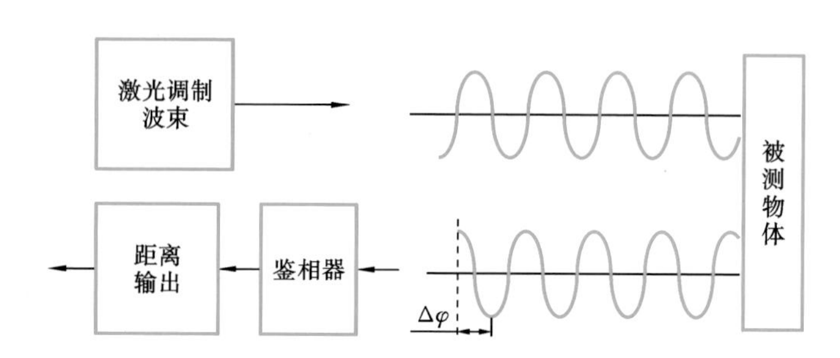

图 8-9　相位式激光测距原理图

假设调制光从发射到接收一次产生的相位延迟为 φ，其角频率为 ω，则所用时间为

$$t=\frac{\varphi}{\omega}$$

那么距离 D 可表示为

$$D=\frac{1}{2}ct=\frac{c\varphi}{2\omega}=\frac{c}{4\pi f}(N\pi+\Delta\varphi) \tag{8-1}$$

式中：c 为光在空气中的传播速率；N 为激光往返所包含的波长个数；f 为信号的调制频率；$\Delta\varphi$ 为信号往返时相位延迟不足 π 的部分。

相位式激光测距主要应用于近距离测距，测距精度在毫米级之上，相比于脉冲式激光测距精度要高很多，但系统结构与电路复杂，成本较高。

3）典型反射式激光测距传感器

基于三角法、脉冲、相位测量原理的反射式测距传感器在物流系统中得到了广泛的应用。检测精度从微米级到毫米级，测量距离可从数米到数百米。以美国邦纳公司的 LE550 传感器为例，该传感器是一款长距离、高精度的基于三角测量法的激光位移传感器，检测精度可达到 0.2 mm，测量距离可达 1 m。该传感器突破了以往激光位移传感器只能近距离测量的限制，可高速测量各类目标物体，且测量精度受被测物体颜色、材料变换的影响较小。该一体式设计的激光测量传感器的特点为：采用坚固金属外壳；双行 8 位数显，采用按键设定参数；红色 2 级激光发射光源；具有 4～20 mA 或 0～10 V 范围的模拟量输出。主要应用于各类物料外形尺寸及形状的检测、物料运送及安装过程的精确定位。图 8-10 所示为其外形及典型应用示意图。

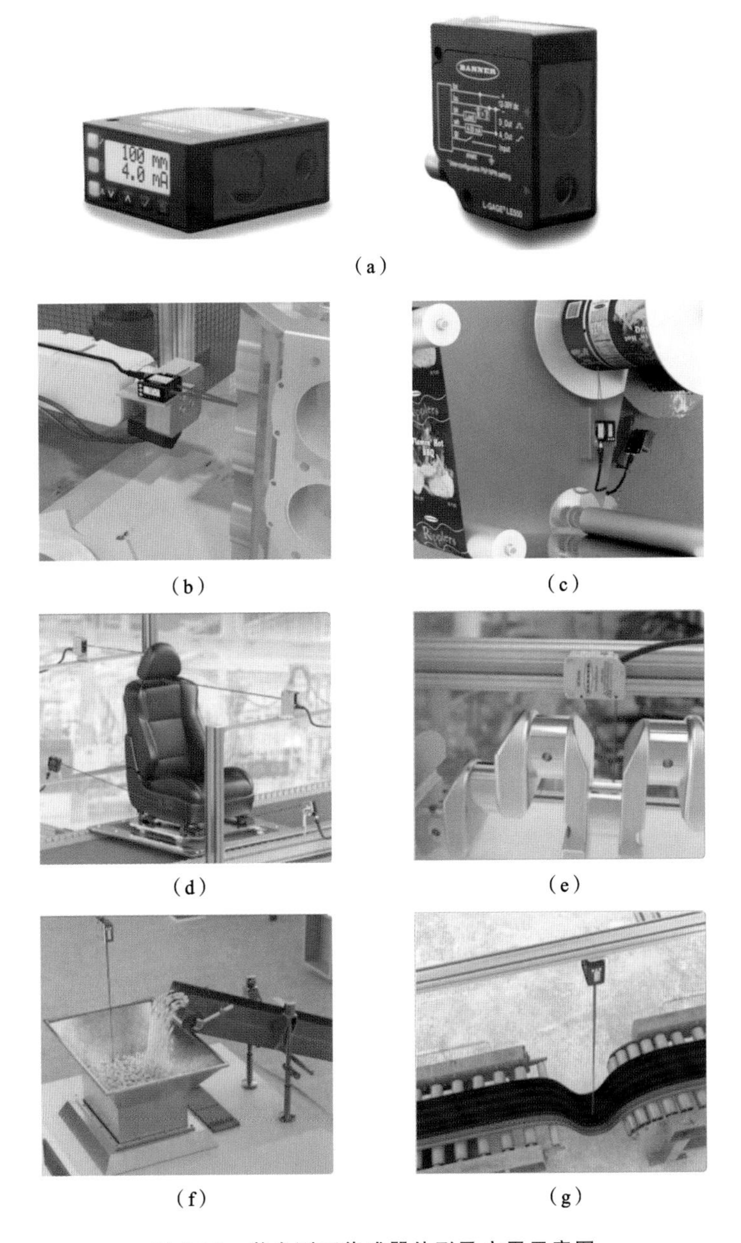

图 8-10　激光测距传感器外形及应用示意图

(a) 典型激光测距传感器外形图；(b) 工件尺寸测量；(c) 薄膜厚度测量；(d)装配位置测量；(e) 工件装配误差测量；(f) 物料测量；(g) 物料变形测量

4. 透过式激光传感器

1）透过式激光尺寸测量原理

透过式激光尺寸测量主要有CCD法、亮度检测、激光扫描三种检测方法。图8-11所示为CCD法测量目标外径和边缘。图中，多波段激光先通过反射镜、瞄准镜转换为均匀平行的光束，经平行光镜头射到CCD上，目标挡住光的边缘，测量CCD上光的阴影位置即可得到目标的外径和边缘尺寸。

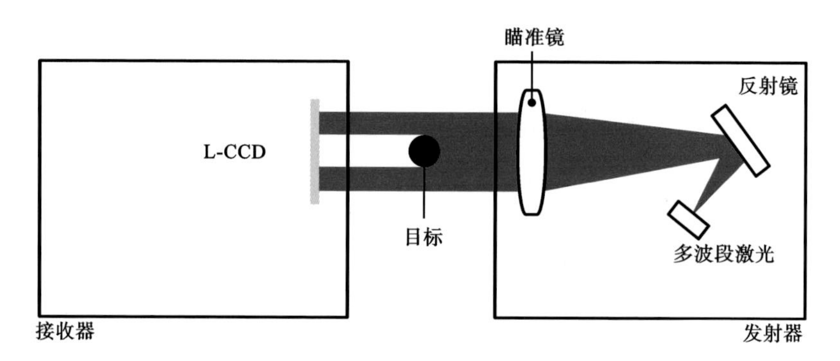

图8-11　CCD法测量目标的外径和边缘

图8-12所示为亮度检测法测量目标的外径和边缘。光源发出的激光通过发射镜转换为均匀的平行光束。光电二极管上接收到的光对比度会被认作亮度变化并作为模拟电压输出，从而获得测量值。

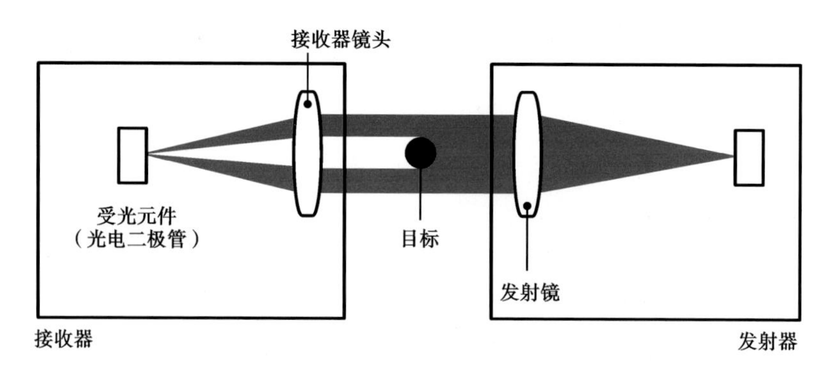

图8-12　亮度检测法测量目标的外径和边缘

图8-13所示为激光扫描法测量目标的外径和边缘。使用激光扫描法时，光源发出的激光被导向由电动机带动旋转的多角镜，再经反射镜和瞄准镜后对目标进行扫描，通过测量扫描激光对比度的时差获得测量值。

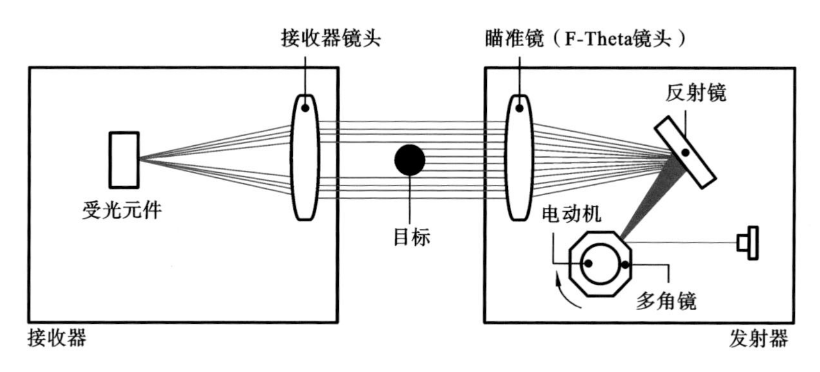

图 8-13　激光扫描法测量目标的外径和边缘

2）典型光透过式激光传感器

该类传感器由多波段激光、阵列化CCD受光元件、并行高速计算芯片等构成，具备较高的精度和稳定性，能够检测、识别目标的形状和位置，且对使用环境要求较低。

基恩士公司的IG系列多功能激光测微仪（又称激光边缘传感器）是典型的透过式高精度传感器，其构成与应用如图8-14所示。其中，发射器由平行光镜头、多波段激光、反射镜组成；接收器主要由线性化电荷耦合器件（L-CCD）、并行计算芯片I-DSP、位置显示器组成。使用多波段激光，可以使图案的强度分布更加均匀，将外部干扰光的影响降至最低。传感器上的位置显示器能够显示检测目标的位置，使得光轴校准直观方便。

这类传感器有三个主要应用模式：边缘控制和定位模式、外径/宽度检测模式、内径/间隙检测模式。可用于目标边缘位置、目标的外径或宽度、目标的内径或间隙等的检测。重复性达到5 μm，线性度达到±0.1%，能够稳定地检测透明目标和网状目标。

3）典型激光辨别传感器

激光辨别传感器主要应用于瓶盖密封性、薄膜厚度、IC芯片梯度、液体混浊度等参数测量的场合。

基恩士公司的IB系列穿透式激光辨别传感器的组成及应用如图8-15所示。发射器由透射镜头、半导体激光、对准LED、保护玻璃组成；接收器由高敏感度受光元件、保护玻璃、受光镜头组成。发射器通过光学镜头产生的线形平行光束穿过受光镜头后，会聚焦到受光元件上。当被测目标阻断此平行光束时，高敏感度受光元件接收的光强及其位置变化就反映了目标的透明度与尺寸

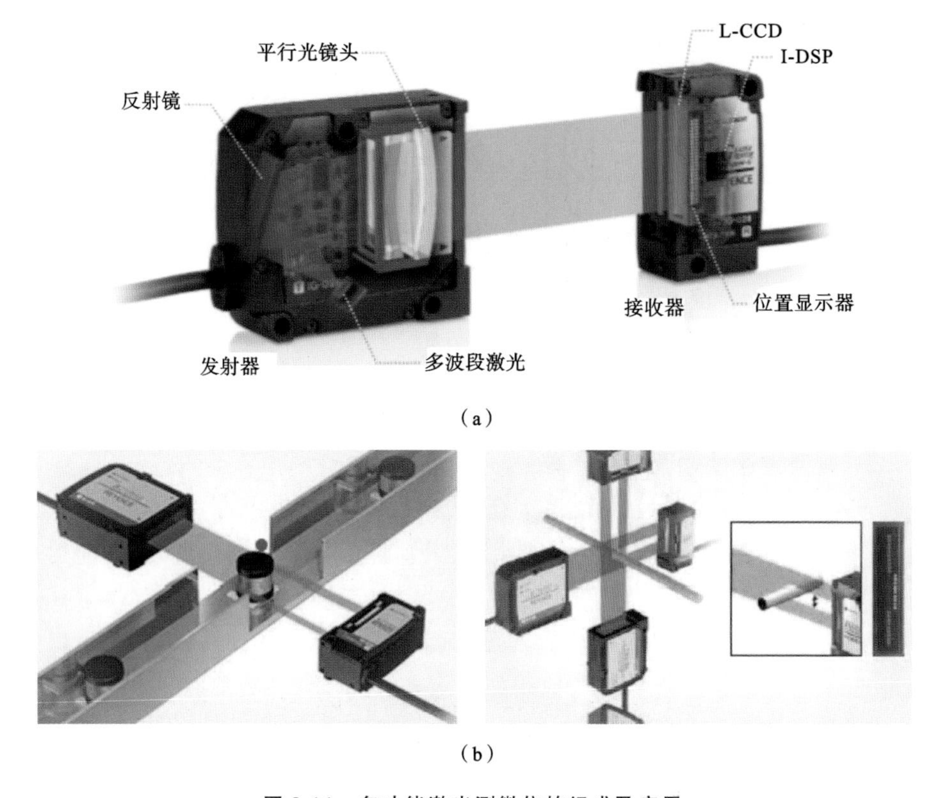

(a)

(b)

图 8-14　多功能激光测微仪的组成及应用

(a) 激光测微仪组成;(b) 生产线零部件外径测量应用

大小。该系列传感器的采样周期为 80 μs,重复性达 5 μm,具有自动校正功能,工作稳定性较高。

8.2.2　激光雷达

激光雷达是以激光束作为载体,通过测量激光束的相位、频率、偏振和振幅特性来间接获取目标三维距离信息的测量装置,通常用于确定检测区域中障碍物的位置。从原理本质上看,激光雷达是一种能进行三维位移测量的激光测距传感器。激光雷达是当前环境感知最常用的传感器,具有测量精度高、分辨能力强、测量速度快、抗干扰能力强等优点,在车间物流系统中可以用于导航、障碍检测及避障、目标追踪、三维重构等,已成为现代智能物流系统中的基础传感器部件。与传统的微波电子式雷达相比,激光雷达具有更高的直线测量精度和角度分辨率,可为物流设备避障功能的实现提供更精确、快速的感知能力。

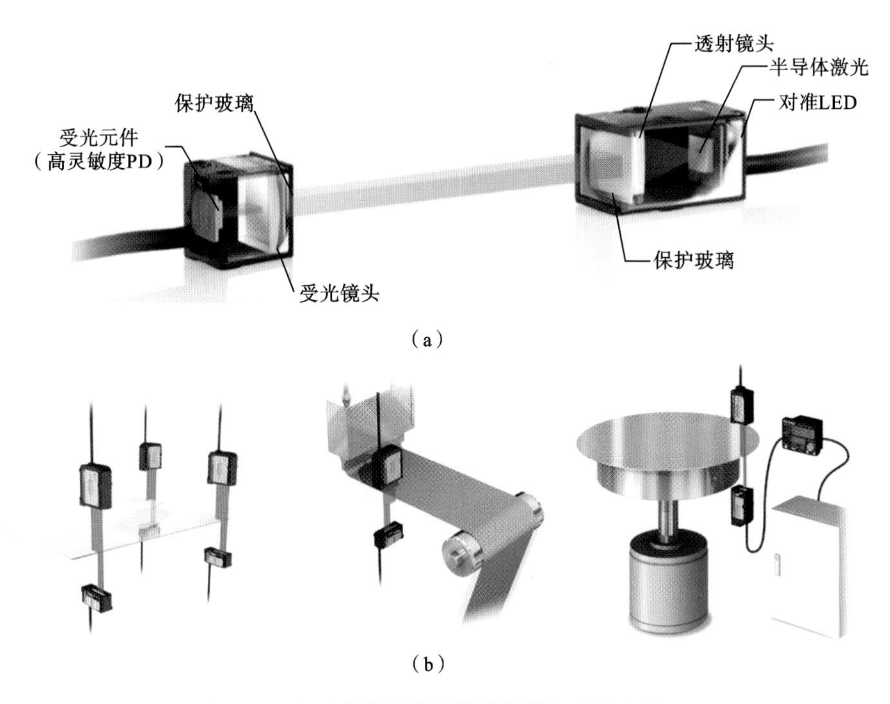

（a）

（b）

图 8-15　穿透式激光辨别传感器的组成及应用

（a）激光辨别传感器组成；（b）生产线玻璃及透明材质定位与边缘控制应用

1. 激光雷达的构成及工作原理

激光雷达一般由激光发射机、激光接收机、光束整形和激光扩束装置、光电探测器、回波检测处理电路、计算机控制与信息处理装置以及激光器组成，其结构和工作原理框图如图 8-16 所示。激光器作为辐射源，通过激励源激励，发出空间呈高斯分布的激光束，激光束经由光束整形和激光扩束装置，使激光束空间分布均匀，加大了激光作用距离；整形和扩束后的激光束作为激光雷达探测信号照射到目标物表面；激光接收机接收目标物反射和散射信号，光信号经由光电探测器转变为电信号，回波检测处理电路从传来的电信号中分出回波信号和杂波干扰脉冲，并放大回波信号，将回波信号送往计算机进行数据采集与处理，提取有用信息。

计算机控制与信息处理系统不仅可以控制激光发射机和接收机等激光雷达部件，还可通过其强大的计算能力，把激光信号到达目标物的时间、频率与目标物反射激光信号回到激光雷达的时间、频率相比较；再结合激光波束传播方向得出目标物距离、速度等信息，得到距离、速度等各种三维点云数据。

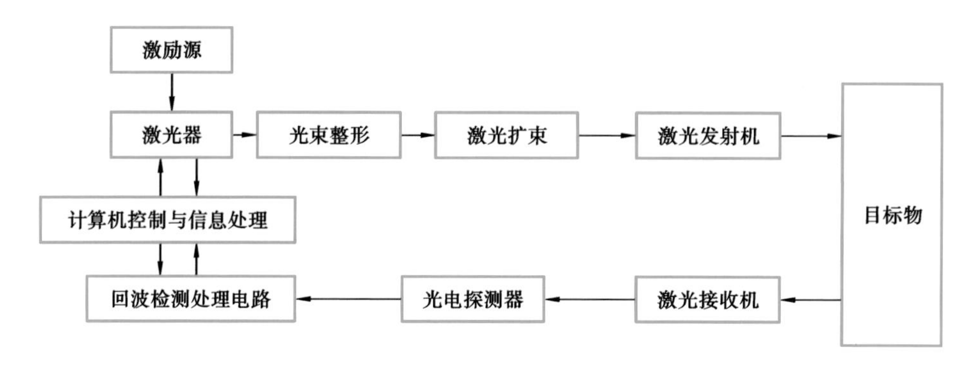

图 8-16 激光雷达的结构及原理框图

激光雷达测距原理分为脉冲测距、相位法测距、干涉测距、三角法测距等类型。这些测距原理已在前述章节中说明，此处不再赘述。

对于不同的测距原理，测量精度、量程、应用范围等有所不同。

激光脉冲测距技术是通过测量激光发射到反射回来之间的时间，根据光速计算距离的一种测距技术，主要应用在较远距离测量场合。但是测距精度比较低，通常情况下精度大都在数米量级。

激光相位法测距技术采用的是激光调制技术，通过对载波调制频率的相位差进行测量，经过相位差与位移之间的转化后达到位移测量的目的。相位法测距技术通常适合用于中远位移的测量，但是为了使测距系统的设计符合中短距离内的高精度位移测量要求，就需要提高测距系统本身的相位差测量精度和激光的调制频率，并消除环境、光路及电路系统本身带来的误差。因此对测距传感器的制造精度要求高。

激光干涉测距技术具有测量精度高的特点，可以应用于微小位移的测量，测距精度通常可以达到微米量级，但是对测量环境的要求非常高，且干涉仪器较为复杂，仅适用于实验室做高精度的实验标定等。

激光三角法测距技术基于几何三角形原理进行测距，比较适合用于中短位移的测量，且具有测量精度高的特点。测距系统的激光接收装置使用电荷耦合器件或互补金属氧化物半导体元件。因为这两种光敏电子器件接收的都是被测物体表面反射回来的激光光斑，为了能够具有较好的成像质量，图像传感器的性能参数要求比较严格。因为激光光束有很好的方向性和高亮度等特点，加上当前成像器件的分辨率性能和数据处理器计算性能的提升，通过被测物体表面反射回来的激光光斑的位移检测可以达到较高的精度。所以近年来基于该方法的激光传感器发展十分迅速，相关产品已比较成熟。

从以上可以看出：不同的测距方法具有各自的测距范围和应用领域。激光脉冲测距主要用于较远距离的测量，通常是军事方面的探测；激光相位法测距适用于中远距离的测量，一般应用于天体探测；激光干涉测距一般用于微小位移变化的测量，主要是在实验室场合高精度测量中使用；而激光三角法测距适用于中短距离的测量，即使是激光照射到具有不同反射率的物体表面时，也能有较高的测距精度。激光三角法测距是在中短距离测量中应用最为广泛的方法。

2. 激光雷达的主要性能参数

激光雷达可按工作原理、激光器类型、探测原理、激光扫描方式、发射接收激光线束数等进行分类。对于车间物流应用，按发射接收激光线束数分类较为常用，具体可分为单线和多线激光雷达两种类型。

单线激光雷达是指激光源发出的线束是单线的雷达，其扫描区域为二维平面，只能获取平面内的距离信息，不能获得被测物体的高度信息。主要用于区域内防碰撞、安全警戒、目标物距离测量等场合。其特点是分辨率高、测量速度快、结构简单、制造成本较低。因此技术发展较为成熟，得到较广泛的应用。

多线激光雷达采用多个激光发射接收单元，可在同一时刻实现多个激光束的发射接收，能够获取多个平面的、包含俯仰角度数据的距离信息。通过激光扫描可进一步获得目标距离的三维点云数据，进而对大量三维点云坐标信息进行处理，快速复建出目标的三维模型或绘制出环境地图。但多线激光雷达功耗较大、检测速度较慢、价格昂贵。目前的多线激光雷达以 8 线、16 线、32 线、64 线等为主。表 8-1 所示为两种典型激光雷达的主要技术参数。

表 8-1　典型激光雷达的主要技术参数

型　　号	中国大疆 览沃科技 Mid-40	德国 Sick LMS1000
外形		
激光波长	905 nm	905 nm
安全级别	Class 1 (IEC60825-1)	Class 1 (IEC60825-1)

续表

型　　号	中国大疆 览沃科技 Mid-40	德国 Sick LMS1000
量程(标准照度条件下)	90 m/10%反射率 130 m/20% 反射率 260 m/80% 反射率	16 m/10%反射率 30 m/90%反射率
视场角	38.4°圆形	275°水平
测距精度 (1σ/20 m)	2 cm	—
角分辨率	<0.1°	0.75°
光束发散度	0.28°(垂直)×0.03°(水平)	1.95°(垂直)×0.58°(水平)
数据率	100000 点/s	55000～165000 点/s
虚警率	<0.01%	—
数据接口类型	Ethernet	Ethernet
数据延迟	2 ms	7 ms
功率	10 W(典型)	18 W(典型)
工作电压	10～16 V DC	10～30 V DC
尺寸	88 mm×69 mm×76 mm	151.9 mm×150 mm×92.5 mm
质量	约 760 g	1.2 kg

激光雷达的主要性能参数包括激光波长、探测距离、视场角(垂直+水平)、测距精度、角分辨率、出点数、线束、深色物体检出率、环境光抗干扰能力、安全等级、输出参数、IP 防护等级、功率、供电电压、激光发射方式(机械/固态)、使用寿命等。其中与测量精度、速度相关的参数有如下几种。

(1) 最大测量距离:可以测量的最大距离,单位:m。最大测量距离与目标的反射率有关。目标反射率越高,测量距离越大,目标的反射率越低则测量的距离越小。所以最大测量距离参数和目标的反射率条件往往一并列出。

(2) 距离测量分辨率:可以测量的最小距离变化量,单位:m。

(3) 扫描角度范围:能够进行扫描测量的视场角度范围,单位:(°)。可进一步细分为垂直扫描视场角和水平扫描视场角。

(4) 扫描频率:单位时间内激光雷达往复扫描的次数,单位:Hz。测量频率高,表示测量速度快,获得的点云数据多,对点云数据恢复重建的计算速度要求高。

(5) 角度测量分辨率:两个相邻测距点之间的角度变化量,单位:(°)。角度分辨率又可细分为垂直分辨率和水平分辨率。分辨率越高，表明点云数据间的角度间隔越小，角度测量精度越高。

(6) 测距采样率：单位时间内测距输出数据的频率，单位：Hz。

激光雷达的典型应用场景如图 8-17 所示。

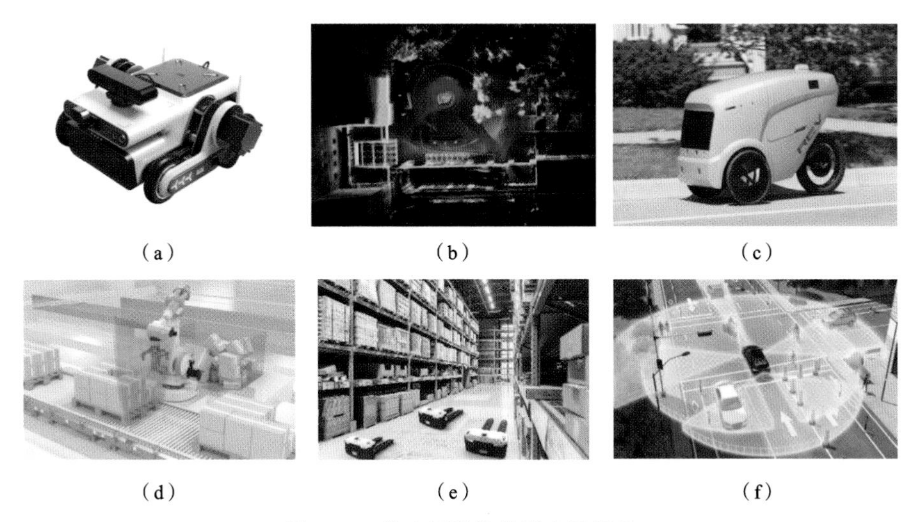

(a)　(b)　(c)

(d)　(e)　(f)

图 8-17　激光雷达的典型应用场景

(a) 移动机器人；(b) 环境测绘；(c) 配送机器人；(d) 物料分割；(e) 立体仓库输送；(f) 车辆避障

3. 激光雷达的特点

与普通的电子式雷达相比，激光雷达运用的是激光束测量原理，所以它的测量精度和工作效率较高。激光雷达的主要特点如下。

(1) 测量分辨率高。

激光雷达工作于光学波段，频率比电子式雷达的频率高 2～3 个数量级及以上，可发射束散角非常小的激光测量光束。其角分辨率、速度分辨率以及距离分辨率是电子式雷达所不能比拟的。即使在追踪多个目标的情况下，分辨率也不会下降，仍可获得很高的目标图像清晰度，这使得激光雷达具有较强的目标识别能力。

(2) 抗干扰能力强。

激光沿直线传播，传播路径确定，具有方向性好、光束窄等特点，不存在电子式雷达的多径效应，不易受地物回波、自然光、太阳高度角、目标本身辐射特性等因素的限制和影响，很难被发现和截获。因此，激光雷达拥有较强的抗干扰能力，适于复杂环境条件下使用。

(3) 获取的信息量丰富。

激光雷达通过直接测量或间接计算能够获取目标的距离、角度、反射强度、速度等信息，通过数据建模和重构能生成目标的多维度图像。

(4) 体积小、质量轻。

与电子式雷达的体积、质量相比，激光雷达整体身形要小巧很多，发射设备的直径一般只有几厘米，整套系统也只有几十千克，拆装灵活，便于在固定或移动设备上架设使用，且价格很低，易于被用户接受。

(5) 受天气、空气透过率的影响比较大。

激光雷达也存在一定的缺陷，首先就是受天气的影响比较大。在良好的气象条件下，激光具有较远的传播距离，而当遇到恶劣天气或光线传输透过率变化时，其传播距离就会大打折扣，受到极大的影响。其次，激光雷达的波束过于狭窄，所以单次搜索的范围小，较适于小目标的测量。

4. 激光雷达的应用

由于具有精度与效率高、使用方便的特点，激光雷达在民用、工业、军事等领域得到了广泛的应用。以下只对其典型应用做简要说明。

(1) 在物流系统中的应用。

随着物流系统智能化技术的进步，对各种类型目标物的动态轮廓扫描测量已成为物流系统信息获取的主要内容之一。尤其是在机械臂自动抓取、AGV运动避障、立体仓库料位检测、加工设备安全监测的场合，激光雷达对目标物动态轮廓进行非接触扫描测量，快速确定目标物运行的距离、方位、速度等信息，已成为各类物流设备运行不可或缺的“眼睛”。

(2) 在建筑测绘和建模中的应用。

激光雷达测绘技术能提高测绘速率和精度，使测绘成本显著降低。结合GPS和惯性导航(IN)技术，还可对测绘目标形态和空间分布进行三维测量和显示。

在建模方面，激光雷达能对获取到的三维点云数据进行处理，从而满足实际应用需求。在数字城市领域，将三维点云数据用于城市建筑物建模，是数字城市建设运用的一种新技术手段。在文物保护方面，文物三维模型准确地记录了文物的精确几何信息，对文物保护、修复、虚拟展示具有重要作用。

(3) 在无人驾驶汽车上的应用。

激光雷达技术是无人驾驶汽车的关键基础技术之一，主要用于车辆定位、环境感知、辅助决策等场景。在车辆定位方面，通过激光雷达测得的三维数据和即时定位与地图构建(SLAM)算法实现沿途环境特征提取和地图构建,进而实现无人驾驶汽车的精确导航与厘米级定位。在目标分类识别和环境感知方面,可对四周车辆、车道线、斑马线、路沿和红绿灯等环境进行三维数据测量,通过对激光雷达点云数据和摄像头图像数据的融合处理,实现目标的分类识别。在辅助决策方面,激光雷达可对车辆周围移动物体的轨迹进行预测和跟踪,将激光雷达和摄像头所提取的目标特征数据传给计算机控制系统,再由控制系统发出安全行为决策指令,控制行车方向与速度,避免偏离既定路线或发生安全事故。

(4) 在航天领域中的应用。

由于激光在太空中的传播能力高于在地球大气空间的传播能力,激光雷达在航天工程中也得到较多应用。在航天器外星登陆过程中,激光雷达用于获取地外星体表面特征数据,形成准确全面的三维地表图,有助于登陆点的优化选择,降低航天器在外星球登陆时的事故发生率。在空中交会对接中,激光雷达也常应用于航天器间速度、距离以及视线角等参数的精确测定。我国神舟八号与天宫一号的空中交会对接中,神舟八号上的激光雷达在对天宫一号进行搜索、捕获与测量时发挥了重要作用,使中国在航天工程领域与西方国家之间的差距得以缩小。

在大气与水文监测、军事等方面,激光雷达也得到了较广泛的应用。在大气监测应用方面,利用差分吸收激光雷达能对水蒸气、臭氧、大气污染体等进行测定;在水文监测方面,激光雷达可用于探测海洋深度、暗礁、鱼群和勘查海洋资源;在军事应用方面,激光雷达在战场侦察、障碍物躲避、化学试剂探测、水雷探测和武器制导等场合也得到了较广泛的应用。

8.2.3 AGV 导引传感器

AGV 是一种无人操纵的自动化搬运设备,在物流系统或者自动化生产线中能够自动完成物料搬运、转移、输送的任务,是整个工业生产自动化控制系统和物流运输自动化系统的核心组成部分之一。AGV 导引是指 AGV 根据路径偏移量来控制速度和转向角,从而保证 AGV 精确行驶到目标点的位置及航向的过程。导引传感器是 AGV 的核心传感器部件,是实现 AGV 定位、环境感知与建模、路径规划的基础,直接决定着 AGV 的导引精度和安全性能。

1. AGV 的构成及导引方式

1) AGV 的构成

AGV 主要由车体、蓄电和充电系统、驱动装置、车载计算机、无线通信装置、车体定位导航系统和安全系统等组成，其典型构成框图与外形如图 8-18 所示。

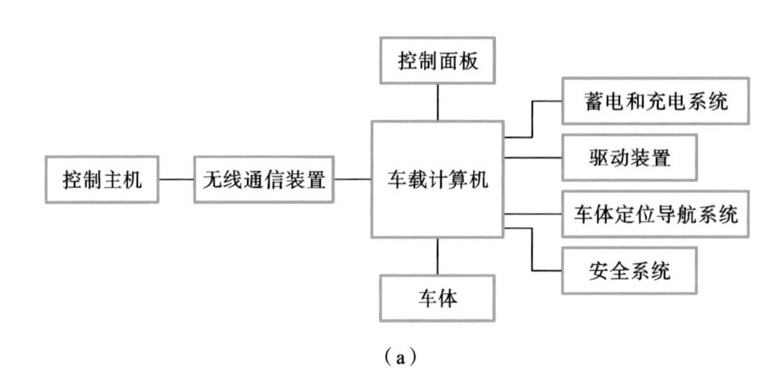

(a)

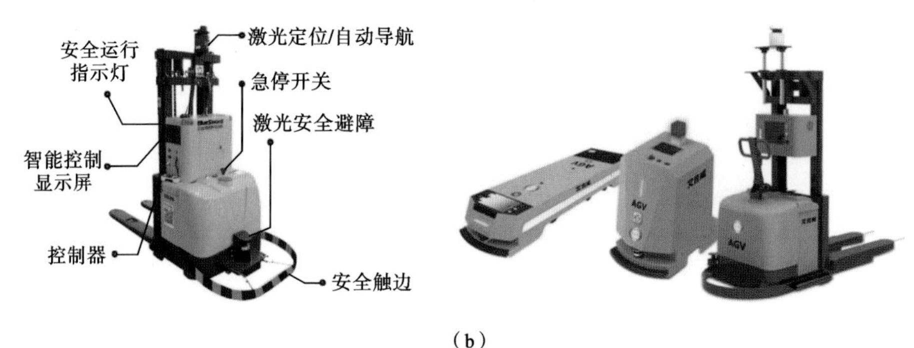

(b)

图 8-18　AGV 典型构成框图及外形

(a) AGV 典型内部构成框图；(b) AGV 外形图

(1) 车体。车体由车架和相应的机械、电驱动结构等组成。AGV 底盘的结构决定了 AGV 驱动和转向方式，并限定了车体的主要运动特性和动力特性。车体必须根据承载重量、所载货物形状以及工厂布置状况等进行设计，以适应物流系统的需要。

(2) 蓄电和充电系统。AGV 动力源一般为蓄电池，采用 24 V 或 48 V 直流工业蓄电池电能为动力。AGV 供电系统能检测到 AGV 电池的容量，具有报警功能。

(3) 驱动装置。AGV 驱动单元由车轮、减速器、制动器、电动机及速度控制器等组成。驱动装置根据主控信号完成小车的加速、减速、起制动以及转向等操作。

(4) 车载计算机。车载计算机是 AGV 行驶和进行作业的控制中枢，主要功能为：接收主控计算机下达的命令、任务信息；向主控计算机报告小车自身状态(包括小车目前所处的位置，运行的速度、方向，故障状态等)；根据所接收的任务信息自动完成运行路线、运行速度的选择。

(5) 无线通信装置。AGV 在工作中需要与主控计算机进行通信:主控计算机发出的命令通过无线传输传送到小车的控制器上,AGV 接收到命令后做出相应的反应;AGV 的状态也通过通信系统送回上位机。

(6) 车体定位导航系统。车体定位导航系统的作用是引导 AGV 沿着预定的路径运行,并根据定位装置所提供的信息来确定自身的位置。

(7) 安全系统。AGV 工作环境中经常有静止或移动的障碍物,AGV 上装有超声波监测装置,以进行障碍探测,实现避障功能。

(8) 其他辅助装置。一般的 AGV 还具有显示屏、操作面板、控制面板、车体支架等辅助机构。

2) AGV 导引方式

AGV 的导引主要包括导航和指引两个方面。导航的作用是确定和向主站报告 AGV 的当前位置;指引的作用是根据主控计算机发送的控制指令明确 AGV 的导引角度、速度及运行路线。AGV 导引方式分为固定路径导引和自由路径导引两大类。表 8-2 所示为 AGV 导引方式对比。其中固定路径导引方式有:电磁导引、磁条导引、光学导引;自由路径导引方式有:激光导引、惯性导引、视觉导引、超声波导引、GPS 导引等。

表 8-2 AGV 导引方式对比

分类	导引方式	工作原理	优缺点
固定路径导引	电磁导引	在地槽中埋设电线,交流频率发生器通以 5~30 kHz 的交变电流,形成沿导线扩展的交变磁场。利用电磁感应原理,通过 AGV 车体上的电磁传感器检测出电磁信号的强弱变化,引导 AGV 沿埋设的路线行驶 属早期导引方案	优点:技术很成熟,控制精度和可靠性高,引线掩蔽不易被污染和破坏,对声光无干扰
			缺点:施工时间长,费用高,路径的改变和扩充困难
	磁条导引	在测量路径上预先布置磁条,通过 AGV 车体上的电磁传感器检测磁条信号来获取车辆自身相对于目标跟踪路径之间的位置偏差,从而实现车辆的控制及导航,引导 AGV 沿预置的路线行驶 属早期导引方案	优点:路径比较容易改变或扩充
			缺点:易受环路周围金属物质的干扰,磁带易被污染,导引的可靠性较差
	光学导引	采用具有稳定反光率的色带或二维码确定行驶路经,通过车体上的光电传感器或工业摄像机检测信号以调整车辆的行驶方向	优点:导向线路铺设费用低
			缺点:要求地面平整,色带保持清洁完整

续表

<table>
<tr><th>分类</th><th>导引方式</th><th>工作原理</th><th>优缺点</th></tr>
<tr><td rowspan="8">自由路径导引</td><td rowspan="2">激光导引</td><td rowspan="2">反射导引:AGV实时接收四周固定设置的反射片反射过来的激光信号,通过连续的三角几何运算来确定AGV的当前位置,引导AGV沿规定的路径行驶。
测距导引:该导航技术主要应用于激光二维扫描仪对其周围环境进行扫描测量,获取测量数据,然后结合导航算法实现AGV导航。该导航传感器通常使用具有安全功能的安全激光扫描仪实现。采用安全激光扫描仪在实现安全功能的同时也能够实现导航测量功能。
轮廓导引:目前AGV最为先进的导航技术,其利用二维激光扫描仪对现场环境进行测量、学习,绘制出导航环境轮廓,然后进行多次测量学习、修正地图,进而实现轮廓导航功能</td><td>优点:定位精度高,适合多种环境;适应复杂路径,可以快速变更行驶路径和修改运行参数</td></tr>
<tr><td>缺点:系统成本高,AGV抗光干扰的能力有一定局限</td></tr>
<tr><td rowspan="2">惯性导引</td><td rowspan="2">在AGV上安装陀螺仪,利用陀螺仪可以获取AGV的三轴角速度和加速度,通过积分运算对AGV进行导航定位</td><td>优点:技术先进,灵活性强,便于组合</td></tr>
<tr><td>缺点:陀螺仪对振动较敏感,另外可能需要辅助定位措施</td></tr>
<tr><td rowspan="2">视觉导引</td><td rowspan="2">通过工业摄像机采集AGV周围场景的图像,与计算机系统中存储的环境地图进行匹配,从而确定车体当前位置</td><td>优点:不要求人为设置任何物理路径,因而柔性极高;随着计算机图像采集、存储和处理技术的飞速发展,该种导引方式的实用性越来越强</td></tr>
<tr><td>缺点:目前实时性较差,系统成本高</td></tr>
<tr><td rowspan="2">超声波导引</td><td rowspan="2">利用墙面或者类似物体对超声波的反射信号进行定位导向</td><td>优点:无须设置反射片</td></tr>
<tr><td>缺点:当运行环境的反射情况较为复杂时,应用较困难</td></tr>
</table>

续表

分类	导引方式	工作原理	优缺点
自由路径导引	GPS导引	通过全球定位系统对非固定路面系统中的控制对象进行跟踪和制导	优点:适合室外远距离的跟踪和制导
			缺点:精度取决于GPS的精度及周围环境,技术还处于发展完善中

从表8-2可以看出:与其他导引方式相比,激光导引具有定位精确、路径灵活、变更方便、适合多种环境等优点,是目前AGV应用企业优先采用的先进的导引方式。

AGV导引技术正朝着更高柔性、更高精度和更强适应性的方向发展,对辅助导航标志的依赖性会越来越低,自由路径导引方式无疑是未来的发展趋势。随着5G、AI、云计算、物联网等技术与智能机器人的交互融合,能够适应复杂、多变、动态作业环境的高端AGV导引技术将进一步发展。

2. AGV激光反射导引原理

1)实现激光导引的基本条件

首先需在AGV上安装可发射和接收激光的扫描器,并在导引区域的四周布置有效的激光反射板,且各块反射板的位置(X,Y)能够预先精确测定。工作时各反射板的位置数据及AGV的路径数据存储在计算机中,计算机通过对发射、接收光束位置的测量,间接计算出AGV的实时位置,实现引导控制。

2)激光定位传感器原理

在激光导引AGV工作原理中,激光定位系统通过定位传感器完成车体的实时定位与导航的任务。

激光定位传感器的结构及控制原理如图8-19所示。激光器向外发射激光,经半透半反射镜、全反射镜照射到路标反射板上。当激光束与路标反射板成大于或等于30°的入射角时,经路标反射板反射回的激光束可沿原路反射回全反射镜,再经全反射镜反射、半透半反射镜反射后被光电转换电路接收。经光电转换,产生接收脉冲信号,此信号经过滤波整形后作为捕捉信号,锁存码盘读数,同时向计算机申请中断。计算机读取激光测量和扫描角度数据,并根据已知参考路标的预先位置信息,通过定位算法就可以换算出AGV在参考坐标系下的位置和方向。

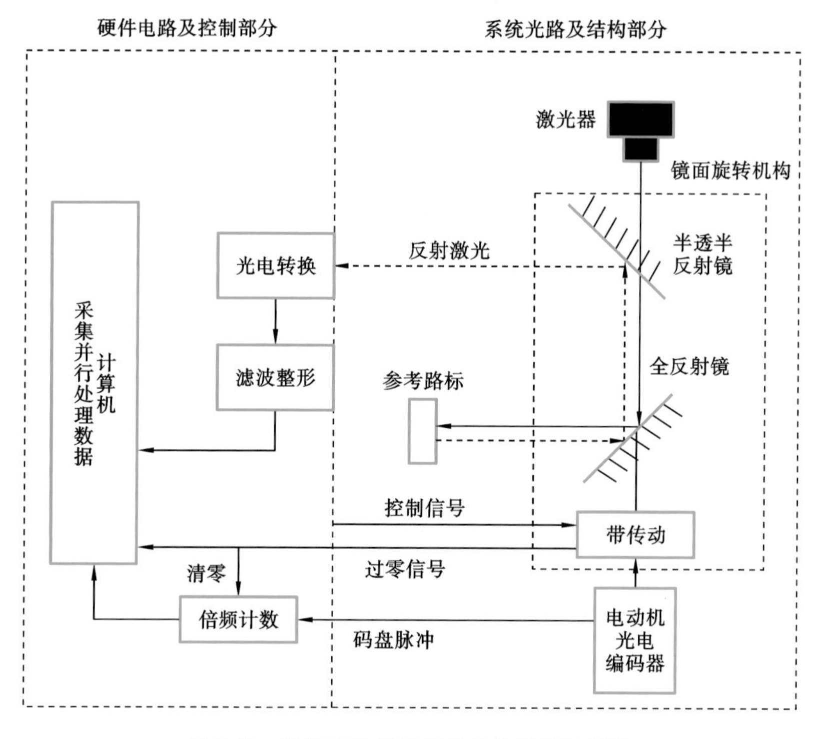

图 8-19　激光定位传感器的结构及控制原理

3）AGV 定位算法

激光导引 AGV 定位算法采用激光扫描器和预先在 AGV 运行区域周围布置的反射板，作为定位算法计算所需的基础环境。常用的定位算法有三角反射测量法和三边测量法。通过激光测距仪测量车体在行进过程中距离周边反射板的距离，然后根据反射板的位置坐标，通过几何关系可得出 AGV 车体当前位置。

以三角反射测量法为例，该方法用于同一平面内车体位置的测量，需要设置两个相对独立的坐标系，即车间绝对坐标系和 AGV 车体相对坐标系。绝对坐标系以车间厂房和固定布置的反射板为参考，包含了所有经过初始化校准的位置参考数据。AGV 车体坐标系的原点在车体上，属于相对坐标系。定位算法的作用是先通过激光测量距离和扫描角度数据计算出车体与参考路标的相对位置信息，进而据参考路标的预先位置信息换算出车体在绝对坐标系下的位置。

图 8-20 为三角法 AGV 定位算法示意图。将相位式激光测距仪安装固定于 AGV 上，同时将一系列配套反射板固定在 AGV 行驶区域内，由车载的激光扫描器不断地扫描周边反射板的位置和角度信息，得到激光扫描器到周围各个固定的反射板间的相对距离，通过计算来确定 AGV 运行过程中的实时坐标。假设已知的反射板的三点固定位置坐标分别为 $A(x_1,y_1)$、$B(x_2,y_2)$、$C(x_3,y_3)$，当前时刻 AGV 激光扫描器测得的相对距离分别为 d_1、d_2、d_3。AGV 在绝对坐标系下的位置坐标 (x,y) 可通过以下方法求解。

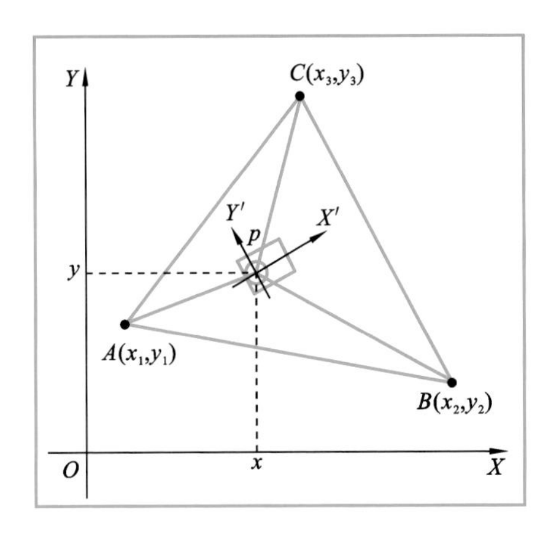

图 8-20　三角法 AGV 定位算法示意图

根据几何关系，上述变量之间的关系可用方程组表示为

$$\begin{cases}(x-x_1)^2+(y-y_1)^2=d_1^2\\(x-x_2)^2+(y-y_2)^2=d_2^2\\(x-x_3)^2+(y-y_3)^2=d_3^2\end{cases}\tag{8-2}$$

由式(8-2)可以推出 AGV 车体在绝对坐标系下的位置坐标 (x,y) 为

$$(x,y)^{\mathrm{T}}=(\boldsymbol{A}^{\mathrm{T}}\boldsymbol{A})^{-1}\boldsymbol{A}^{\mathrm{T}}\boldsymbol{B}\tag{8-3}$$

其中：

$$\boldsymbol{A}=\begin{pmatrix}2(x_1-x_3) & 2(y_1-y_3)\\2(x_2-x_3) & 2(y_2-y_3)\end{pmatrix}\quad \boldsymbol{B}=\begin{pmatrix}x_1^2-x_3^2+y_1^2-y_3^2+d_3^2-d_1^2\\x_2^2-x_3^2+y_2^2-y_3^2+d_3^2-d_2^2\end{pmatrix}$$

由式(8-3)可知，当激光扫描器知道了周边每一个反射板的准确坐标信息时，就可以计算出 AGV 当前的绝对位置坐标，得到 AGV 在车间坐标系下的绝对位置信息。在 AGV 实际运动过程中，以上计算过程不断循环实时进行，可以得出 AGV 的连续位置、与预定轨迹的偏差等信息。这些信息即可用于 AGV

的导引控制。

8.3 车间物流常用传感器

车间生产与物流传感器是实现生产自动化和信息化的基础。在车间生产中光电传感器、光幕传感器和RFID自动识别系统广泛应用于入库、上架、拣选、出库等各个仓储物流作业环节的商品或设备信息读取、检测及复核等。

8.3.1 光电传感器

光电传感器是一种从发射器发射可视光线、红外线等“光”,并通过接收器检测物体反射光或遮光量的变化,从而获取输出信号的仪器。主要由发射器、接收器和检测电路三部分构成。

光电传感器具有非接触检测、高精度、高可靠性和反应快等特点,广泛地用于物流自动化系统中物料动作、位置和状态的检测,以及加工生产中零件尺寸、形状等的检测。

1. 光电转换元件

常用光电转换元件主要有光敏电阻、光敏二极管和光敏三极管、光电池等。

1) 光敏电阻

光敏电阻是基于半导体的光电导效应制成的光电器件。光敏电阻没有极性,纯粹是一个电阻器件,使用时可以加上直流电压,也可以加上交流电压。

构成光敏电阻的材料有硫化镉(CdS)、硫化铅(PbS)、锑化铟(InSb)等。图8-21(a)所示为金属封装的硫化镉光敏电阻的内部结构。在玻璃底板上均匀地涂有一层薄薄的半导体物质,半导体的两端引出金属电极,光敏电阻通过引出线端接入电路。

为了防止周围介质的影响,在半导体光敏层上覆盖了一层漆膜,漆膜的成分应使它在光敏层最敏感的波长范围内透射率最大。为了提高灵敏度,光敏电阻的电极一般采用梳状图案,如图8-21(b)所示。如果把光敏电阻连接在外电路中,在外加电压作用下,光照能改变电路中电流的大小,如图8-21(c)所示。

当无光照时,光敏电阻的电阻值很大,大多数光敏电阻的阻值在100 MΩ以上,电路的暗电流很小;当受到一定波长范围内的光照射时,其电阻值急剧减小,电路电流随之迅速增大。根据电流表测出的电流变化值,便可得知照射光的强弱。当光照停止时,光电效应消失,电阻恢复原值。

光敏电阻具有很高的灵敏度和很高的光谱特性,光谱响应从紫外光区一直

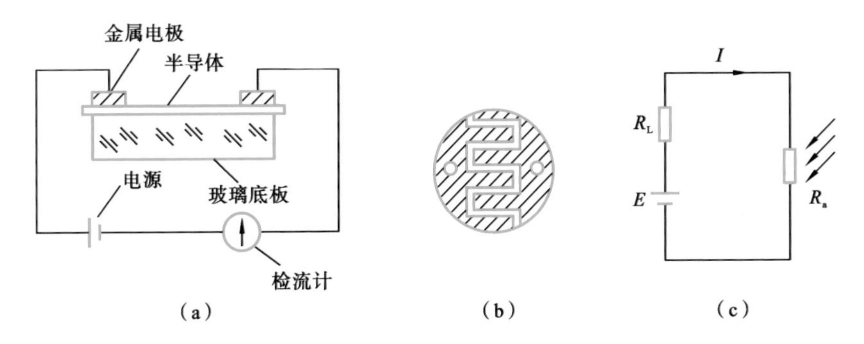

图 8-21　光敏电阻结构和基本电路

(a) 内部结构；(b) 电极；(c) 基本电路

到红外光区，而其体积小、质量轻、使用寿命长、稳定性好、价格便宜、制造工艺简单，因此广泛应用于照相机、防盗报警、火灾报警及自动化检测技术中。

2）光敏二极管和光敏三极管

光敏二极管又称为光电二极管，它的结构与一般二极管相似，装在透明玻璃外壳中，如图 8-22(a)和图 8-22(b)所示。与一般二极管的不同之处在于其 PN 结装在管的顶部，可以直接受到光照射，并且光敏二极管在电路中一般处于反向工作状态。光敏二极管在电路中的接法如图 8-22(c)所示。

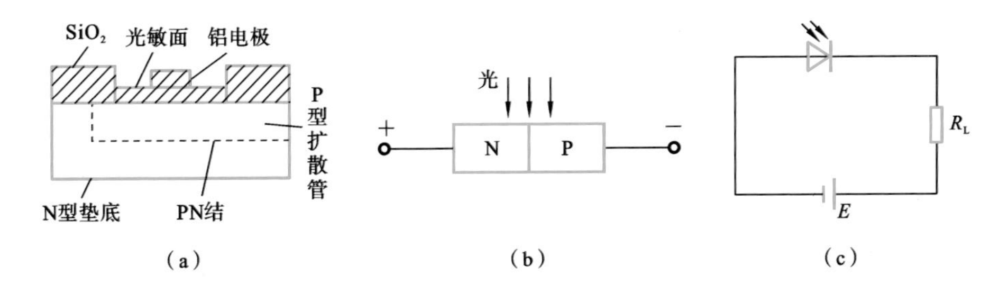

图 8-22　光敏二极管结构和基本电路

(a) 内部结构；(b) 结构简化模型；(c) 基本电路

当无光照射时，反向电阻很大，电路中有很小的反向饱和漏电流，称为暗电流，此时相当于二极管截止；当有光照射时，光子打在 PN 结附近，使 PN 结产生光生电子和光生空穴对，它们在 PN 结处的内电场作用下做定向运动，形成光电流。光照度越大，光电流越大。因此光敏二极管在不受光照射时处于截止状态，受光照射时处于导通状态。光电流通过负载电阻 R_L 时，在电阻两端将得到表征入射光变化的电压信号。

光敏二极管具有灵敏度较高、频率特性好、光谱特性宽、稳定性好等特点。

光敏三极管有 PNP 型和 NPN 型两种，其结构与普通三极管很类似，如图 8-23(a)和图 8-23(b)所示。为适应光电转换的要求，它的基区做得较大，以扩大光的照射面积；发射区做得较小，并在基区边缘，以避免发射极阴线遮住基区而影响灵敏度。光敏三极管的基本电路如图 8-23(c)所示，当集电极 c 加上相对于发射极 e 为正的电压而不接基极 b 时，集电结就是反向偏压。当光照射在集电结时，会在集电结处产生电子空穴对，光生电子被拉到集电极，基区留下空穴，使基极与发射极间的电压升高。这样便会有大量的电子流向集电极，形成输出电流，且集电极电流为光电流的 β 倍，所以光敏三极管有放大作用，但光谱特性较窄，频率特性较差。

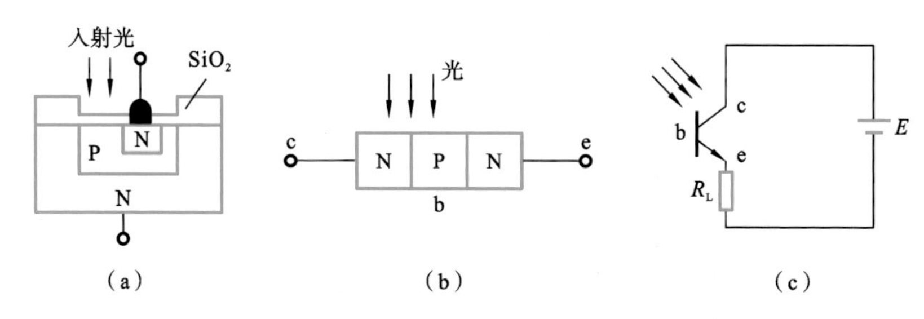

图 8-23　NPN 型光敏三极管结构和基本电路

(a) 内部结构；(b) 结构简化模型；(c) 基本电路

3）光电池

光电池的工作原理是基于光生伏特效应，在光的照射下，光电池可直接输出光电流和电动势。光电池的种类很多，有硒光电池、硅光电池、锗光电池、砷化镓光电池、氧化亚铜光电池等。

硅光电池结构如图 8-24(a)所示，在一块 N 型硅片上，用扩散的方法掺入一些 P 型杂质形成 PN 结。当光照射到 PN 结的一个面，例如 P 型面时，若光子能量大于半导体材料的禁带宽度，P 区每吸收一个光子就产生一对光生电子和空穴。光生电子空穴对从表面向内迅速扩散，PN 结电场的作用使扩散到 PN 结的电子空穴对分离，电子被拉到 N 区，空穴则留在 P 区，使 N 区带负电，P 区带正电。如果光照是连续的，PN 结两侧就有一个稳定的光电流或光生电动势输出，其测量电路如图 8-24(b)所示。

硅光电池具有性能稳定、光谱范围宽、频率特性好、转换效率高及耐高温辐

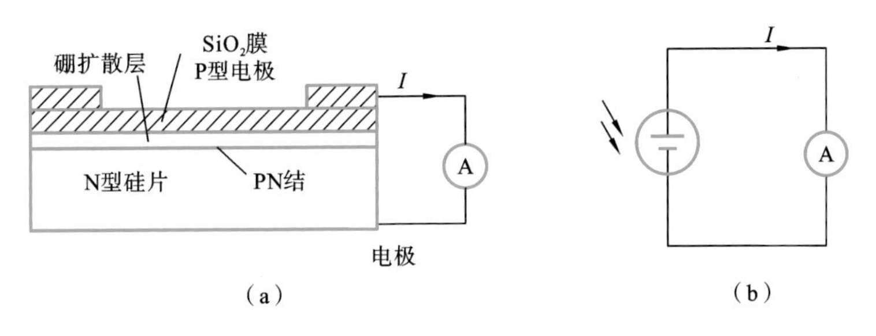

图 8-24　硅光电池结构和基本电路

(a) 结构;(b) 基本电路

射等特性,可作为测量、计数和接收元件使用。

2. 光电传感器的结构及类型

1) 光电传感器的结构

根据检测方式不同,光电传感器的结构有以下几种。

(1) 槽型光电传感器。

把一个光发射器和一个光接收器面对面地装在一个槽的两侧。光发射器发出红外光或可见光,在无阻情况下光接收器能收到光。但当被检测物体从槽中通过时,光被遮挡,接收器输出一个开关控制信号,切断或接通负载电流,从而完成一次控制动作。槽型光电传感器一般用于光电开关,它的检测距离因为受整体结构的限制一般只有几厘米。

(2) 对射型光电传感器。

把发射器和接收器分离开,可使检测距离加大。由一个发射器和一个接收器组成的光电开关就称为对射分离式光电开关,简称对射式光电开关。它的检测距离可达几米乃至几十米。使用时把发射器和接收器分别装在检测物通过路径的两侧,检测物通过时阻挡光路,接收器输出一个开关控制信号。

(3) 反光板型光电开关。

把发射器和接收器装入同一个装置内,在它的前方装一块反光板,利用反射原理完成光电控制作用的光电开关称为反光板反射式(或反射镜反射式)光电开关。正常情况下,发射器发出的光被反光板反射回来再被接收器收到,一旦光路被检测物挡住,接收器输出一个开关控制信号。

(4) 扩散反射型光电开关。

检测头装有一个发射器和一个接收器,但前方没有反光板。正常情况下发射器发出的光接收器是找不到的。检测物通过时挡住了光,并把光部分地反射回来，接收器就收到光信号，输出一个开关信号。

2）光电传感器的主要类型

光电传感器工作时由发射器对目标发射光束，发射光束的光源一般有半导体光源、发光二极管（LED）、激光二极管及红外发射二极管。发射光束可以是连续的，也可以是脉冲式的。接收器一般是光电二极管、光电三极管、光电池。在接收器的前面，装有光学元件如透镜和光圈等，接收器后面是检测电路，检测光信号的强弱并输出电信号。光电传感器原理参见 8.2.1 节。

3. 光电传感器的应用

在工业生产应用中，光电传感器可以检测距离、外径和位置，可以对玻璃、塑料、木材、液体等多种材质的被测物体进行检测，可实现颜色判别等。

1）距离检测

发射器所发出的光照射到工件上，且工件反射的光进入接收器。光接收元件为 CMOS 图像传感器，通过改变其与工件的距离可变更 CMOS 图像传感器上接收光的波形峰值位置。因此，光电传感器可进行工件距离的计算。

系统中存储有基准背景的距离和光强度，当工件进入检测区域时，如果距离或光强度从存储的状态开始发生变化，则光电传感器会检测到变化的状态。

2）外径、边缘位置测量

将 LED 发射光变为均匀的平行光后照射被测物体。发射光透过被测物体到达接收器，光接收元件为 CMOS 图像传感器，检测到达 CMOS 的光的明暗边缘位置，即可计算外径、测量被测物体的边缘位置。

3）产品计数器

产品在传送带上运行时，不断地遮挡光电传感器的光路，使光电脉冲电路产生一个个电脉冲信号。产品每遮光一次，光电传感器电路便产生一个脉冲信号，因此输出的脉冲数即代表产品的数目。该脉冲经计数电路计数并由显示电路显示出来。

4）转速测量

在电动机的旋转轴上涂上黑白两种颜色，旋转轴转动时，反射光与不反射光的情形交替出现。光电传感器相应地间断接收光的反射信号，并输出间断的电信号，再经放大器及整形电路放大整形后输出方波信号，最后由电子数字显示器输出电动机的转速。

5）液位检测

发射器、接收器安装时与光轴有一定的角度。液位未升到发射器及接收器平面时,发射器发出的光线不会被光电三极管接收。当液位上升到发射器及接收器平面时,由于液体的反射,光电三极管接收到反射光线信号,经光电转换形成液位变化电信号。

图 8-25 所示为德国倍福光电传感器的外形。

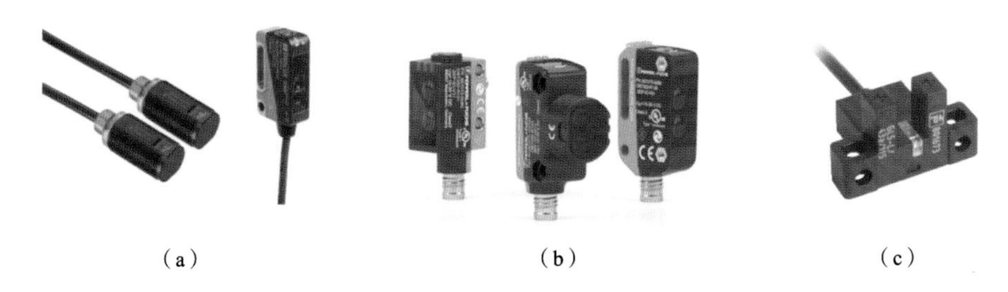

(a)　　(b)　　(c)

图 8-25　德国倍福光电传感器的外形

(a) 透过式、反射式光电传感器;(b) 漫反射式光电传感器;(c) 槽型光电传感器

8.3.2　光纤传感器

光纤传感技术以光纤作为介质,用于传感位移、振动、压力、温度等物理量,具有无源性、“传”“感”合一、灵敏度高、抗电磁干扰、响应速度快等优点。在现代制造系统中,光纤传感器能对产品尺寸、形状等参数进行检测,在物联网中可作为物联网传感层的感知元件。

1. 光纤传感器的基本构成

光纤是光导纤维的简称,它是一种由玻璃或塑料制成的纤维,可作为光传导的介质。光纤是利用光的全反射原理来引导光波向前传输的,传输特性由其结构和材料决定。

如图 8-26 所示,光纤由纤芯和折射率不同的包层构成。当光射入纤芯,且满足一定的入射条件时,会在与包层的边界面上重复全反射,使光波沿着纤芯向前传播。

光纤的传输模式分为单模和多模两种。光纤的传输模式是根据光进入光纤的入射角度区分的。光线以不同角度进入纤芯的传输方式称为多模式传输,可传输多模式光波的光纤称为多模光纤;所有发射的光沿着纤芯直线传播,这类光纤称为单模光纤。

光纤具有传光和感知外界信息的特征。光波在光纤中传输时,外界温度、压力、电场、位移等物理量的变化,会使光产生反射、吸收和折射、光学多普勒和

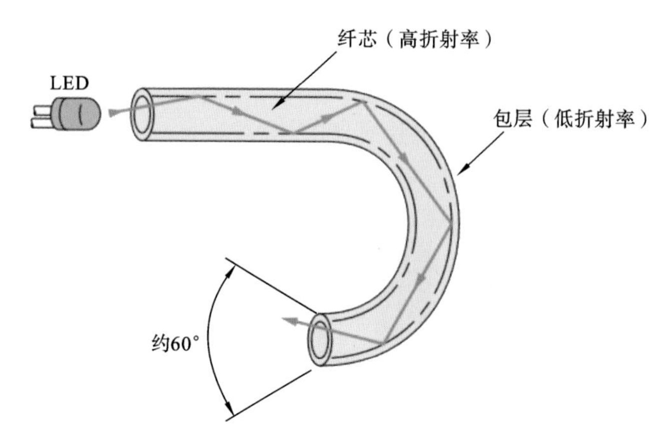

图 8-26　光纤内光波传输示意图

光弹等效应，改变光纤传输中的光波的特征参量（如振幅、相位、偏振态、波长、频率等），从而引起光波的强度、干涉效应、偏振面发生变化，使光波成为被调制的信号光，再由光解调器和光探测器进行解调检测，从而感知外界物理量的变化。光纤传感原理如图 8-27 所示。

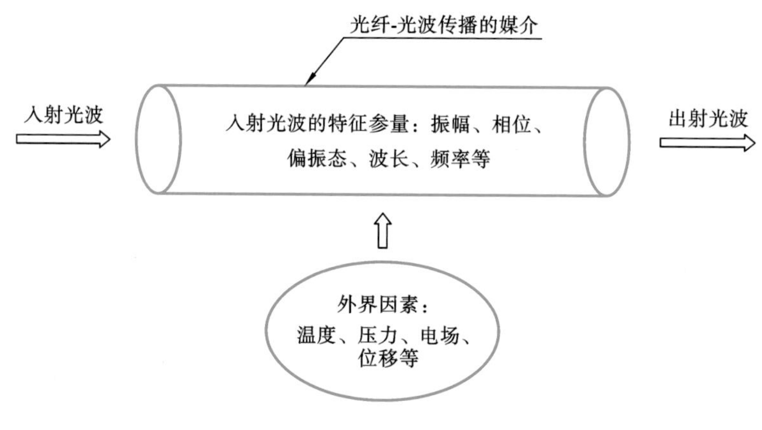

图 8-27　光纤传感原理

光纤传感器的基本构成如图 8-28 所示，一般由光源、入射光纤、出射光纤、光调制器、光解调器及光探测器等组成。其基本工作原理是将来自光源的光经过入射光纤送入调制区，光在调制区内与外界被测量相互作用，使光的光学性质发生变化而成为被调制的信号光，再经出射光纤送入光解调器、光探测器而获得被测参数。

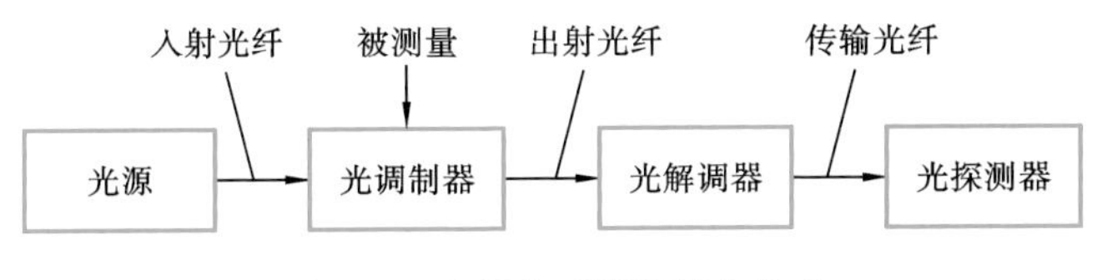

图 8-28　光纤传感器的基本构成

2. 光纤传感器的分类

1）按传感原理分类

光纤传感器按传感原理一般可分为两大类：一类是功能型传感器，又称 FF 型光纤传感器；另一类是非功能型传感器，又称 NF 型光纤传感器。前者利用光纤本身的特性，把光纤作为敏感元件，所以又称为传感型光纤传感器；后者利用其他敏感元件感受被测量的变化，光纤仅作为光的传输介质，用以传输来自远处或难以接近被测部位的光信号，因此，也称为传光型光纤传感器。两类传感器的组成示意图如图 8-29 所示。

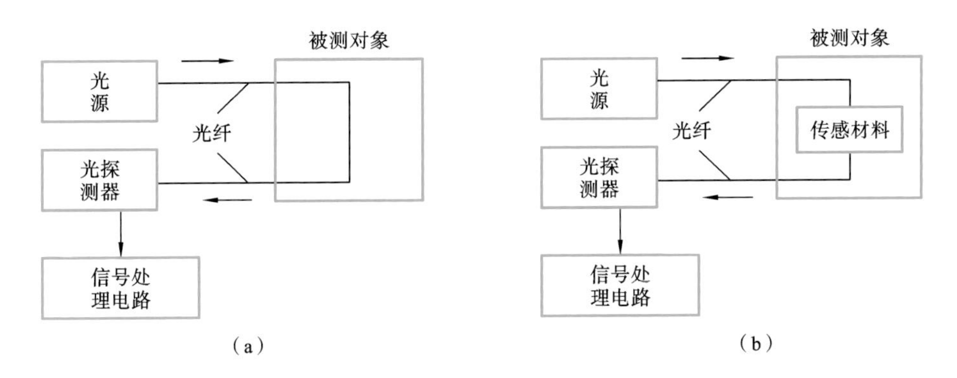

图 8-29　传感型、传光型光纤传感器的组成示意图

(a) 传感型；(b) 传光型

2）按调制方式分类

根据光波在光纤中被调制的方法，光纤传感器可以分为强度调制型、相位调制型、偏振态调制型 、波长调制型和频率调制型等五种类型。

(1) 强度调制型，是指在被测物理量的作用下光纤中光的强度会发生变化，通过测量光强变化可间接地检测被测量。强度调制型传感器价格低，频率响应快，在测量位移、机器振动等方面得到了广泛的应用。

（2）相位调制型，是指光波的相位根据被测物理量的变化而变化。由于光的频率很高，在解调时需要进行参考光路与传感光路两路信号相干，通过相干测量来检测被测量。相干测量具有很高的灵敏度，但也存在易受环境温度、振动等因素影响的不足。

（3）偏振态调制型，是指利用光的偏振态变化与被测物理量的关系进行测量。该方法可降低光源强度变化的影响，测量灵敏度较高，主要用于电磁场、应力等的测量。

（4）波长调制型，主要是利用传感部分的选频特性来调制出射光的波长，进而通过波长检测获得被测量的大小。这种传感器采用宽带光源，需要频谱仪进行解调。其优点是光的波长稳定、抗干扰能力强、可靠性高等。

（5）频率调制型，是指基于光波的多普勒、光弹、非线性科尔等效应的光纤传感器，利用被测物理量引起的光频率的变化来进行检测，主要应用于温度、流速等参数的测量。

3）按被测物理量的类型分类

光纤传感器按被测物理量不同，可以分为光纤温度传感器、光纤压力传感器、光纤位移传感器、光纤浓度传感器、光纤电流传感器、光纤流速传感器等。

3. 强度调制型光纤传感器原理

当被测物理量作用于光纤，使光纤中传输的光信号的强度发生变化时，检测强度即可实现对被测物理量的测量。强度调制型光纤传感器的原理如图8-30所示。

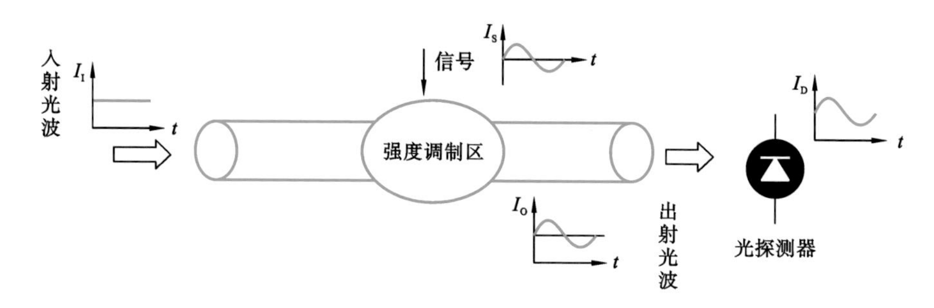

图 8-30　强度调制型光纤传感器的原理

图 8-30 中，恒定光源发出的光波 I_I 注入调制区，在外部物理场 I_S 的作用下，输出光波强度被调制，输出光信号强度 I_O 的包络线与 I_S 的形状一样。光探测器的输出电流 I_D 也相应变化，通过检测光强 I_O 的变化就可实现对被测物理

量的测量。

强度调制型光纤传感器主要有反射式强度调制和透射式强度调制两种。

1）反射式强度调制型光纤传感器

该类传感器由光源、传输光纤、反射面以及光探测器和检测电路组成。其强度调制原理如图8-31所示。图中 r 为输入光纤纤芯半径，d 是被测反射面到输入（输出）光纤端面的距离，θ_c 是输入光纤的最大出射角。输入光纤将光源发出的光射向被测物体表面，然后由输出光纤接收反射回来的光并传输至光探测器，光探测器可检测到光强大小随被测表面与光纤之间的距离 d 的变化。

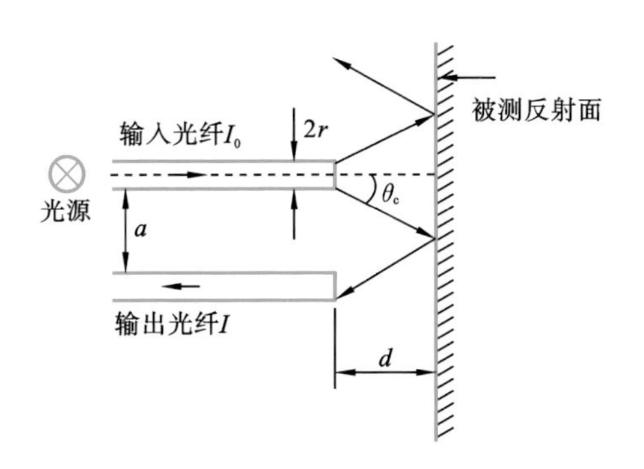

图8-31　反射式强度调制原理

2）透射式强度调制型光纤传感器

透射式强度调制是指在输入与输出光纤的耦合端面之间插入遮光板，或者改变输入与输出光纤的相对位置，当遮光板或相对位置发生变化时，输出光的强度也发生变化。透射式强度调制型光纤传感器的原理如图8-32所示。

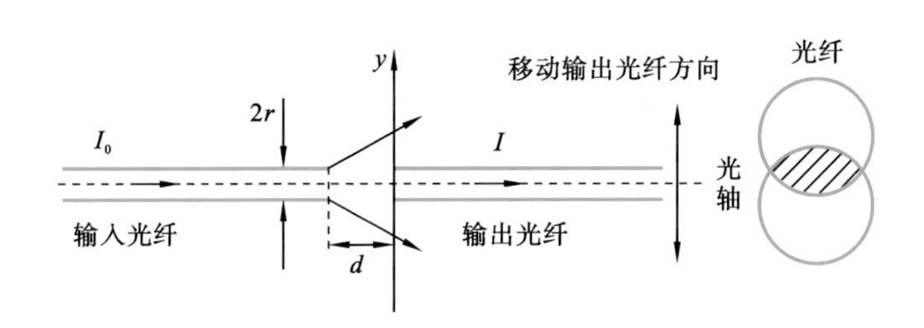

图8-32　透射式强度调制型光纤传感器的原理

图8-32中，I_0 为光源耦合入输入光纤中的光强，d、y 为输入光纤端面至输出光纤端面间的横、纵向距离。输入与输出光纤之间的相对位置 d、y 发生变

化时，输入光纤与输出光纤的端面重合面积也相应变化，导致输出光纤光强 I 的改变。输出光强 I 的变化就反映了两者间的相对位移量。

4. 光纤传感器的典型应用

光纤传感器在自动化生产中的典型应用如图 8-33 所示。

1）进行扁平晶圆薄片零件的定位

利用区域检测光纤传感器，通过薄片零件凹口的高度来判断晶圆薄片的位置，如图 8-33(a)所示。

2）检测软管密封胶带

光纤传感器可对软管上的密封胶带厚度进行测量，用于软管批量生产检测场合，如图 8-33(b)所示。

3）检测衬纸上的条形码标签

光纤传感器可对衬纸上的条形码标签进行检测和查取，如图 8-33(c)所示。

4）控制传送带的传送速度

使用宽光束光纤传感器进行传送带的速度测量和控制，如图 8-33(d)所示。

5）区分物料元件的正反面

在物料元件组装过程中，光纤传感器可根据细微的颜色变化，区分物料元件的正面和反面，如图 8-33(e)所示。

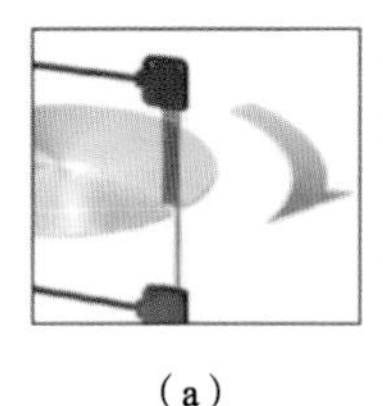
(a)

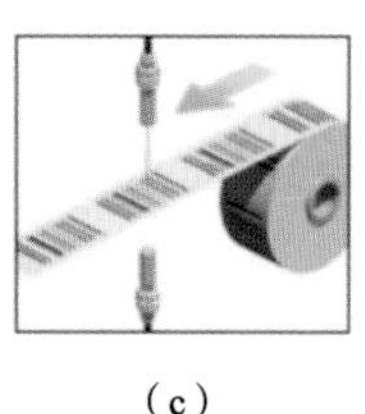
(b)

(c)

(d)

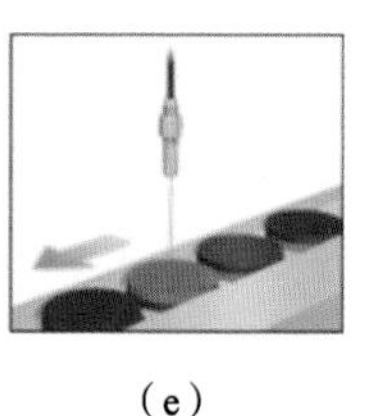
(e)

图 8-33　光纤传感器在自动化生产中的应用

(a) 扁平晶圆的定位；(b) 检测软管密封胶带；

(c) 检测条形码标签；(d) 控制传送速度；(e) 物料元件正反面监测

8.3.3　光幕传感器

光幕传感器按其用途可分为测量光幕传感器和安全光幕传感器两种。测量光幕传感器主要用于检测产品的外形尺寸；安全光幕传感器则主要应用于安全防护。

1. 测量光幕传感器

1）测量光幕传感器的工作原理

测量光幕传感器是一种特殊的光电传感器，一般由发射器、接收器、放大器及开关量输出装置构成。发射器和接收器相互分离且相对放置，其外形呈长管状。发射器安装有多个红外发射管，接收器有数量相同的红外接收管，每一个红外发射管都有一个对应的红外接收管，且安装在同一条直线上，其产生的测量光线在测量区域形成一道“幕墙”。为了排除周围光源的干扰，发射光都使用调制光。工作时，发射器发射光线，当被检测物体经过时，根据检测模式的不同，物体或吸收光线或将光线反射到接收器，从而导致接收器接收的光线强度产生变化，该变化可触发开关信号输出，实现检测功能。

光幕单元传感原理如图 8-34(a)所示。左边为发光二极管，右边为光敏三极管元件。当光敏三极管接收到二极管发出的光时，光敏三极管导通，输出电平置高位；当有物体通过两者之间时，光线被物体挡住，光敏三极管接收不到光信号，输出电平置低位。光敏三极管的电平高低反映了物体遮挡的状态。当光敏三极管采用阵列化 CCD 光敏探测器时，通过对光敏探测器输出电平高低的判断即可进行零部件外形轮廓尺寸的高精度快速检测，如图 8-34(b)和图 8-34(c)所示。

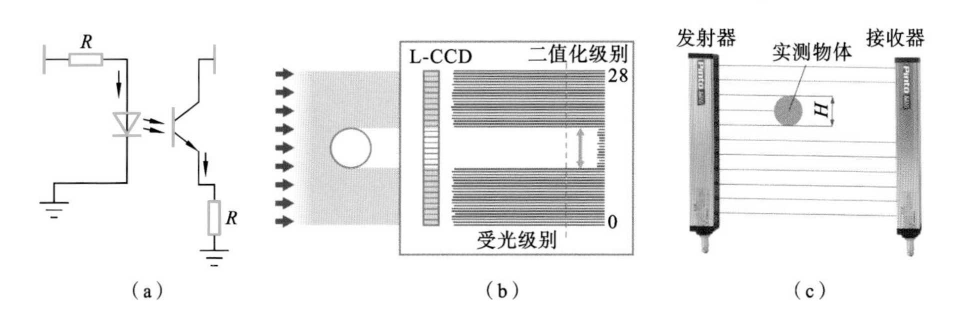

图 8-34　测量光幕传感器原理及应用示意图

(a) 光幕单元传感原理；(b) 光幕阵列传感原理；(c) 光幕用于零件直径测量

2）测量光幕传感器的应用

测量光幕传感器可以检测物体的外形尺寸。常用的检测方式有光线阻挡式和光线透射式。光线阻挡式检测是指当物体进入光幕测量区域时，阻挡光线，通过控制器识别被阻挡的第一束光线的编号，然后依次由下往上计算被阻光线总数，直到最后被阻挡光线为止，累加数值，从而得出物体的被测方向尺寸。光线透射式检测是指当物体进入光幕测量区域时，由控制器识别透射光线，从第一束透射光线开始计算，依次累加数值，直到最后透射光线为止，计算透射光线总数，从而得出物体在被测方向上的尺寸。

在物流生产线上可应用测量光幕传感器对物料进行分级测量和辨别。由于物料的外形尺寸并不一致，当被检物料依次由传送带传送至光幕测量区域时，测量光幕的发射器和接收器对应安装于传送带两侧，扫描光线与传送带表面相平。采用光线阻挡式进行测量，控制器只需要采集最后阻挡光线的编号即可分析检测数据，计算出物料截面在被测方向上的尺寸。

2. 安全光幕传感器

安全光幕传感器也称光电安全保护装置。在制造车间中，人与机器协同工作，在一些具有潜在危险的机械设备上，如冲压机械、剪切设备、金属切削设备、自动化装配线、自动化焊接线、机械传送搬运设备，或危险区域（有毒、高压、高温）等，容易发生事故，造成作业人员的人身伤害。光电安全保护装置通过发射红外线，产生保护光幕，当光幕被遮挡时，保护装置发出指令，该指令控制具有潜在危险的机械设备停止工作，避免发生安全事故。安全光幕主要用于通道出入口、危险区域保护、大型设备外围区域保护、特定区域进出保护等。

1）安全光幕原理

安全光幕由发光器和受光器两部分组成。发光器发射出调制的红外光，由受光器接收，形成了一个光保护网。当有人员或物体进入保护网，或者在保护网的覆盖范围内有光线被物体遮挡时，受光器电路能立即做出反应，并控制相应的机床、冲床等机械设备，使设备紧急停止运行，以保护人身或设备安全。例如，在需要不断送取料的冲压设备上，在操作人员送取料时，只要身体的任何一部分遮断光线，就会导致机器进入安全状态而不会给操作人员带来伤害，如图8-35所示。

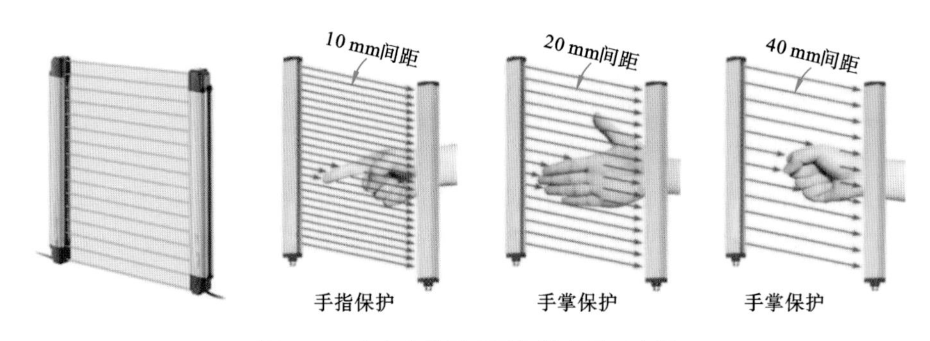

图8-35　安全光幕原理及保护应用示意图

使用光幕时，对安装有一定的要求，不允许出现人员能够绕过光幕而进入危险区域的情况，也不允许在光幕区域附近有反射光线的表面，以避免接收器接收到反射过来的光线而无法输出安全开关信号。另外，对光幕的使用环境也有一定的要求，如果环境中粉尘太大，则会影响到光线的发射和接收，降低光幕的使用效果。

安全光幕有对射式和反射式两种类型。对射式安全光幕的发光单元、受光单元分别在发射器、接收器内，发光单元发出的光直射到受光单元，从而形成保护光幕的安全光栅装置。反射式安全光幕的发光单元、受光单元都在同一传感器内，发光单元发出的光通过反射器反射到受光单元，从而形成保护光幕的安全光栅装置。发射器、反射器两部分之间形成安全保护屏。

2）光幕性能等级

安全光幕具有安全等级，根据危害性质和发生频率对安全措施进行风险评价。

对应不同类型的危险，有不同安全等级的光幕。安全光幕等级划分为 B 级、1 级、2 级、3 级、4 级。B 级是指控制系统中安全相关部件的设计必须符合相关标准并遵循特定应用的基本原理。设计中采用最基础的技术保证其可靠性。1 级是指控制系统中安全相关的设计必须采用行之有效的部件及安全原理，为保证安全性能，采用的是无自检测单回路。2 级是指通过周期性自检的方法达到安全要求，一个故障可能会导致安全功能丧失，但会在下一个工作循环中被检测出来，采用的是周期性自检测单回路。3 级是指使用有保障的安全器件和技术，单个故障不会导致安全功能的丧失，但故障累积会导致安全功能的丧失，采用的是无自检测双回路。4 级是指使用有保障的安全器件和技术，采用的是实时自检测双回路。

8.3.4 颜色传感器

颜色传感是现代颜色测量仪器的核心技术之一，随着工业生产向高速化、自动化方向发展，制造过程中长期以来由人眼起主导作用的颜色识别工作将越来越多地被相应的颜色传感器所替代。

目前，颜色传感器已经广泛应用于汽车、电子、食品、包装、化工、视频音频和电视制造、印刷机械、表面颜色控制、标签检测、彩色印刷检测、有色标记检测、医药和化妆品等领域，尤其是在自动化生产中对不同颜色的产品进行分类、监测的场合。

1. 颜色测量基础

1）颜色的特性

测色的基本原理就是与已知反射率的标准样本进行相对比较测量，从而得到被测样本的反射率，然后利用色度学理论计算出有关颜色参数。

颜色是一个心理物理量。人们对于颜色的感知是通过人眼接收物体反射或透射的光信号来进行的。物体颜色由物体表面的光谱特性决定。通常人眼所能看到的波长为380～780 nm的光，即可见光。颜色的实质，是可见光谱的辐射能量对人眼的刺激所引起的色知觉。

外界光投射到物体上时，在物体表面会发生反射和透射，由于物体对光谱的选择性吸收，从而体现出物体对应的颜色。物体表面若能反射全部光线就呈现白色，若能吸收全部光线就呈现黑色。如果只反射一定波长范围的光线，吸收其余波长的光线，则物体就显示出与反射光相同的颜色。例如，如果一个物体反射绝大部分的在红色波段范围(630～760 nm)内的光线，则它将呈现红色。这种反射决定了颜色色相。

2）颜色测量标准

颜色传感器就是利用人眼对可见光波长的这种感觉特性来检测颜色的。只要测量出物体色的光谱反射率，就可得出物体色的三刺激值和色度坐标值。

1931年CIE(国际照明委员会)规定了标准观察者的数据(光谱三刺激值)，从而奠定了颜色测量的基础。要客观、定量地表示一个颜色，需要计算物体或光源的颜色所占三原色的份额多少，即根据现代色度学原理计算此颜色的三刺激值X、Y、Z(或表示为X_{10}、Y_{10}、Z_{10})。三刺激值X、Y、Z是表征颜色的最基本的参数，色度学中其他各种表色数据都可由这三个参数换算或推导而来。

三刺激值的计算方法是根据样品的光谱反射率、所用标准照明体的相对光谱功率分布和所采用CIE推荐的2°或10°视场的色匹配函数，用等波长间隔法，在可见光光谱范围计算出颜色的色度参数。

根据格拉斯曼(Grassmann)定律，由三原色混合能产生任意颜色，目前最常用的是红(R)、绿(G)、蓝(B)三原色，三原色比例份额有的可视作颜色匹配所需三刺激值。CIE根据颜色匹配实验结果的平均值定出了匹配等能光谱颜色的三刺激值，并将光谱三刺激值作为颜色色度计算的基础，从而制定了CIE1931-RGB色度系统。

3）照明观测条件

为使颜色的测量与计算标准化，CIE规定了相应的标准照明体(标准光源)

和照明观测条件以用于色度计算。由于物体材料光度特性的影响,照明光源与视场角的不同对测色结果的影响很大,因此在使用颜色测量仪器进行颜色测量时,首先应明确标准照明体的类型和照明观测条件。

2. 颜色测量仪器的基本类型

根据获得三刺激值的方式不同,颜色测量仪器可分为分光式颜色测量仪器和光电积分式颜色测量仪器两大类。

1）分光式颜色测量仪器

分光式颜色测量仪器主要由光源、色散元件、阵列传感器、信号处理电路和输出装置几部分组成。光源多用脉冲光源,即脉冲氙灯;阵列传感器为光电二极管阵列或 CCD;色散元件常为衍射光栅。其测量原理如图 8-36(a)所示。

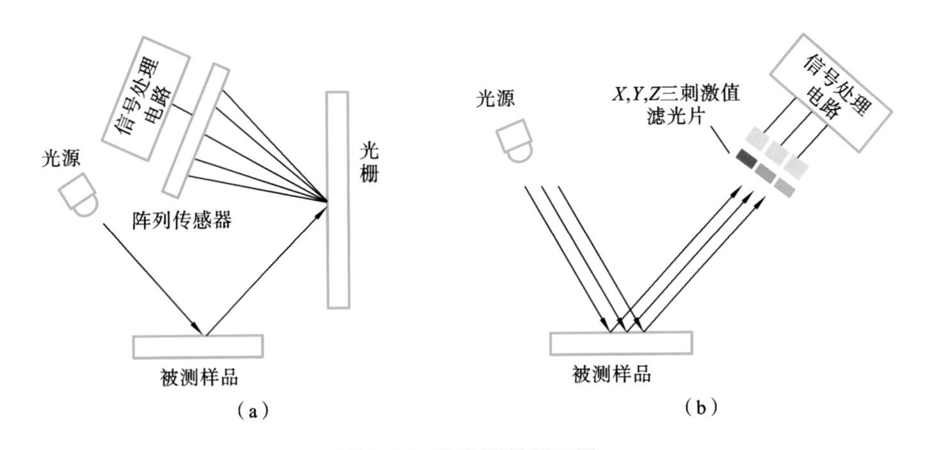

图 8-36　颜色测量原理图

(a) 分光式颜色测量仪器原理;(b) 光电积分式颜色测量仪器原理

测量时,照明光源发出的光照在被测样品上,反射光进入分光色散系统,分光色散系统将反射光以一定波长分辨率分开投射在阵列传感器上,阵列中的每个测量元对应地测得某一特定波长的光的辐射值,全部测量元所测得的数据便构成了被测样品的光谱反射率数据。

分光式仪器是颜色测量中的基准仪器。这类仪器不是直接测量颜色的三刺激值本身,而是测量物体的光谱反射或透射特性,再选用 CIE 推荐的标准照明体和照明观测条件,通过公式计算求得颜色的三刺激值,所以测量精度较高。

2）光电积分式颜色测量仪器

图 8-36(b)所示为光电积分式颜色测量仪器的原理。仪器由光源、探测器、信号处理电路和输出单元等组成。光源采用高稳定性光源,较多使用的是卤素

灯。探测器为三个或四个经过滤色修正的硅光电池、光电三极管等光电探测元件。

光电积分式仪器模拟人眼的特性，利用光电积分效应，直接测得样品颜色的三刺激值。在光电积分式仪器的设计过程中，一般采用有色玻璃作为滤光片对探测器的光谱响应进行修正。修正方法为：结合照明光源的光谱分布和探测器的光谱响应，确定滤光片的相对光谱分布，使仪器的相对光谱响应与 CIE 标准色度观察者光谱三刺激值曲线保持一致，再对它的被测量的光谱功率进行积分测量。光电积分式仪器的特点是速度快，无须像分光式仪器那样先测量光谱分布。主要问题是有色玻璃的品种规格有限、加工工艺和过程比较复杂，难以精确保证所需滤光片的光谱匹配性能，导致在测量不同样品的颜色时存在较大误差。尽管光电积分式颜色测量仪器有一定局限性，但是其制造成本相对较低。作为一种实用、高效的测量仪器，光电积分式颜色测量仪器在农业、化工、饮料行业和工业品在线监测方面得到了广泛的应用。

3. RGB 颜色传感器

RGB 颜色传感器是基于三原色原理，采用光电积分法测量物体颜色的传感器。RGB 颜色传感器对相似颜色和色调的检测可靠性较高。它通常由三个光电管和三原色滤光片集成，可以直接检测目标物体对三原色的反射率，从而实现颜色检测。

RGB 颜色传感器有两种测量模式。一种是计算分析红、绿、蓝光的比例。因为检测距离无论怎样变化，只能引起光强的变化，而三种颜色光的比例不会变，在物体有机械振动的场合也可以检测。另一种模式是利用红、绿、蓝三原色的反射光强度来进行检测。这种模式可实现相近颜色的判别，但传感器会受被测物体位置变化引起的光强变化影响。

1）典型颜色传感器芯片

TCS3200D 是 TAOS 公司生产的一种可编程彩色光到频率的转换器。TCS3200D 在单个 CMOS 电路上集成了硅光电二极管和电流-频率转换器，同时在单个芯片上还集成了红、绿、蓝（R、G、B）三种滤光片。TCS3200D 的输出信号是数字量，可以驱动标准的 TTL 或 CMOS 逻辑输入，能直接与微处理器或其他逻辑电路相连接。由于输出的是数字量，并且能够实现每个彩色信道 10 位以上的转换精度，因此不再需要 A/D 转换电路，使后续测量电路的设计较为简单。图 8-37 所示为 TCS3200D 的引脚封装、功能框图及外形。

TCS3200D 在单个芯片上集成有 64 个光电二极管敏感元件。这些元件共

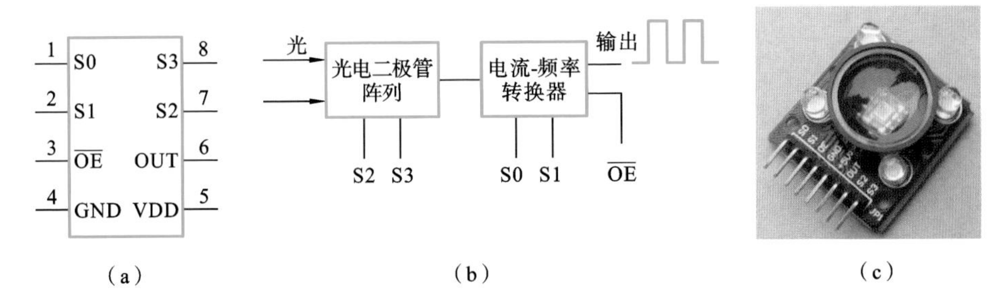

(a)　(b)　(c)

图 8-37　TCS3200D 的引脚封装、功能框图及外形

(a) 引脚封装；(b) 功能框图；(c) 外形

分为 4 组，每组 16 个。其中 16 个光电二极管带有红色滤光片以测量 R 值；16 个光电二极管带有绿色滤光片以测量 G 值；16 个光电二极管带有蓝色滤光片以测量 B 值；其余 16 个不带有任何滤光片，可以透过全部的光信息。工作时，可通过 S2、S3 两个引脚来动态选择所需要的滤光片。这些光电二极管在芯片内交叉排列，能够最大限度地减少入射光辐射的不均匀性，从而增加颜色测量的精确度。相同颜色的 16 个光电二极管是并联连接的，均匀分布在二极管阵列中，具有光强测量均化效应，可以降低二极管位置差异带来的光强测量误差。

当入射光投射到 TCS3200D 上时，经电流-频率(I/F)转换器后可输出频率随光强线性变化且占空比为 50%的方波，光线越强，输出方波频率越高，可通过引脚 S0、S1 来选择输出比例因子或电源关断方式，对输出频率范围进行调整，以适应不同的测量需求。该传感器的典型输出频率范围为 2 Hz～500 kHz。

2）工业现场用颜色传感器

工业现场用颜色传感器主要分为色标传感器和 RGB 颜色传感器两种类型。前者是一种判断两个色块之间色差(灰度差)的传感器，主要用于定位。后者则是判断色块是否为指定颜色的传感器，其不但能用于定位，还能测量颜色的成分。

色标传感器又称为光电检测传感器，采用光发射接收原理，发出调制光，接收被测物体的反射光，并根据接收光信号的强弱来区分不同的颜色，或判别物体的存在与否。它通过与非色标区相比较来实现色标检测。色标传感器主要应用于套色印刷机、包装机、贴标机等设备中物料的精确定位。

RGB 颜色传感器对颜色和色调的检测更为精细，能在多色背景中进行检测。它对颜色的检测是通过测量反射光中三原色光的强度或相对比例实现的，颜色检测的精确度较高。这类传感器只在探测到指定颜色的时候输出信号，可以完成色标传感器难以实现的任务。主要用于颜色识别、有色物体的分拣、色度校准、色彩质量控制等场合。

表 8-3 所示为典型颜色传感器的主要技术参数。

表 8-3　典型颜色传感器的主要技术参数

型　　号	德国 Sick DK20-9.5	德国 Sick DF12-11-3K
外形		
传感范围	9.5 mm±3 mm	11 mm±2 mm
光源	单个 LED	3 个 LED(红、绿、蓝)
光源类型	可见绿光/红光/蓝光，调制光	可见绿光/红光/蓝光，调制光
光斑尺寸	1 mm×4 mm	11 mm×3 mm
角度偏差	最大±3°	最大±3°
环境光限制	连续光照度<7000 lx	—
示教能力	静态示教，自动开关阈值适应	带外部示教通道，示教误差可调
输出开关类型	亮通/暗通，可切换，按照示教顺序	3 路推挽(4 合 1)输出， 短路保护，反极性保护
输出开关频率	16.5 kHz	500 Hz
响应时间	30 μs	1 ms

8.3.5　RFID 传感器

RFID 传感器是物料编码最常用的元件，在车间物流系统中得到了广泛应用。

在车间物流信息采集过程中，利用 RFID 技术可把生产车间的工具、原材料、半成品等物料信息与车间网络连接起来，实现对物料的自动识别和智能化管理，较好地解决车间计划管理层与车间加工制造层之间的信息沟通问题，使制造车间的作业信息能及时反馈到管理层。

1. 生产信息数据采集

车间的生产制造活动比较复杂，主要涉及生产计划、任务派工、零件加工装配、质量审核、库存管理等多个环节。各个环节不仅需要处理、更新大量自身的数据，而且还需要即时与其他环节交换状态信息。作为生产信息数据采集的源头，RFID 传感器主要用于对车间生产信息数据的采集和保存。生产信息主要包括员工信息、设备信息、工件加工信息、车间物料存储信息等。

员工信息包括：编号、姓名、加工时间、操作机床号、上下班时间等。

设备信息包括：设备名称、设备编号、加工类型、运行时间、设备维护情况等。

工件加工信息包括：加工工序、工时管理、质量管理、工件编号、批次、数量等信息。这些信息通过数据录入，可根据批次进行查询。

车间物料存储信息包括：原材料存储、半成品存储、工具存储、外协件存储、成品存储等信息。

车间物流系统中，生产信息采集模块主要有低频 RFID 读写模块和高频 RFID 读写模块两种卡片读写类型。低频 RFID 卡片用于记录工人编号、加工工件数、加工时间、操作机床号等人工和设备信息；高频 RFID 卡片主要用于存储产品的设计与制造过程数据。通过高频 RFID 读写模块，可对加工件及产品信息进行快速采集，将采集信息上传至车间管理系统。两种 RFID 模块都采用 MCU＋射频芯片的方式进行设计。图 8-38 所示为低频 RFID、高频 RFID 的典型结构框图。

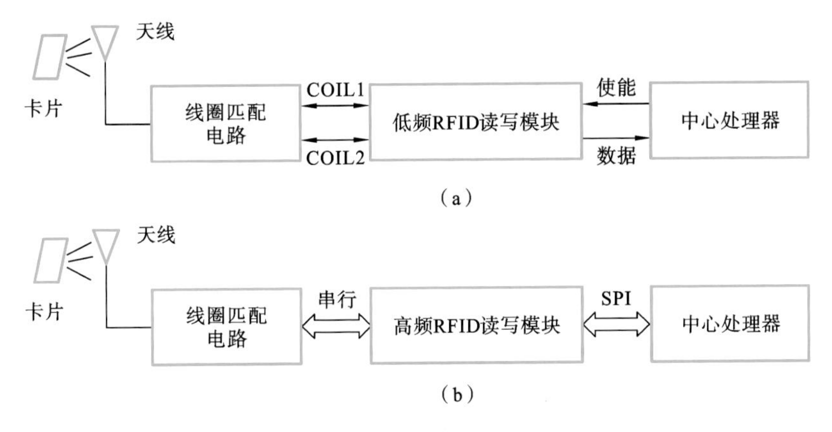

图 8-38　RFID 典型结构框图

(a) 低频 RFID 结构框图；(b) 高频 RFID 结构框图

2. 生产物料信息采集

物料系统一般涉及入库、库存管理、出库、运输四个环节，RFID传感器作为物料系统信息存储、采集、传输的基本单元，使各物料环节更为高效、准确、安全，实现了生产过程中半成品工序/成品工序的计量，仓储出入库管理，供应链的自动实时跟踪，销售及售后服务反馈等功能，以实时掌握流程信息。同时通过与企业管理系统的结合，及时查询每一个订单的生产情况，使企业管理者及采购、物流等部门能够实时监控产品制造、销售等情况，为生产排期、物料采购及物流运输等制造过程环节优化提供依据。

图8-39所示为基于RFID的物料信息采集系统构架。RFID标签中存储物料的基本信息。在各生产工位及数字化仓库入口设固定式/手持式读写模块，当物料在其读写范围内时，模块自动获取标签中存储的信息，并传送至物料管理与跟踪系统，由系统对其进行处理和显示，使管理者能及时掌握物料状态。

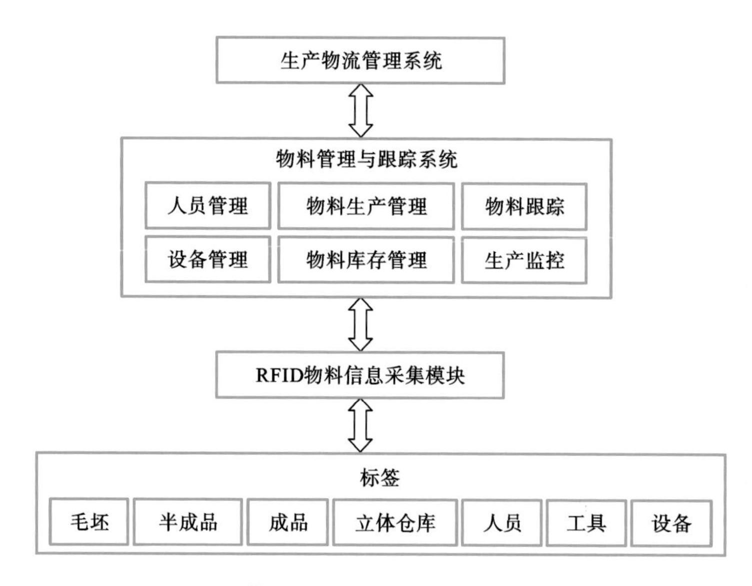

图8-39 基于RFID的物料信息采集系统构架

利用RFID技术可对车间物料信息进行实时采集，获取人员、设备、在制品及仓储物料等信息，可实现物料、工序及生产订单、产品溯源等信息的综合管理。

有关RFID系统构成、RFID传感器分类的内容已在4.4.2节中说明，此处不再赘述。

8.4 车间无线传感器网络

无线传感器网络(wireless sensor network,WSN)是通过组网技术将分散在各区域内的传感器节点连接起来形成的一种网络。其具有探测、感知、信号传输的能力。无线传感器网络改变了传统传感器信息采集的样式,是传感器技术、嵌入式技术、无线通信技术、计算机技术等现代信息技术的综合应用。

无线传感器网络技术应用于生产车间,可以实现生产物料、制造设备、工艺数据等制造资源的数据采集和监测,及时掌握车间制造过程的实时状态信息,对制造状态过程进行分析、优化和监控,从而提高车间的生产效率和管理质量。

8.4.1 无线传感器网络概述

1. 无线传感器网络的结构

无线传感器网络是由多个静止或移动的传感器节点以自组织和多跳的方式构成的无线网络。它通过传感器节点的协同工作来感知、采集、处理和传输网络覆盖区域内的目标对象信息,实现目标状态监视、跟踪等功能。

典型的无线传感器网络的构成如图 8-40 所示,主要包括传感器节点、汇聚节点、传输网络和监控中心四个部分。

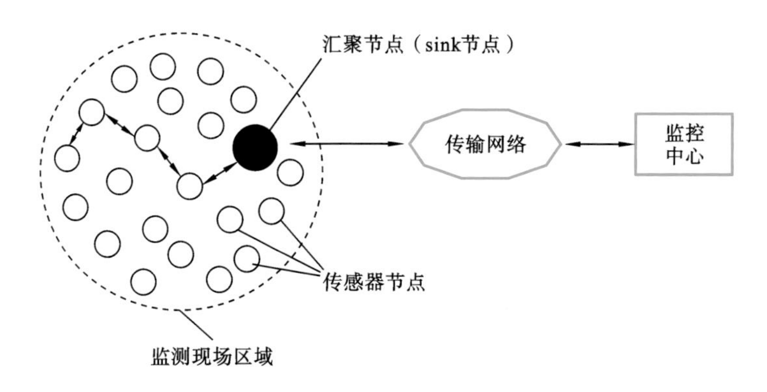

图 8-40 典型的无线传感器网络的构成示意图

部署在一定区域的无线传感器节点组成一个无线网络,网络中每个传感器节点既能够对特定物理量进行监测,又能够接收从其他传感器送来的监测信息数据,并通过一定的路由选择算法和规则将信息数据转发给下一个接力节点,经过多跳路由后传输到汇聚节点,再由汇聚节点通过传输网络把数据传送到远端的监控中心。

1）传感器节点

传感器节点是无线传感器网络的基本构成单位，具有感知、计算和通信能力。每个传感器节点除了进行监测区域内信息收集和数据处理外，还可对其他节点转发来的数据进行存储、管理和融合等处理，完成特定的协作任务。

典型传感器节点的基本结构包括传感器单元、处理器单元、无线通信单元和能量单元。有些传感器节点为了适用于某种场合，会增加一些定位系统、执行结构、电源产生器等功能性部件，节点的结构图如图 8-41 所示。

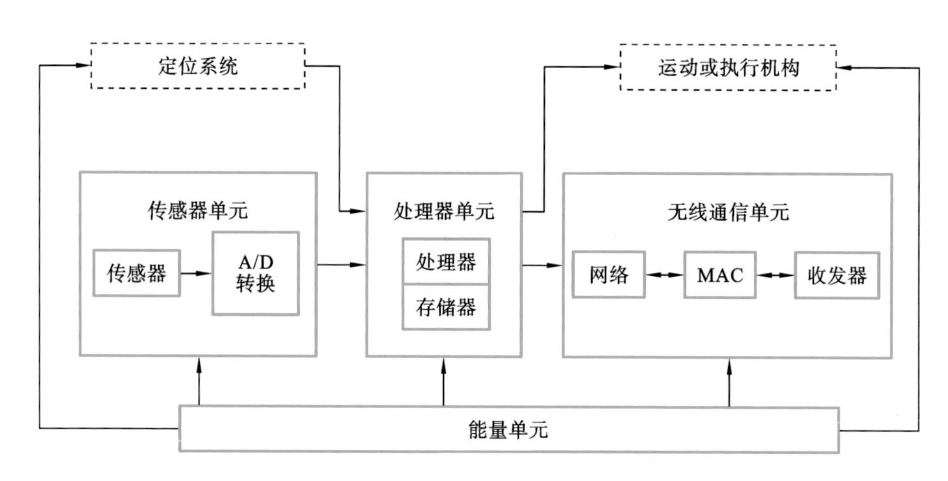

图 8-41　传感器节点的结构图

传感器单元是传感器节点的基本模块，包括传感器和转换电路两部分，分别实时对被监测对象进行传感和数字化转换。

处理器单元由嵌入式系统构成，分为处理器和存储器两部分。传感器单元将处理后的数字信息传递给处理器单元后，处理器单元主要负责按照指定要求处理这些数据。处理器单元是无线传感器节点的计算核心，用于设备控制、任务调度、通信协议、数据处理、存储等。处理器决定了节点的数据处理能力、路由算法的运行速度及无线传感器网络形式的复杂程度。节点处理器一般根据处理器工作频率、功率、内部程序存储空间大小、内存大小、接口数量以及数据处理能力是否能够满足实际应用的要求来进行选择。

无线通信单元由无线射频电路和天线组成，其主要负责与其他传感器节点进行无线通信、交换控制消息和收发采集数据。选择无线收发模块，需要考虑载波频段、信号调制方式、数据传输速率、编码方式等问题。

2）汇聚节点

汇聚节点主要由中央处理模块、存储模块、射频收发模块及远程通信模块四部分构成，它是连接传感器网络与外部网络的网关，可与外部网络进行信息交互，把无线传感器网络收集的数据传递至远程监控中心，或将监控中心指令传送给传感器节点。

3）监控中心

监控中心一般是计算机终端或者服务器，它负责对整个无线传感器网络进行动态管理，发布监控区域的任务，实现数据采集。用户可通过监控中心访问整个无线传感器网络资源。

2. 无线传感器网络的特点

无线传感器网络具有以下特点。

（1）独立组网。传感器节点开机后就可以快速、自动地组成一个独立的网络。

（2）自组织网络。当传感器节点在监控区域部署完毕之后，网络节点即可根据配置的拓扑控制机制和网络协议进行网络的自动组建和管理，完成数据的采集和传输。在网络的运行过程中，当有部分节点失效，或有新节点加入时，网络的自组织特性能够自发调整网络结构，自动、快速地使网络恢复稳定运行。

（3）动态网络。网络是一个动态的网络，网络节点可以随处移动，也可以随时开机和关机。这些都会使网络的拓扑结构随时发生变化。因此需要开发专门的路由协议，以适应这种动态拓扑网络的需要。

（4）协同式网络。无线传感器网络的协同特性表现在协同信息采集、协同信息处理、协同信息存储、协同信息传输等。多个不同类型的传感器节点可以从不同的空间位置或特性角度共同完成对观测对象的感知，从而获取更加准确、完整的信息；克服单节点信息处理能力不足的问题，多节点协同完成复杂任务；通过协作，完成多跳传输任务，实现远距离通信。

（5）传感器节点体积小，能量消耗低。无线传感器网络是在微机电系统技术、微电子技术等基础上发展起来的，节点构成部分的集成度很高，因此具有集成度高、可长期运行等优点。

8.4.2 车间无线传感器网络的构成

无线传感器网络是车间物联网数据传输的主要通信模式，通过在车间员工、生产设备、毛坯或工件材料中部署传感器设备进行互联通信和管理。

1. 车间无线传感器网络的作用

（1）提高车间数据采集的实时性、可靠性。

车间的生产环境复杂多变，各工序之间关系错综复杂，实时数据呈现海量。如果仅通过人工进行记录不但耗时且容易出错，人力成本也会非常高。因此，制造车间采用无线传感器网络进行数据感知和实时传输，可以提高数据采集的效率和数据传输的实时性。

（2）便于车间资源的位置追踪。

车间的生产物料、工作人员、制造产品会根据生产过程发生位置移动，利用移动的传感载体进行位置跟踪可以有效地监控生产过程的异常情况以及生产流程的进度，有利于优化制造过程。

（3）改善设备部署的灵活性，降低传感器成本。

制造车间的工作人员、材料、生产设备是动态多变的，采用有线传输网络容易受到空间区域限制，不利于传感器数据的采集和传输。无线传感器网络可以根据车间传感设备的变化动态调整传输路径，灵活性强。

2. 车间无线传感器网络的数据传输结构

车间无线传感器网络具有实时自动感知、计算处理、控制决策以及数据传输功能，易于实现对生产车间全方位的监控。图 8-42 所示为典型车间无线传感器网络的数据传输结构。

制造生产车间内可部署大量传感器节点，形成一个传感器网络环境。传感器节点承担着自动采集生产过程中相关数据的任务，可对整个车间生产进行全方位的感知、数据传输和数据处理。这些实时数据通过无线传感器网络和企业互联网进一步传输到上级数据管理中心。

3. 车间无线传感器网络的数据传输模式

无线传感器网络数据流的传输控制是保证通信质量的重要内容。无线传感器网络被部署在一个感知区域，网络中的传感器节点将负责感测物理量数据。传感器节点采集完外界数据后，将数据传输到汇聚节点。汇聚节点通过传输网络最终将数据传输到数据中心供决策使用。如图 8-43 所示，传感器节点采集完数据后通过预定的路由路径（e→d→c→b→a→s）发送数据给汇聚节点，其中路由路径可以是静态的或是动态变化的，这取决于所选择的路由算法。

车间无线传感器网络的数据报告模式主要分三类：事件触发、周期上报、基于查询。

（1）事件触发模式。该模式一般应用在需要预警的功能当中。传感器不断采集自身所配置的测量数据，并对其所获得的数据进行判断。当该数据超过保存在传感器存储器中或者由数据中心通过动态计算得出的阈值时，则触发另外

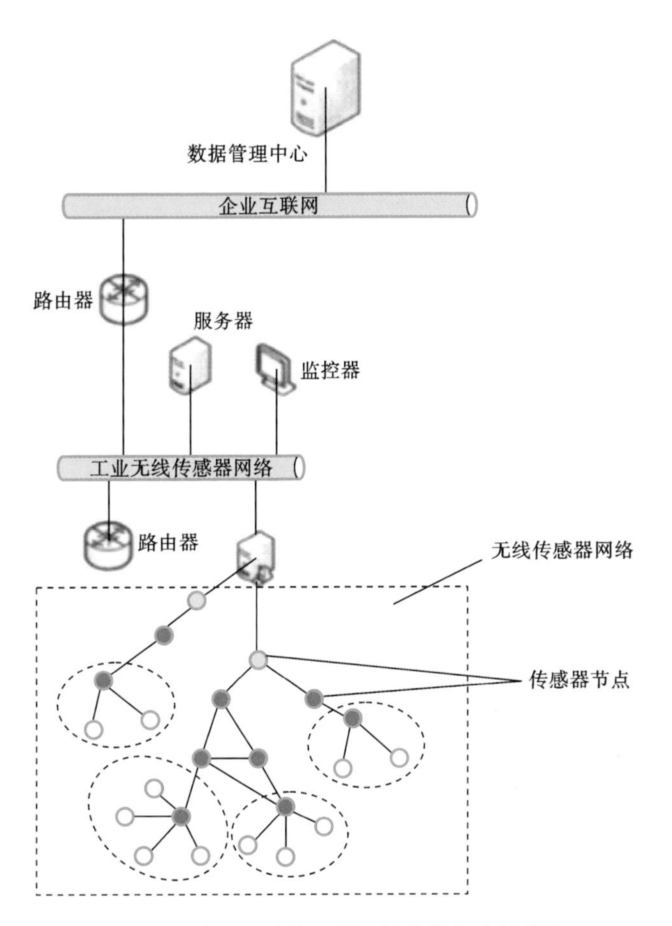

图 8-42　车间无线传感器网络的数据传输结构

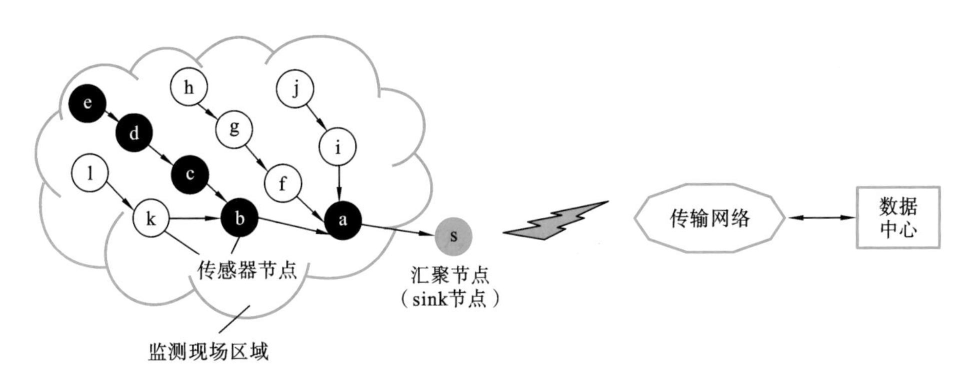

图 8-43　无线传感器网络数据传输路径示意图

的工作事件或发出报警信息。

(2) 周期上报模式。该模式通常用于检测制造车间的环境数据，每隔一定的时间把采集到的感知数据通过无线传感器网络的路由算法传递给汇聚节点，再由汇聚节点通过互联网传输到数据中心。

(3) 基于查询模式。该模式下的传感器节点不会主动把感知到的数据向汇聚节点汇报，而是等待用户下达查询命令，然后再根据用户的需求进行数据传输，因此该模式属于被动发送机制。

8.4.3 无线传感器节点数据处理

无线传感器网络具有不同于传统无线自组网络的特点，传感器节点兼具数据传输和数据处理功能。其数据处理方法必须与应用背景相对应。

例如部署在车间各处的传感器节点采集的环境信息有温度、湿度、烟雾、噪声、粉尘等多种类型数据。由于数据采集节点容易受到工作环境的干扰，可能会产生噪声数据和错误数据，当多个节点同时传输数据时，会造成网络拥塞，使网络消耗过多的能量，降低通信效率。因此，需要依据某种优化准则对节点数据进行优化处理。

8.5 车间物联网传感器信息处理

车间物联网传感器信息处理是指将物联网技术与先进制造技术相融合，对制造流程进行实时数据采集、状态监视、精确控制，从而感知更多的制造过程信息，通过对感知获取的制造数据进行分析，为制造生产管理提供更智能化的决策方案，进一步提高生产的质量和效率。

8.5.1 物联网的概念

物联网(the internet of things)指的是物体与物体之间的物-物相连信息互联网，是在互联网、传感器、信息处理等技术基础上产生发展的网络系统。物联网以射频识别技术为基础，通过将射频识别、全球定位、工业传感器等感知装置嵌入物体中或跟物体关联，并按照一定的通信协议，使得物体间能够进行状态信息交换。物联网不仅能对物体进行自动识别、定位、跟踪，而且还能对这些物体的相关数据进行分析和处理，实现物体的流动过程数字化监控和管理。

1. 物联网的技术特征

物联网的本质是传感器技术、现代网络技术、自动化技术和人工智能等多种现代信息技术的集成与融合应用。其技术特征主要体现在以下几个方面。

(1) 互联网特征。物联网技术的重要基础和核心是网络技术。通过各种有线、无线网络与互联网的融合,体现物体信息的实时准确传输。

(2) 感知识别与通信特征。物联网利用射频识别、二维条码、工业传感器等感知装置,获取物体的信息状态,并采用标准化的格式或通信协议对状态信息进行表示和传输。

(3) 智能化特征。物联网不仅能实现物体间的信息连接,而且其本身具有一定的智能处理能力,能根据感知的数据进行自我反馈、智能控制、大数据或云计算处理。

2. 物联网的基本结构

物联网大体可分为感知层、网络层、应用层三个层面,如图 8-44 所示。

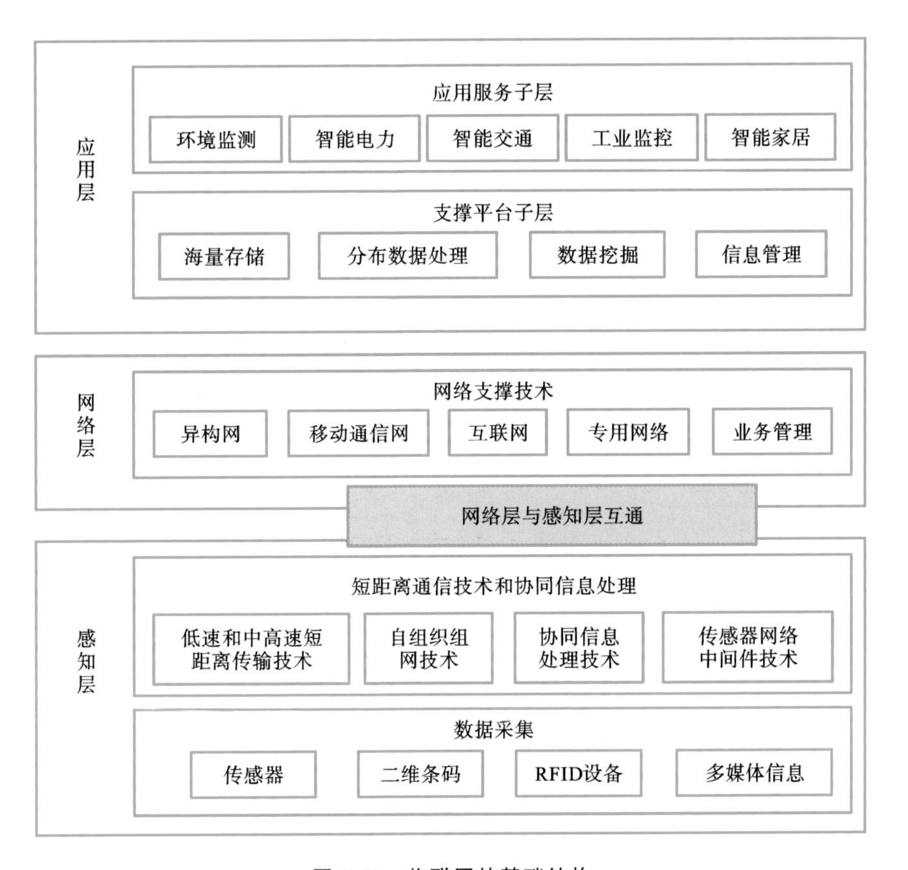

图 8-44 物联网的基础结构

1）感知层

感知层是物联网结构的基础层，它是物联网识别物体、采集信息的源头。通过各种传感器、二维条码、RFID设备、红外设备、GPS等实现对物体信息的感知、定位和识别，并能将获取的信息传输至网络层，同时接收来自上层网络的控制命令信息，按命令完成相应动作。这一层主要涉及数据采集、信息处理、近距离通信、协同等技术。

2）网络层

网络层主要用于传递和处理感知层获取的信息，借助通信技术和无线传输网络使各种设备与通信网络连接，以实现感知层数据的网络传输。这一层主要涉及互联网、移动通信网、异构网及其管理技术。

3）应用层

应用层指的是物联网和用户间的接口层，用于最终实现物与人的交互操作。据不同应用需求，其包含支撑平台子层和应用服务子层。感知层的信息经过网络层的技术处理后，由应用层实现智能化管理。

一个典型的物料管理物联网的工作过程如图8-45所示。物料在流动过程中，由存储有电子产品代码（electronic product code，EPC）信息的电子标签对物料属性进行标识，同时这个EPC信息存储在信息系统的服务器中。当某个读写器在其读取范围内监测到标签的存在，就会将标签所含EPC数据传往与其相连的中间件。中间件以该EPC数据为键值，在服务器中获得物料的特定信息，并将信息转换为适合网络传输处理的数据格式，再将物料的信息通过网

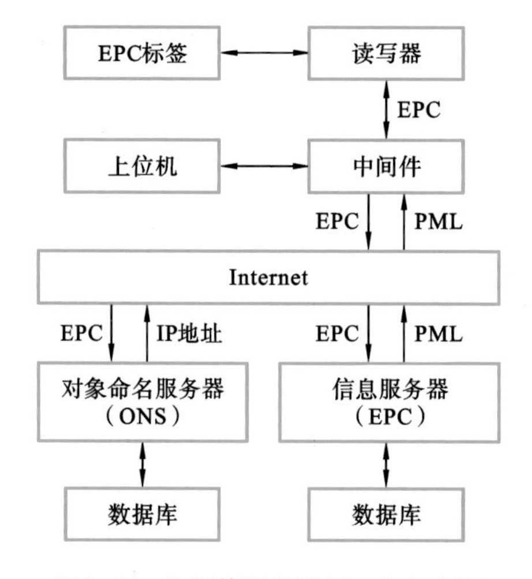

图8-45　物料管理物联网工作示意图

络传输到信息处理中心,实现物料信息的统一管理。

8.5.2 车间物联网数据采集

1. 车间物联网基础架构

随着车间智能化技术及其装备的发展,制造设备类型与工序日益复杂,制造过程的数据呈现多源化、海量、多变等特征。对车间制造过程而言,从接收订单到最终产品的完成,数据的产生和作用贯穿在整个生产流水线中。在车间应用物联网技术,可对制造过程进行精准检测和优化,从而提升车间的生产质量和效率。图 8-46 所示为车间物联网的四层体系结构。

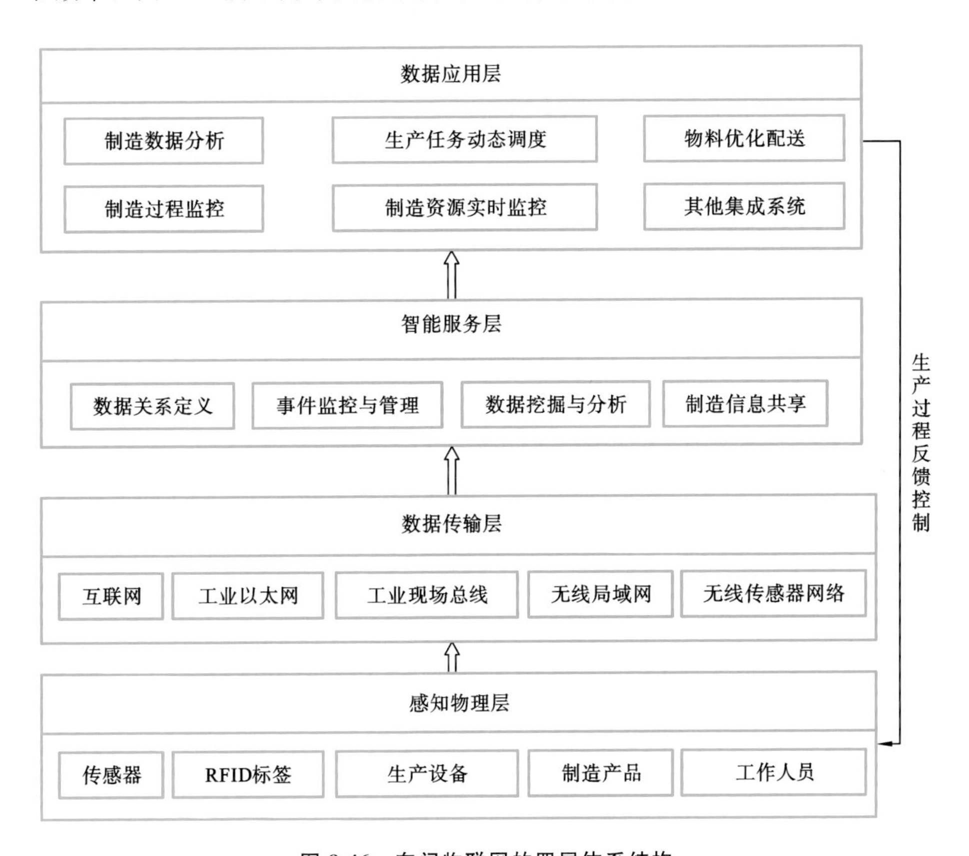

图 8-46　车间物联网的四层体系结构

(1) 感知物理层:该层是制造车间物联网的最底层,主要是由多种传感器设备组合形成的一个高可靠的传感测量环境,用于感知不同制造资源信息,如加工设备、人员、原材料、各部件的信息等。

（2）数据传输层：主要实现对感知数据与制造物联架构的数据融合互联，满足大量、实时感知数据的传输需求。在该层中，无线传感器网络是数据传输的主要网络结构，高效的无线传感器网络是该层的主要组成部分。

（3）智能服务层：主要负责接收感知层和传输层上传的原始感知数据，并提供分布式存储和智能计算服务。智能服务层可根据业务规则和数据挖掘分析模型把原始数据转换成有意义的数据，供决策分析或生产监控使用。

（4）数据应用层：为制造车间管理系统提供定制的服务和应用数据，如任务进度与追踪服务、数据分析报表服务、设备异常预警服务、智能优化服务等。这些服务可供车间工作人员监测控制或管理层人员决策使用。

2. 车间物流信息的构成

车间物流信息根据其属性和使用范围可以分为通用物流信息和特定物流信息。通用物流信息是指在生产物流各个阶段都要使用到的物流信息，是构成车间物流信息集合的基础。特定物流信息则是需要特定设备在特定环节收集的信息，这些信息通常与相应的物流操作相关。通用物流信息和特定物流信息共同构成了完整的车间物流信息。

1）通用物流信息

通用物流信息是贯穿于整个物流环节的物流信息，通常为识别区分不同物流的标志，也是所有信息采集设备都要采集的对象。通用物流信息通常包括：

（1）生产任务编号，用以确定该批物流对应的生产任务。

（2）物料编号，用以确定物流运输的物料，与物料具有唯一对应的关系。

（3）物料名称，与物料编号相对应，便于生产人员查看。

（4）物料数量，该批次物料的数量。

（5）作业时间，进行当前物流操作的时间。

除此之外，根据具体生产情况还可能有其他信息可以视为通用物流信息，这些信息也具备通用物流信息的相关特点。

2）特定物流信息

特定物流信息产生于物流过程的特定阶段，因此需要相应的物理设备配合进行采集。特定物流信息通常包括：

（1）仓储设备采集的物料出入库时的各种物流信息，如：出库批次、出库物料库存、出库物料货位、入库批次、入库物料库存、入库物料货位等。

（2）搬运设备采集的物料在搬运过程中的各种物流信息，如：出发位置、当前位置、目标位置、搬运路径、当前装载量、当前行进速度等。

(3) 装卸设备采集的物料装卸期间的物流信息,如:装夹目标位置、卸载目标位置、物料位置、单位物料质量等。

3. 车间数据类型

车间生产过程产生的数据分为三类:静态数据、动态数据及中间数据。

静态数据是指一般来说不会发生变化的数据,如物料的编码、加工者的内部编号、加工设备编号、库房编号等。

动态数据是指在制造过程中,随着零件状态的变化而会发生变化的一类数据。这类数据包括零件的加工工序、尺寸、物流信息、开工完工时间等。这些信息直接反映了零件的质量和状态,为在生产过程中了解零件实时动态、当前任务进度提供保障,并为上层数据处理、质量控制、任务调度和供应链管理提供基础数据。因此,这类数据比静态数据更为重要,并且还会有较高的实时性要求。

中间数据是指由于生产管理的需要,对采集的静态数据、动态数据进行整理或处理后形成的数据。如管理系统有时需要对数据进行批量处理,从而对数据进行标准化格式处理,以满足处理或模块之间的通信需要;或者对生产信息进行分类或汇总处理,以便于生成报表等。中间数据虽然不是直接采集获取的数据,但它对整个管理系统的运作起着重要作用。

4. 典型的车间物联网构成

图 8-47 为典型的车间物联网数据采集系统的结构图。该系统采用了分层体系架构,自下而上包括信息感知层、信息处理层和应用层。

1) 信息感知层

信息感知层采用 RFID 读写器、智能测量设备、无线传感器网络节点以获取 RFID 标签信息、设备参数信息、环境参数数据。

RFID 标签用于存储车间的机床、工装、物料、人员、刀具、量具等信息,这些对象分布在车间生产现场的工位处、工装间、物料库、刀具间、检验室、半成品区域等位置。在这些区域都配有 RFID 读写器,负责采集区域内贴有电子标签对象的信息。各区域的读写器通过通信接口总线连接起来,将采集到的信息汇总到车间配置的电子标签处理系统。通过各个采集设备,可获得当前状态下车间机床的工作情况、工人的工作状态、任务完成情况,工装刀具车间的设备出借归还状态,物料库中原材料库存情况,设备检验状态等信息。

采用智能测量设备对生产加工设备、物流执行设备的参数进行测量,可实时监控设备的工作状态。例如车间加工设备(如车床、铣床、刨床、磨床)的电压、电流、转速等参数需要实时测量,以便对加工状态做出判断;通过对自动化

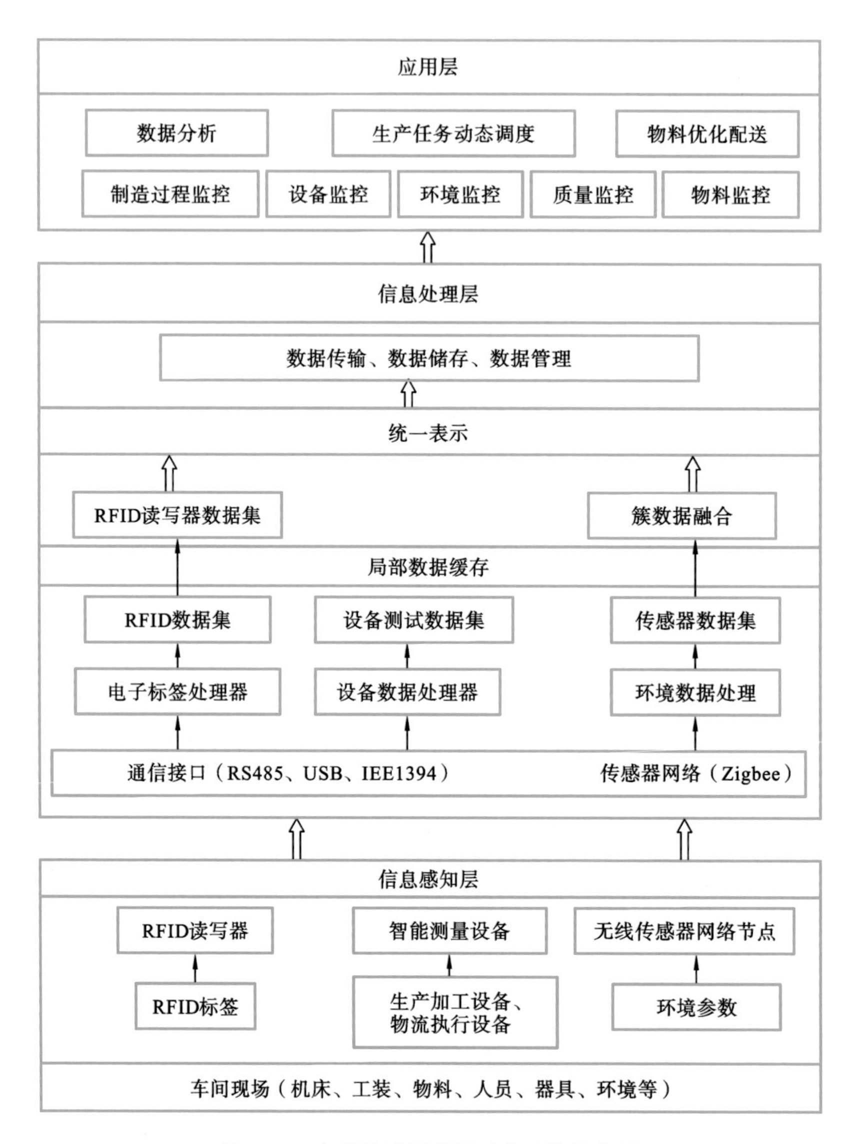

图 8-47　车间物联网数据采集系统结构图

仓库、AGV、装卸机械手等物流执行设备信息的检查，能对物流设备的运行状态进行监控。

2）信息处理层

信息处理层是各类采集数据通信的中心。读写器读取的原始数据流进入数据处理模块进行去噪、去冗余、排错、数据漏读填补处理。这些经处理后的信息可以直接传输，也可保存到数据库供历史查询。

3）应用层

应用层用于将采集的数据按要求呈现给用户。用户应用层主要以各种管理界面和监控界面方式体现。管理界面通过各种图表、数据列表等形式展示车间内各要素的基本信息与状态信息给系统用户；监控界面包含设备模拟图像、动态曲线、智能仪表等丰富的界面展示形式。用户通过可视化界面与系统进行交互，对车间生产环境、生产流程及生产状态进行监控。

参考文献

[1] 刘君华.智能传感器系统[M]. 2版.西安:西安电子科技大学出版社,2010.

[2] 邵云龙,陈越.浅析智能传感器技术[J].科协论坛, 2011(7):102.

[3] 余建华,冉艳丽,刘德明,等.新型智能传感器的发展与应用[J].中国建设信息化,2017(17):11-13.

[4] 周鹏.多传感器数据融合技术研究与展望[J].物联网技术, 2015(5):23-25.

[5] 王进.光栅尺读数头微型光学显微成像系统设计与研究[D].广州:广东工业大学,2016.

[6] 永远.传感器原理与检测技术[M].北京:科学出版社,2013.

[7] 周恩会.SONY磁栅传感器在钢板轧机辊缝控制中的应用[J].冶金设备, 2016(3):63-66.

[8] 王盼盼.容栅传感器在数字式皮革测厚仪中的应用研究[D].西安:陕西科技大学,2012.

[9] 叶湘滨,熊飞丽,张文娜.传感器与测试技术[M].北京:国防工业出版社, 2007.

[10] 陈士行.三维动态磨削力测量平台设计与研究[D].成都:电子科技大学, 2016.

[11] 姜杰凤.车削力测量系统设计及数据采集[J].机电技术,2011(4):41-44.

[12] 尚永艳.刀柄式压电切削测力仪研究[D].大连:大连理工大学, 2014.

[13] 王明强,王国良,刘志强.高速微切削应变式测力仪的结构拓扑优化设计[J].江苏科技大学学报(自然科学版),2016,30(3):249-253.

[14] XING Q, ZHANG J, QIAN M, et a1. Design,calibration and error analysis of a piezoelectric thrust dynamometer for small thrust liquid pulsed rocket engines[J]. Measurement,2011,44(2):338-344.

[15] 王晓强.刀具磨损监测和剩余寿命预测方法[D].武汉:华中科技大学, 2016.

[16] 刘献礼，刘强，岳彩旭，等.切削过程中的智能技术[J].机械工程学报，2018，54(16)：45-61.

[17] 王国锋，李志猛，董毅.刀具状态智能监测研究进展[J].航空制造技术，2018，61(6)：16-23.

[18] 崔云先，张博文，刘义，等.智能切削刀具发展现状综述[J].大连交通大学学报，2016，37(6)：10-14.

[19] 肖才伟.基于切削力感知的智能切削刀具设计及其关键技术研究[D].哈尔滨：哈尔滨工业大学，2014.

[20] ZHAO Y，ZHAO Y L，WANG C H，et al. Design and development of a cutting force sensor based on semi-conductive strain gauge[J]. Sensors and Actuators A：Physical，2016，237：119-127.

[21] UDDIN M S，SONG Y D. On the design and analysis of an octagonal-ellipse ring based cutting force measuring transducer[J]. Measurement，2016，90：168-177.

[22] 赵友，葛晓慧，赵玉龙.高精度动态切削力自感知智能刀具的研究[J].机械工程学报，2019，55(21)：178-185.

[23] 张洁，刘成颖，郑烽，等.基于铣削动力学的刀具强迫振动抑制研究[J].机械工程学报，2018，54(17)：94-99.

[24] POUR D S，BEHBAHANI S. Semi-active fuzzy control of machine tool chatter vibration using smart MR dampers[J]. The International Journal of Advanced Manufacturing Technology，2016，83(1-4)：421-428.

[25] 徐雷达.基于RFID的刀具自动识别及信息管理系统研究[D].哈尔滨：哈尔滨理工大学，2012.

[26] 解正友.面向切削过程在线监测的多传感器集成式智能刀柄研究[D].哈尔滨：哈尔滨工业大学，2019.

[27] ALTINTAS Y. Manufacturing automation：metal cutting mechanics，machine tool vibrations，and CNC design[M]. 2nd edition. Cambridge：Cambridge University Press，2012.

[28] DIMLA D E，LISTER P M. On-line metal cutting tool condition monitoring[J]. International Journal of Machine Tools and Manufacture，2000，40(5)：739-768.

[29] KONSTANTIN H，ANTJE Z，MARTIN W S，et al. Various approaches

to obtain an eddy current signal in case of overheating[C]. 19th World Conference on Non-Destructive Testing, Munich, 2016.

[30] 陈奇伟. 面向铣削加工的测振刀柄设计与试验研究[D]. 南京:南京航空航天大学,2019.

[31] 崔云先,张博文,丁万昱,等. 瞬态切削用智能测温刀具的研究[J]. 机械工程学报,2017,53(21):174-179.

[32] 柳洋,陈永洁,杨文恺,等. 刀具磨损在线监测研究现状与发展[J]. 机床与液压,2014,42(19):174-180.

[33] 陈日曜. 金属切削原理[M]. 2 版. 北京:机械工业出版社,2012.

[34] 刘海军. 面向铣削过程的无线测振刀柄的关键技术研究[D]. 哈尔滨:哈尔滨工业大学,2015.

[35] GERAMIFARD O, XU J, ZHOU J, et al. Feature selection for tool wear monitoring: a comparative study[C]. 7th IEEE Conference on Industrial Electronics and Applications, Singapore: IEEE, 2012: 1230-1235.

[36] 胡帮. 基于声发射法的刀具磨损状态研究[D]. 郑州:郑州大学,2011.

[37] 关山. 基于声发射信号多特征分析与融合的刀具磨损分类与预测技术[D]. 长春:吉林大学,2011.

[38] 王佳顺,陆小龙,赵世平. 基于 C8051F020 的高精度电感传感器信号采集模块[J]. 电子测量技术,2015,38(3):104-106,143.

[39] 金长江. 基于 FPGA 的电感传感器数据采集系统的研制[D]. 哈尔滨:哈尔滨工业大学,2008.

[40] 于培章. 激光三角法位移检测误差分析及改进[D]. 长春:长春理工大学,2013.

[41] 范源,吴慎将,郝冬杰. 微位移的直射式激光三角法精密测量[J]. 西安工业大学学报,2018,38(1):69-73.

[42] 楼森. 电容式位移传感器测量系统的研究[D]. 上海:东华大学,2018.

[43] 王建明. 三坐标轮廓测量仪检测非球面研究[D]. 苏州: 苏州大学, 2013.

[44] 辛洪,常素萍,谢铁邦. 毛化表面的三维表面形貌在线测量仪[J]. 计量技术,2014(1):6-9.

[45] 朴伟英. 球面光栅干涉式表面测量仪若干关键技术研究[D]. 哈尔滨:哈尔滨工业大学, 2009.

[46] 马国庆,刘丽,于正林,等.大型复杂曲面三维形貌测量及应用研究进展[J].中国光学,2019,12(2):214-228.

[47] TONSHOFF H K, INASAKI I. Sensors in manufacturing[M]. Frankfurt: Wiley-VCH Verlag GmbH, 2001.

[48] 刘检华,孙清超,程晖,等.产品装配技术的研究现状、技术内涵及发展趋势[J].机械工程学报,2018,54(11):2-28.

[49] 刘冬生,张定华,罗明,等.基于 PVDF 薄膜传感器的薄壁件铣削振动在线监测与分析[J].机械工程学报,2018,54(17):116-123.

[50] NGUYEN V, MELKOTE S, DESHAMUDRE A, et al. PVDF sensor based on-line mode coupling chatter detection in the boring process[J]. Manufacturing Letters,2018,16:40-43.

[51] 冯胜东.大量程触针式仪器测力控制系统研究[D].武汉:华中科技大学,2015.

[52] 林芬芬.基于聚焦光针干涉和共焦成像的多功能表面形貌测量系统[D].武汉:华中科技大学,2015.

[53] 张敬大.基于光干涉法的超精密车削表面微结构在位检测技术研究[D].哈尔滨:哈尔滨工业大学,2016.

[54] 李沛.高速切削工件材料表层形成机理研究[D].沈阳:沈阳理工大学, 2016.

[55] 岳玮.精密切削加工表面完整性及评价方法研究[D].镇江:江苏大学, 2016.

[56] ANTJE Z, CHRISTOPHER S, KONSTANTIN H, et al. Detection of near surface damages in crank shafts by using eddy current testing[C]. 19th World Conference on Non-Destructive Testing, Munich,2016.

[57] RAO K V, MURTHY B S N, RAO N M. Prediction of cutting tool wear, surface roughness and vibration of work piece in boring of AISI 316 steel with artificial neural network[J]. Measurement,2014,51(1):63-70.

[58] 邢堃,刘检华,唐承统,等.一种基于垫片式力传感器的螺栓组连接预紧力测量方法[J].航空制造技术,2015(16):90-95.

[59] 姜荣飞,王卫英,吴熙.基于有限元仿真的轴承压装力计算及其影响因素分析[J].轻工机械,2015,33(1):80-83,86.

[60] 张乐平,李美玲,薛鹏,等.智能监控系统在压装设备中的应用[J].机床与液压,2013(20):17-19.

[61] 陈映东.机械加工数字化车间生产物流系统的总体设计[D].重庆:重庆大

学,2016.

[62] 郭娜娜. AGV 在自动化物流系统中应用的规划研究[D]. 西安:西安科技大学,2010.

[63] 尚俊云,暴海宁,冯艳丽,等. 自动导引车在工业 4.0 中的应用[J]. 导航与控制,2016,15(2): 1-8,23.

[64] LI Y B, LI B, RUAN J H, et a1. Research of mammal bionic quadruped robots:a review[C]//Proceedings of the IEEE Conference on Robotics, Automation and Mechatronics(RAM). Qingdao,2011:166-171.

[65] STORMS W, SHOCKLEY J, RAQUET J. Magnetic field navigation in an indoor environment[C]//Ubiquitous Positioning Indoor Navigation and Location Based Service (UPINLBS). IEEE,2010:1-10.

[66] 宋英博,张桂香. 自动导引车定位方法研究[J]. 计算机仿真,2015,32(1): 353-356.

[67] 胡克维. 自动导引小车 AGV 的导航和避障技术研究[D]. 杭州:浙江大学,2012.

[68] 翟俊杰. AGV 激光定位传感器系统研究与开发[D]. 武汉:武汉理工大学, 2006.

[69] 蒙庆华, 林辉,王革,等. 激光雷达工作原理及发展现状[J]. 现代制造技术与装备,2019(10):155-157.

[70] 王世峰,都凯悦,许庭赫,等. 一种单线全周式扫描激光雷达的应用及与同类传感器的比较[J]. 长春理工大学学报(自然科学版),2018,41(1): 1-4.

[71] 李高. 基于激光三角测距原理的激光雷达系统研究[D]. 广州:广东工业大学,2017.

[72] 苏火强. 面向物联网应用的光纤传感信号实时监测与网络传输系统[D]. 厦门:厦门大学,2016.

[73] 刘冬. 基于光纤传感器的三维轮廓表面测量技术与应用[D]. 郑州:中原工学院,2016.

[74] 王卓. 基于 RGB 三基色原理的颜色检测仪的设计[D]. 天津:天津大学,2016.

[75] 袁琨. 颜色测量仪器关键技术及其应用研究[D]. 杭州:浙江大学,2015.

[76] 聂志. 基于物联网的数字化车间制造过程数据采集与管理研究[D]. 南京:南京航空航天大学,2014.

[77] 陈静云. 车间物联网数据采集关键技术研究[D]. 南京:南京航空航天大学,2014.

[78] CAGGIANO A. Tool wear prediction in Ti-6Al-4V machining through multiple sensor monitoring and PCA features pattern recognition[J]. Sensors, 2018, 18(3): 823.

[79] MATSUDA R, SHINDOU M, FURUKI T, et al. Monitoring method of process temperature and vibration of rotating machining tool with a wireless communication holder system[J]. Materials Science Forum, 2016(874): 519-524.

[80] SUPROCK C A, JERARD R B, FUSSELL B K. Calibration and implementation of a torque and temperature sensor integrated tooling system for end milling[C]//Proceedings of 12th CIRP Conference on Modelling of Machining Operations, 2009.

[81] WANG C. An investigation on the development of a smart cutting tool for precision machining using SAW-based force measurement[C]//Proceedings of 13th Precision Engineering and Nanotechnology (EUSPEN), 2013:335-339.

[82] ALBERTELLI P, GOLETTI M, TORTA M, et al. Model-based broadband estimation of cutting forces and tool vibration in milling through in-process indirect multiple-sensors measurements[J]. The International Journal of Advanced Manufacturing Technology, 2016, 82(5): 779-796.

[83] WANG C, CHENG K, CHEN X, et al. Design of an instrumented smart cutting tool and its implementation and application perspectives[J]. Smart Materials and Structures, 2014, 23(3).

[84] HUANG Y S, CHEN Y Y, WU T T. A passive wireless hydrogen surface acoustic wave sensor based on Pt-coated ZnO nanorods [J]. Nanotechnology, 2010, 21(9):095503.

[85] SUN X, BATEMAN R, CHENG K, et al. Design and analysis of an internally cooled smart cutting tool for dry cutting[J]. Proceedings of the Institution of Mechanical Engineers Part B: Journal of Engineering Manufacture, 2011, 226(4):585-591.

[86] BINDER A, BRUCKNER G, SCHOBERNIG N, et al. Wireless surface

acoustic wave pressure and temperature sensor with unique identification based on $LiNbO_3$[J]. IEEE Sensors Journal, 2013,13(5):1801-1805.

[87] LIN C M, CHEN Y Y, FELMETSGER V V, et al. Surface acoustic wave devices on AlN/3C-SiC/Si multilayer structures [J]. Journal of Micromechanics and Microengineering, 2013, 23(2):025019.

[88] CHENG K,NIU Z C,WANG R C, et al. Smart cutting tools and smart machining: development approaches, and their implementation and application perspectives[J]. Chinese Journal of Mechanical Engineering,2017, 30(5):1162-1176.